"十三五"国家重点图书出版规划项目
中国特色畜禽遗传资源保护与利用丛书

旧 院 黑 鸡

朱 庆 主编

中国农业出版社
北 京

图书在版编目（CIP）数据

旧院黑鸡 / 朱庆主编 . —北京：中国农业出版社，
2019.12

（中国特色畜禽遗传资源保护与利用丛书）
国家出版基金项目
ISBN 978 - 7 - 109 - 25484 - 8

Ⅰ.①旧… Ⅱ.①朱… Ⅲ.①乌鸡-饲养管理
Ⅳ.①S831.8

中国版本图书馆 CIP 数据核字（2019）第 088067 号

内容提要：本书分 10 章，主要从旧院黑鸡品种形成与发展现状、品质特征与生产性能、养殖场建设与环境控制、保种与选育、繁殖与孵化、营养与饲料、饲养管理、疾病防控、产品加工和产业开发等方面进行系统介绍，基本涵盖了整个生产环节和产业链全过程。全书图文并茂，图片大多是编写人员在科研、推广和生产中拍摄，文字编写科学规范、浅显易懂，可以作为旧院黑鸡研究、推广和生产从业者的重要参考书和指导书。

中国农业出版社出版
地址：北京市朝阳区麦子店街 18 号楼
邮编：100125
责任编辑：张艳晶
版式设计：杨 婧 责任校对：吴丽婷
印刷：北京通州皇家印刷厂
版次：2019 年 12 月第 1 版
印次：2019 年 12 月北京第 1 次印刷
发行：新华书店北京发行所
开本：720mm×960mm 1/16
印张：18
字数：307 千字
定价：118.00 元

丛书编委会

本书编写人员

主　编　朱　庆

副主编　王　彦　尹华东　赵小玲

编　者　（按姓氏笔画排序）

王　彦　尹华东　白世平　朱　庆　刘　嘉

刘益平　杜晓惠　杨　勇　杨志勤　陈　建

赵小玲　胡　渠　舒　刚　潘淑勤

审　稿　邹剑敏　刘宗慧

　　我国是世界上畜禽遗传资源最为丰富的国家之一。多样化的地理生态环境、长期的自然选择和人工选育，造就了众多体型外貌各异、经济性状各具特色的畜禽遗传资源。入选《中国畜禽遗传资源志》的地方畜禽品种达 500 多个、自主培育品种达 100 多个，保护、利用好我国畜禽遗传资源是一项宏伟的事业。

　　国以农为本，农以种为先。习近平总书记高度重视种业的安全与发展问题，曾在多个场合反复强调，"要下决心把民族种业搞上去，抓紧培育具有自主知识产权的优良品种，从源头上保障国家粮食安全"。近年来，我国畜禽遗传资源保护与利用工作加快推进，成效斐然：完成了新中国成立以来第二次全国畜禽遗传资源调查；颁布实施了《中华人民共和国畜牧法》及配套规章；发布了国家级、省级畜禽遗传资源保护名录；资源保护条件能力建设不断提升，支持建设了一大批保种场、保护区和基因库；种质创制推陈出新，培育出一批生产性能优越、市场广泛认可的畜禽新品种和配套系，取得了显著的经济效益和社会效益，为畜牧业发展和农牧民脱贫增收作出了重要贡献。然而，目前我国系统、全面地介绍单一地方畜禽遗传资源的出版物极少，这与我国作为世界畜禽遗传资源大国的地位极不相称，不利于优良地方畜禽遗传资源的合理保护和科学开发利用，也不利于加快推进现代畜禽种业建设。

为普及对畜禽遗传资源保护与开发利用的技术指导，助力做大做强优势特色畜牧产业，抢占种质科技的战略制高点，在农业农村部种业管理司领导下，由全国畜牧总站策划、中国农业出版社出版了这套"中国特色畜禽遗传资源保护与利用丛书"。该丛书立足于全国畜禽遗传资源保护与利用工作的宏观布局，组织以国家畜禽遗传资源委员会专家、各地方畜禽品种保护与利用从业专家为主体的作者队伍，以每个畜禽品种作为独立分册，收集汇编了各品种在管、产、学、研、用等相关行业中积累形成的数据和资料，集中展现了畜禽遗传资源领域最新的科技知识、实践经验、技术进展与成果。该丛书覆盖面广、内容丰富、权威性高、实用性强，既可为加强畜禽遗传资源保护、促进资源开发利用、制定产业发展相关规划等提供科学依据，也可作为广大畜牧从业者、科研教学工作者的作业指导书和参考工具书，学术与实用价值兼备。

丛书编委会

2019 年 12 月

序言

　　我国是世界畜禽遗传资源大国，具有数量众多、各具特色的畜禽遗传资源。这些丰富的畜禽遗传资源是畜禽育种事业和畜牧业持续健康发展的物质基础，是国家食物安全和经济产业安全的重要保障。

　　随着经济社会的发展，人们对畜禽遗传资源认识的深入，特色畜禽遗传资源的保护与开发利用日益受到国家重视和全社会关注。切实做好畜禽遗传资源保护与利用，进一步发挥我国特色畜禽遗传资源在育种事业和畜牧业生产中的作用，还需要科学系统的技术支持。

　　"中国特色畜禽遗传资源保护与利用丛书"是一套系统总结、翔实阐述我国优良畜禽遗传资源的科技著作。丛书选取一批特性突出、研究深入、开发成效明显、对促进地方经济发展意义重大的地方畜禽品种和自主培育品种，以每个品种作为独立分册，系统全面地介绍了品种的历史渊源、特征特性、保种选育、营养需要、饲养管理、疫病防治、利用开发、品牌建设等内容，有些品种还附录了相关标准与技术规范、产业化开发模式等资料。丛书可为大专院校、科研单位和畜牧从业者提供有益学习和参考，对于进一步加强畜禽遗传资源保护，促进资源可持续利用，加快现代畜禽种业建设，助力特色畜牧业发展等都具有重要价值。

中国科学院院士
中国农业大学教授　吴常信

2019 年 12 月

我国地方家禽遗传资源丰富，具有重要的保护和开发利用价值。旧院黑鸡主产地为四川省万源市旧院镇，具有悠久的养殖历史，1982年正式命名为旧院黑鸡，先后编入《四川家畜家禽品种志》《全国地方优良家禽品种》和《中国畜禽遗传资源志》，注册"万源旧院黑鸡"原产地证明商标、评定为国家地理标志保护产品和生态原产地保护产品。为了让旧院黑鸡这个优良地方品种更好地应用于实际生产，在畜牧业中发挥更大的作用，根据"中国特色畜禽遗传资源保护与利用丛书"出版要求，本书编写组通过深入实地调研、文献资料收集，与当地政府部门和养殖企业密切配合，根据实际生产现状，针对存在的突出问题，结合现代养殖业理论与技术的应用，对旧院黑鸡进行了全面系统介绍，内容力求体现科学性、实用性与可操作性。

本书编写人员由长期从事地方家禽遗传资源保护与开发利用研究的大专院校一线教学科研人员和地方技术推广人员组成，具有较扎实的理论基础和丰富的实践经验。四川农业大学与万源市政府部门及养殖户建立了长期的合作关系，共同开展相关研究和产业开发工作，为本书的编写奠定了坚实的基础。希望通过本书的编写出版，为保护和利用地方鸡种质创新提供素材和依据，促进地方特色产业可持续发展。

编　者

2019 年 6 月

目录

第一章
旧院黑鸡品种形成与发展现状

第一节　旧院黑鸡品种形成

一、原产地、中心产区及分布

旧院黑鸡中心产区为四川省万源市旧院镇、井溪乡、白羊乡、固军乡、铁矿乡、蜂桶乡、堰塘乡、白沙镇、八台镇、石塘镇共 10 个乡镇，其中旧院镇、井溪乡、白羊乡、固军乡、铁矿乡、蜂桶乡、堰塘乡是旧院黑鸡原产地（图 1-1）。现已广泛分布于万源市境内的太平镇、茶垭乡、花楼乡、草坝镇、黄钟镇、竹峪镇等乡镇，以及四川省宣汉县、重庆市城口县的部分乡镇。

二、产区自然生态条件

（一）地理位置

旧院黑鸡产区万源市位于四川省东北部大巴山腹心地带，介于北纬30°39′—32°20′、东经107°28′—108°31′之间，辖区面积 4 065 km²，地处川、陕、渝三省（直辖市）结合部、7 个县市的交汇处，素有"秦川锁钥"之称，享有"万宝之源"的美誉。境内地貌类型主要为山地，山峦重叠，沟壑纵横，地形由东北向西南倾斜。境内海拔高差大，最高海拔 2 384.4 m，最低海拔 335 m，大部分地方海拔 600～1 400 m。境内森林覆盖率达 63.5％以上，绿树成荫，水质清澈，环境优越，无大型工矿企业和其他重大污染源，是旧院黑鸡理想的生产基地。

（二）自然条件

万源市位于中纬度地区，属于北亚热带，冬无严寒，夏无酷热，雨量充

图1-1 旧院黑鸡保种区域

沛，四季分明，霜日较多，雪日较少，风多、风大，常有旱涝交替发生，立体气候特征明显，气候差异性大。

万源市境内多高山峡谷，地表崎岖不平，地势由东北向西南倾斜，相对高度1 200 m，受北方干冷气流和海洋暖湿气流的交替控制，形成特殊的立体气候，气候垂直变化大。夏季，强大的夏季风从海洋上带来大量水汽，由地势的抬升和大巴山的阻挡形成丰沛的降水，在海拔1 600 m以下，降水量随海拔高度的升高而增加，1 600～1 800 m为最大降水高度范围，1 900 m以上降水量随高度的增加而减少。

春季气温回升快，但不稳定，寒潮和冷空气活动频繁。夏季高温多雨，多雷雨大风，日照充足，伏旱严重；秋季气温下降快，秋高气爽和秋雨连绵天气交替出现。冬季气候寒冷干燥，有霜雪。年平均气温14.2～15.4 ℃，最热月平均气温21.1～27.1 ℃，最冷月平均气温1.8～5.1 ℃。

（三）土壤环境

旧院黑鸡产区土地资源丰富，土壤地层为三叠系和侏罗系。三叠系以库存砾状灰岩、白云质灰岩为主，为石灰岩土；侏罗系为厚层砂岩，多形成田间坝子。土系发育为黄壤，土壤以中性和酸性为主，pH 4.2～6.5，有机质和氮的含量中等偏下，磷含量偏低，大面积土壤富硒，土壤硒含量为 0.05～1.74 $\mu g/g$，平均 0.32 $\mu g/g$，高于全国土壤背景值（0.215 $\mu g/g$），也高于四川省土壤平均值（0.0815 $\mu g/g$）。土壤中硒的水溶态、可交换态和有机态含量较高，其中硒的水溶态含量为 3.93～12.35 ng/g，硒的可交换态含量为 4.32～14.91 ng/g，硒的有机态含量为 0.66～192.23 ng/g。富硒土壤最有利于动植物吸收，在旧院黑鸡、茶叶、稻谷、玉米、马铃薯等农产品中均发现有较丰富的硒含量。

三、品种来源及形成历史

（一）品种来源

著名作家胡文登先生考察了大量有关旧院黑鸡的文献记载，访问当地老百姓有关旧院黑鸡的神话传说，精心赋诗，创作了《旧院黑鸡赋》："……仙姑下凡，偷骑凤凰私奔去……玉帝划圈，凡尘蜕变，化作黑鸡飘然来，十乡百里育后生……旧院地之灵，黑鸡尤为地标牌，天赐硒土万物生。雄者酷……戴黑宝，采晨露，迎风雪，食杂粮，喂五谷……；雌者娇……挂珍珠，送夕阳，刨砂土，啄草虫，生绿蛋……优良品种，不可复制，世界稀有，中国唯有，万源独有。有机食品，只能再生，根在旧院，长在邻里，誉在华夏。玄乎！空气、水质亦特别；莫怪黑妹不远嫁，百里之外成异品。神乎！土壤、食物天注定；少怨黑哥圈内妾，它乡联姻必改姓……"《旧院黑鸡赋》对旧院黑鸡前世今生的写照充满了诗情画意，虽然带有亦真亦幻的神话传说，但真实地反映了当地特殊地理环境造就这一独特品种和产品品质特征的事实。

万源属典型的农业山区，广大农户素有养殖旧院黑鸡的习惯，他们采用粗放散养的方式，白天散放于山间原野，夜晚入圈栖息。境内山峦重叠，沟壑纵横，全年气候温差大，昼夜平均温差大、海拔高差大，通过自然环境等因素的选择，一种野性较强、体型高大、体格健壮、肌肉结实、抗病力强的黑色鸡种逐渐适应了当地地理气候。境内森林覆盖率高，野生动植物丰富，黑鸡栖息于树荫杂草间不易被老鹰等天敌发现，加之黑鸡肉质细腻、风味独特、口感清香，部分产青壳蛋（绿壳蛋），因此当地老百姓喜养这种黑鸡，通过人为因素的选择，逐渐形成了以旧院片区为中心地带、家家户户饲养黑鸡的传统习惯。

（二）品种认定

1963年中国科学院西南农业综合考察组在万源考察发现了黑鸡，经过对黑鸡品种形成与分布、群体规模、外貌特征、体尺和体重、生产性能、繁殖性能长达20年的调查、总结、上报，该品种于1982年被四川省家畜家禽品种志编辑委员会评审认定，命名旧院黑鸡，并编入《四川家畜家禽品种志》，1983年被列为全国地方优良家禽品种。2006年被国家工商行政管理总局核准注册为"万源旧院黑鸡"原产地证明商标，2011年被国家质量监督检验检疫总局批准为"国家地理标志保护产品"，2015年由国家质量监督检验检疫总局核发"生态原产地保护产品证书"（图1-2、图1-3）。

图1-2　国家地理标志保护产品证书

图1-3　生态原产地产品保护证书

（三）保种历程

1. 1982—1992年　以群众自然选育与万源县（市）畜牧局专业选育相结合的方式开展旧院黑鸡保种选育工作，万源市畜牧局在白羊乡梨树坪村建立了旧院黑鸡保种选育场，由畜牧局技术人员驻场负责保种选育工作，取得成效。

2. 1993—1995年　属旧院黑鸡保种濒危时期。1995年11月，原四川省畜禽繁育改良总站调查组深入旧院片区调研旧院黑鸡生产性能，调研组需要购买100枚青壳蛋回成都进行营养成分测定，而当天在旧院、井溪、白羊三个乡镇买到的旧院黑鸡青壳蛋数量还达不到100枚。1995年年末，全市存栏旧院黑鸡仅有66 348只。

3. 1996—2003年　四川省畜牧主管部门安排专项经费，划定了以旧院镇为中心的周边7个乡镇为原种资源保护区，由万源市畜牧局负责在旧院镇、井溪乡这两个乡镇开展旧院黑鸡的保种选育示范工作。

4. 2004—2016年　开展旧院黑鸡标准化、规模化专业保种选育及开发工作。在此期间，万源市畜牧食品局、市科技局与四川省畜牧食品局、四川农业大学合作，先后在万源市文军禽业、恒康农业、白沙润豪等旧院黑鸡养殖场实施旧院黑鸡标准化保种选育及开发利用工作。

第二节　旧院黑鸡发展现状

一、品种保护情况

（一）规模数量

截至2015年年底，万源市已建立重点基地乡镇20个、原种场3个、扩繁场4个，建成了89个旧院黑鸡养殖小区，形成了9个专业养殖村，培育饲养旧院黑鸡2 000只以上的养殖场700个。2016年，旧院黑鸡年饲养量达516万只，年出栏378万只，年销商品蛋4 200万枚，实现产值4.2亿元，占畜牧业总产值的22.9%。

（二）饲养方式

万源市的旧院黑鸡养殖大部分为半开放式的养殖方法，即鸡舍＋放养场。这种散养方法既方便饲养管理，又保证了旧院黑鸡肉质鲜美。成鸡存栏量在1 000只以上的鸡场基本采用自繁自养的繁育方法，大多购置了全套孵化设备和育雏设施；稍大的鸡场（存栏量在2 000只以上）还能对外出售鸡苗，并提供相关养殖技术服务。自繁自养降低了鸡苗成本，增加了养殖效益。

二、产业发展情况

(一)产业发展模式

近年来,万源市旧院黑鸡产业结构不断优化,抗风险能力有所增强,特别是在发展模式、运行机制等方面探索积累了一些成功经验。

1. "公司＋基地＋农户"订单养殖模式 公司与基地农户签订产品生产订单合同,明确产品质量标准和数量,为基地农户提供生产物资和技术服务,保护价回收农户生产的产品。如万源市巴山食品有限公司和万源市恒康农业开发有限公司采用该模式。

2. "专业合作社＋基地＋农户"发展模式 专业合作社建立示范养殖基地,实行统一孵化育雏、统一投入品、统一防疫、统一饲养方式、统一销售、分户饲养的"五统一分"模式,提高了农民的市场参与能力和组织化程度。如万源市百里坡旧院黑鸡养殖专业合作社、万源市润豪旧院黑鸡养殖专业合作社和万源市石柱坪旧院黑鸡养殖专业合作社的发展模式。

3. "大户带小户"发展模式 通过大户示范引领作用,带动周边农户共同发展。如万源市碧源畜禽养殖专业合作社即采用此种模式。

(二)产品经营现状

1. 产品销售模式 旧院黑鸡产品以发展高端市场为目标,以酒店消费和礼品消费为突破口,以"富硒"和"生态有机"为卖点,以旧院黑鸡蛋、活鸡、冰鲜鸡为主要产品,采取多种"专销店""体验店＋直营店""连锁酒店""互联网网站＋网店"等产品销售模式拓展销售市场。旧院黑鸡冰鲜鸡和鸡蛋已进入北京、重庆、成都、西安等大城市,建有营销网店35个。旧院黑鸡具有明显的特色与优势,市场开发潜力巨大。

2. 产品市场现状

(1)旧院黑鸡市场现状 旧院黑鸡销售方式是鲜活体销售为主,主要供应四川(成都市、达州市)、重庆等旧院黑鸡酒店,活鸡点杀价和冰鲜鸡销售价分别为180元/kg以上、140元/kg以上,因而旧院黑鸡酒店的生意比较火爆。如此高的消费价格多带有舆论效应和猎奇效应,也使普通老百姓望而却步,仅仅满足于高档消费群体,消费量太少,因此,这就使得旧院黑鸡消费群体很有限。随着旧院黑鸡养殖规模扩大，繁殖力和成活率提高，鲜活体存在不便于长距离运输和保管的局限性，如果加工产品跟不上，必出现供大于求现象。因此，需要不断开拓产品和市场。

（2）旧院黑鸡蛋市场现状 旧院黑鸡蛋市场已经初具规模，在达州、成都、重庆等地已经建立了旧院黑鸡蛋专销店，形成了比较完整的产、供、销体系，消费面较广，包括酒店高档消费、礼品消费、普通市民消费。据不完全统计，2017 年 1—5 月旧院黑鸡蛋消费量达到 300 万枚以上，其市场销售价和酒店消费价分别达到 2.5 元/枚以上和 5 元/枚。统一设计了精美的旧院黑鸡蛋的包装盒版式和样式，提升了旧院黑鸡蛋的档次。万源市的旧院黑鸡蛋经营户正在开拓北京、上海、广东、浙江、湖北等地的市场，初见成效。

3. 品牌建设情况 2006 年 10 月 7 日，国家工商行政管理总局商标局已核准注册"万源旧院黑鸡（蛋）"证明商标。万源市畜禽品种改良站是"万源旧院黑鸡（蛋）"证明商标的注册人，对该商标享有专用权，任何人未经许可不得使用。为规范旧院黑鸡（蛋）生产经营秩序，确保商品质量，维护和提高万源旧院黑鸡（蛋）的市场信誉，保护生产者、经营者和消费者的合法权益，旧院黑鸡（蛋）实行商标标识管理，即：旧院黑鸡必须具有"万源旧院黑鸡"证明商标标识的脚环，内包装必须贴有"万源旧院黑鸡蛋"证明商标标识的蛋标。

"万源旧院黑鸡（蛋）"产地证明商标核准注册，顺利通过了"有机产品""地理标志保护产品""生态原产地保护产品"认证，荣获了"天府十宝""达州市知名商标""四川省著名商标"的殊荣。充分利用媒体以及西洽会、渝洽会、世博会、广交会等平台，大力宣传旧院黑鸡（蛋）产品，加大营销力度。特别是中央电视台多次播出"旧院黑鸡"节目后，影响力更大，知名度更高。

4. 政策扶持情况 万源市高度重视旧院黑鸡产业的发展。一是成立了由市委书记、市长任组长，市级相关部门和乡镇主要负责同志为成员的万源市旧院黑鸡产业发展领导小组，负责全市旧院黑鸡产业发展的组织领导和统筹协调工作。二是加大政策扶持力度，万源市政府出台《关于加快旧院黑鸡产业发展的意见》，同时将旧院黑鸡产业发展列入全市 30 个重点工程。三是加大财政投入力度，全市配套或整合相关项目支持旧院黑鸡产业化发展，累计投入财政资金 3 000 余万元。各级财政安排旧院黑鸡产业发展资金，重点用于品种选育、技术研究、科技推广和基地建设。

（三）存在的主要问题

从当前的发展现状看，虽然旧院黑鸡产业发展已初见成效，但由于多方面原因，产业发展仍面临不少困难和问题。

1. 品系选育工作相对滞后　旧院黑鸡品种选育工作是一项投入资金大、时间长、见效慢、技术要求高、风险大的工作。大部分养殖企业对品种选育不能持之以恒，且普遍存在缺乏资金和相关技术的问题，再加之政府财政投入资金太少。时至今日，旧院黑鸡品种选育工作进展缓慢，旧院黑鸡新品系还未定型。除京源公司依靠中国农业大学在开展青壳蛋鸡培育选育工作外，其他企业仅通过最原始的外观来进行选育，没有专门的经费和科技人员。

2. 营销网络不够健全　在城区和主产区乡镇没有设立专门的旧院黑鸡销售市场，制约品牌打造和市场管理。旧院黑鸡（蛋）营销网络主要集中在川渝两地，国内绝大部分城市基本空白，市民对旧院黑鸡（蛋）还相当陌生。部分企业对营销网络驾驭力低，疏于管控，缺少相关的营销手段和推介力度，营销网络极不稳定，市场占有率不高，竞争力不强，知名度不高；而大部分养殖企业缺少固定客户，没有稳定的销售渠道。

3. 缺乏精深加工企业　旧院黑鸡仅开展了屠宰、分割、真空冰鲜包装等初级加工，销售领域受限制，产品附加值无法体现，缺乏对旧院黑鸡熟食、即食等深加工产品的开发研究。

4. 发展资金缺口大　一是企业发展资金缺口大。本地养殖企业资金实力有限，加之许多养殖企业缺乏专门的管理人员，生产效率低，资金管理混乱，账务制度不健全、不规范，可抵押资产较少，贷款难度大。企业在实行"公司（或专合社）＋基地＋农户"的发展模式中，因缺少流动资金，无力向农户提供生产物资和回购产品，带动作用相当有限，一些专业合作组织形如空壳。二是财政投入机制不健全。近年来，国家主要对旧院黑鸡圈舍建设和引种方面给予了一定扶持，而在订单生产、品种选育、产品开发与宣传、市场开拓等方面政策扶持较少，从一定程度上限制了产业的发展。

5. 市场监管难度大　因没有固定销售场所，没有销售招牌，对冒牌黑鸡（苗）无法进行监管。杂牌鸡蛋既不存在商标侵权，也不存在假冒伪劣，给旧院黑鸡蛋带来了巨大的冲击。

6. 宣传力度不够　产区在公路、车站等重要位置设立产业宣传设施较少，主要通过电视等媒体和各种推介会进行宣传推广，其覆盖面和影响力有限。在政府开展宣传活动中，大部分企业没有"趁热打铁"强力跟进，市场拓展力度不够，在产品宣传方面存在"等、靠、要"的消极思想。养殖企业多是各自为政，未形成合力，在宣传内容、口径上不统一，只注重企业自身的宣传，未注重旧院黑鸡产业的宣传。

7. 产品质量不统一、不稳定　一是标准化程度较低。企业没有制订企业标准，养殖时间不确定，养殖方式随意，生产效率参差不齐，对订单农户生产管控措施不严，造成产品质量不稳定。二是行业内竞争严重。由于经营理念、产品定位、销售渠道、养殖方式、经济实力等差异较大，导致养殖企业互相戒备、竞争激烈，一些企业为了降低成本达到低价出售的目的，全程饲喂全价商品饲料和采用笼养方式，出售笼养鸡蛋和快速催肥的商品鸡，导致产品质量严重下降，并冠以生态有机产品出售，严重影响旧院黑鸡（蛋）品牌信誉，更甚者销售假冒产品扰乱市场，形成恶性循环。

8. 配套软硬件设施薄弱　一是养殖企业水电路等基础设施薄弱，许多鸡场至今网络光纤不通。二是产品运输难。产区快递物流成本高、送达时间长，鲜活产品运输难以实现一日内到达周边城市，严重制约了产品销售和市场开拓。

三、产业化发展对策

（一）科学规划，推行适度规模养殖

尊重群众意愿，尊重市场规律，充分发挥市场的引领作用和政府的引导作用，鼓励引导养殖户和养殖企业以市场为导向，增加投资、扩大规模、强化技改、优化管理，提升发展水平。根据区位优势、资源优势科学定位重点产业，不普遍开花。根据资金实力、技术水平和环境承载能力，不贪大求洋，积极推行适度规模养殖。

（二）依靠科技和人才，解决技术瓶颈

从品系培育、产品开发等方面加强与科研院所合作，引进相关专业技术人才，深入开展科技创新与示范，切实解决旧院黑鸡品种选育、精深加工等难

题。加强本地专家培养，鼓励本地专业人才到外地相关企业实地学习考察，掌握先进的生产工艺、产品开发和市场营销等技术积累经验。

（三）健全营销网络和配套设施，促进产品销售

加快大巴山山货市场建设步伐，在城区和主产区建立健全不同层次的专业批发市场，探索集中配送、连锁经营等新型营销模式。鼓励和扶持企业在外省市设立"直营店""连锁酒店""体验店"等销售网络，逐步将销售网络向外地空白市场延伸、拓展，并完善相关激励措施。大力发展电子商务，建立富硒旧院黑鸡供求信息网站，充分利用和改造现有的信息基础设施资源，降费提速，建立便于农村居民接受的电子商务形式，使电子商务在农村中有一个良好的开端和发展。

（四）引进龙头企业，提高组织化程度

精心包装一批富硒特色畜产品深加工以及营销项目，引进外地成熟企业，加快产业体系建设，延伸产业链。鼓励和推行"龙头企业＋专业合作组织＋农户""订单养殖"等产业化经营模式，建立利益连接机制，把广大农民组织起来，增强农民抵御风险的能力。

（五）加大投入，转变投入方式

加大财政资金投入，也可设立旧院黑鸡产业发展基金，重点支持产业村水电路和网络等基础设施建设、订单农业、品种选育、品牌宣传、产品开发、市场开拓等，支持旧院黑鸡多领域发展。

（六）强化监管，规范企业的生产经营行为

执法部门要联合执法，严厉打击假冒伪劣产品和商标及地理标志保护产品侵权行为。农业部门要依法对饲料、饲料添加剂和兽药等投入品使用、畜禽养殖档案建立和畜禽标识使用实施有效监管，从源头上保障畜产品质量安全。同时，要指导企业建立健全账务制度，规范财务账务。

（七）加大宣传，提升旧院黑鸡产品知名度

在高速路上、人口流动大的区域制作广告牌，打造旧院黑鸡文化底蕴，营

造宣传视觉震撼效果。采取微信、微电影、宣传片、体验店等多种形式，统一口径、统一标准进行宣传。组织企业积极参加国内知名的农产品专业推介平台，提高旧院黑鸡（蛋）知名度。邀请国内知名营销策划机构搞好产业营销策划，"政府搭台、企业唱戏"，尽可能在沿海发达地区开展营销宣传活动，让更多外地市民了解旧院黑鸡（蛋），企业强力跟进营销网络设立和产品入驻，方便当地市民购买产品。

（八）培育品牌，促进品牌上档升级

加大旧院黑鸡（蛋）产地证明商标、地理标志认证、生态原产地保护、有机产品等品牌推广力度，特别是包装要有档次、规格要多样，满足不同消费群体的需求。尽快把旧院黑鸡（蛋）认证为国家驰名品牌，努力将旧院黑鸡由省级畜禽遗传资源保护品种上升为国家级畜禽遗传资源保护品种。

（九）强化监督，完善产品质量标准

寻求国家级权威机构，对旧院黑鸡产品氨基酸、脂肪酸、硒等营养成分和土壤硒含量进行检测认证，进一步修订质量标准，统一发布口径，突出产品特色。鼓励企业制订具有针对性、适用性和可操作性的企业生产标准，相关部门加大对企业执行标准的检查力度，确保产品质量稳定可靠。农产品质量检测站定期对企业产品进行抽检，相关部门对生产、销售不合格产品、假冒产品的行为进行严惩。充分发挥行业协会的监督协调职能，加强对企业生产销售行为的自律教育和监督，对恶意低价倾销、销售不合格产品或假冒产品的行为进行严厉制裁。

（朱庆、尹华东、胡渠）

第二章
旧院黑鸡品质特征与生产性能

第一节　旧院黑鸡特定的品质特征

一、外观特征

（一）体型外貌

旧院黑鸡最显著的外貌特征是乌皮黑羽、紫黑色豆冠。雏鸡绒毛为黑白色，头、背绒毛多为黑色，颈、腹羽毛多为白色；3 周龄后白色绒毛脱落，全部为黑色；羽毛属慢羽型；中大鸡全身羽毛为黑色，略带翠绿光泽，全身皮肤、舌尖、喙、胫、趾均呈乌黑色；冠、髯、脸呈紫黑色，少部分呈红色，冠形有单冠或复冠，紫色复冠的比例达 70% 以上，部分内脏和肠系膜呈乌黑色，肌肉呈暗红色，骨为灰色，部分骨膜为乌黑色。

成年公鸡体型高大雄壮，呈方形，昂首挺胸，叫声洪亮，腿、胫较细长，好斗，野性较强，6 月龄体重为 2 225 g 左右；成年母鸡中等体型，呈长方形，体态紧凑轻盈，6 月龄体重可达到 1 565 g（图 2 - 1、图 2 - 2）。

（二）鸡蛋特征

旧院黑鸡蛋壳颜色呈浅褐色、白色、绿色，绿壳蛋占 30% 左右。蛋白清澈黏稠，用筷子挑牵丝较长，有弹性；蛋黄呈橘黄色或橙红色，打开后蛋黄凸起、有韧性，不易散黄；蛋黄浮在蛋清之上，不沉底，一根牙签插在蛋黄中间可以直立起来（图 2 - 3）。蛋壳坚韧厚实，表面光滑富有光泽，且含钙量高，鸡蛋经煮熟后，蛋壳易剥落，将熟鸡蛋剥壳放在手中揉捏，即使被捏得扁扁的，蛋白也不易开裂。

图 2-1 公鸡（万源市农业局 提供） 图 2-2 母鸡（万源市农业局 提供）

牙签可以在蛋黄中竖起来，普通鸡蛋是不行的哦！

图 2-3 旧院黑鸡鸡蛋

二、产品特征

（一）肉蛋味美

旧院黑鸡肉质致密，肌纤维细腻，入口软嫩滑爽，有一股淡淡清香，腥味轻；鸡蛋口感丰满而醇厚，唇齿留香，余味清爽。肉蛋中其鲜味氨基酸（谷氨酸和天门冬氨酸）含量较高，味道鲜美。

（二）天然富硒

旧院黑鸡生活的万源市是四川省内唯一天然富硒区，其土壤中硒水溶态的含量不高不低，有利于动植物吸收，硒元素通过饮食山泉水、当地饲料、杂草等，转化吸收到旧院黑鸡肉蛋产品中，因此旧院黑鸡肉蛋中硒的含量较高。经多次检测，旧院黑鸡肉和蛋中硒含量最高值分别为 0.214 mg/kg 和 0.3 mg/kg，平均值分别为 0.198 mg/kg 和 0.251 mg/kg，正好符合人们膳食健康的要求。由于硒具有增强免疫力、防癌、防糖尿病、防肝病以及解毒和排毒的作用，因此，食用旧院黑鸡肉、蛋可提高人体的抵抗力，防止人体缺硒，从而保证缺硒地区人民的身体健康（表 2 - 1）。

表 2 - 1　旧院黑鸡鸡肉中硒和其他物质含量

指标	单位	含量
蛋白质	（g，以 100 g 计）	12.1
胆固醇	（mg，以 100 g 计）	6.46×10^{-2}
维生素 A	（mg，以 100 g 计）	0.168
硒	mg/kg	0.246
汞	mg/kg	1.29×10^{-2}

资料来源：万源市农业局。

（三）营养丰富

旧院黑鸡鸡肉和鸡蛋中氨基酸含量丰富，人类必需氨基酸（赖氨酸、苯丙氨酸、蛋氨酸、苏氨酸、异亮氨酸、亮氨酸、缬氨酸）和黑胶素含量较高，且胆固醇和粗脂肪含量较低，具有滋补保健价值，素有"滋补胜甲鱼，养伤赛白鸽，美容如珍珠"之称。

第二节　旧院黑鸡的习性

旧院黑鸡的习性因其饲养地区的自然条件和人为条件的不同而和其他品种有所差异，但也有共同习性。

一、杂食性（耐粗饲）

旧院黑鸡由于以天然放牧为主，因此其食性很杂。长期放养的旧院黑鸡能采食嫩草、草籽、树叶、蚯蚓、菜叶、沙砾等，也可在果园、收获后的庄稼地采食落在地上的果实和谷物。虽然旧院黑鸡耐粗饲的能力很强，但如在舍饲时应补饲以玉米、稻谷、小麦、甘薯、杂粮等碳水化合物为主的含硒饲料，保证营养需要，提高生产性能。鸡主要靠角质化的喙啄食，对食物的机械消化作用主要在肌胃进行，嗉囊是鸡对食物的暂存场地。鸡的嗉囊与腺胃、腺胃与肌胃交接处狭窄，易阻塞。因此，加工饲料时，要防止铁丝、羽毛、塑料布、编织线等不易消化的物质混入饲料，以免被鸡误食形成阻塞，而后发展为软嗉、硬嗉病。在放养时，也要注意清理放养场地中的异物。

二、合群性强

旧院黑鸡有很强的群居性，喜欢成群活动采食，特别是以一只公鸡为首形成的自然交配群。旧院黑鸡生长到一定日龄，相互之间好争斗，常常根据个体间争斗能力在鸡群中形成一种由强到弱排列的秩序，群体序列利于群体的稳定。放养时，早上放出之前和晚上收圈时用哨子或口哨给鸡一个信号，然后再喂料，反复进行训练，经过 1 周后，鸡群就会建立起调节反射，可以呼之即来，挥之则去，在放养中远行数十里而不紊乱（图 2-4）。

图 2-4　群居的旧院黑鸡（万源市农业局　提供）

三、耐寒怕热

旧院黑鸡全身布满羽毛，形成了良好的隔热层，保温性能很好，能有效防止体热散发和减缓冷空气对肌体的侵袭。旧院黑鸡生活的万源地区山峦重叠，沟壑纵横，境内海拔高差大，森林覆盖率高，全年气候温差大，无霜期长，即使在 0 ℃左右的冬季低温下仍能在户外活动自如，在 10 ℃左右的气温条件下，仍可保持较好的生产性能。相反，旧院黑鸡的散热性能差，耐热性能也较差。在炎热的夏季，旧院黑鸡和其他鸡一样都比较怕热，因此觅食时间减少，采食量下降，产蛋量和其生产性能均会降低。

四、警觉性高

与其他家禽一样，旧院黑鸡富于神经质，警觉性很强，反应敏捷，能较快地接受管理训练和条件，性急胆小，易受外界突然的刺激而惊群，在雏鸡早期就出现这种行为。尤其是对突然靠近的人畜、偶然出现的色彩鲜艳的物件、突发性声音、强光灯刺激均敏感，易受到惊吓，甚至会因无意弄翻食盆发出较强的声响而异常惊慌，迅速拥挤于一团，或逃避到树丛和其他掩护物下，导致相互挤压、践踏，造成伤害，影响生长。因此，在饲养旧院黑鸡的场所应保持饲养环境的安静稳定，人接近时也要事先做出它们熟悉的声音，以免其骤然受惊而影响其产蛋和增重，同时也要防止其他猫、犬、老鼠等动物进入圈舍。

五、喜干燥，恶潮湿

这是所有鸡突出的习性之一。旧院黑鸡喜欢干爽的山地生活，在放养的场地上，常看到旧院黑鸡在地势较高的干燥地方采食和休憩，或奔走在崎岖不平的山坡上，即使在平地舍饲，也喜欢在栖息架或其他耸立的物体之上，这些都说明旧院黑鸡喜欢在干燥的环境中生活。旧院黑鸡最怕潮湿的鸡舍，如果长期生活在湿润而闷热的地方或潮湿的垫料地面上，则会引起寄生虫病和其他疾病，甚至死亡，所以旧院黑鸡鸡舍不要建在低洼、潮湿的地方。保持鸡舍干燥，尽量不使用垫料，这是为适应旧院黑鸡爱干燥、恶潮湿习性的有效措施。

六、性情活泼，有飞翔能力

活泼好动的旧院黑鸡羽毛丰满，利于飞翔和攀高，加之长期在放养条件下，其活动范围广，即使在栖息过程中，栖高习性的旧院黑鸡也喜欢在树枝、栖息架、绳索上休息，喜欢飞到高处。对此，在饲养过程中应给予足够的重视，防止其损坏电线、水管，防止鸡只外逃。

七、具有特定疾病的抗病性

鸡由于其肺脏小且与气囊连接，这些气囊充斥于体内各部位，因此通过空气传播的病原体可以沿呼吸道进入肺和气囊，从而进入体腔、肌肉和骨骼中。由于这一生理特点，在同样条件下，鸡比水禽的抗病力差。旧院黑鸡的抗病性具有疾病特异性，它对某些疾病如新城疫、禽流感、马立克氏病和禽白血病等较敏感，但对传染性支气管炎抵抗力很强。

第三节　旧院黑鸡的生产性能

一、生长发育性能

2015 年 5—11 月，对 100 只从出壳到 150 日龄的旧院黑鸡进行了各周体重的随机测定，旧院黑鸡的出壳重平均为 39.56 g；随着饲养日龄的增长，其增长速度较快，饲喂到 90 日龄时，旧院黑鸡的体重已达到 1 168 g（图 2-5）；0～90 日龄、90～120 日龄、120～150 日龄阶段料肉比分别为 3.98、4.86 和 5.91。

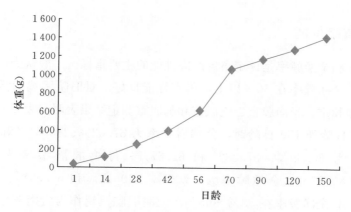

图 2-5　旧院黑鸡增长曲线

（引自邓中勇硕士学位论文，2016 年）

二、体重和体尺

体重和体尺性状是动物遗传选育中重要的表型性状，与重要经济性状有密

17

切的关系，也是衡量鸡体健康状况的标志。2006 年 9 月在万源市太平镇仙龙潭村旧院黑鸡养鸡场分别测定了 100 日龄、300 日龄旧院黑鸡公鸡、母鸡的体尺、体重。由表 2-2 可知，100 日龄和 300 日龄旧院黑鸡公鸡的体重、体斜长、胸深、胸宽、胫长、胫围、龙骨长和骨盆宽均大于母鸡，说明公鸡具有明显的生长优势。

表 2-2　旧院黑鸡体重和体尺测定结果

指标	100 日龄		300 日龄	
	公鸡	母鸡	公鸡	母鸡
体重（g）	1 573.5±51.7	1 286.8±41.86	2 721.50±78.71	2 246.93±92.19
体斜长（cm）	16.34±0.68	14.81±0.76	23.26±0.81	21.61±1.75
胸宽（cm）	5.02±0.51	4.64±0.55	8.54±0.54	7.44±0.65
胸深（cm）	5.73±0.57	4.96±0.59	9.26±0.52	8.12±0.60
龙骨长（cm）	8.94±0.68	7.65±0.72	13.06±0.70	12.03±0.87
骨盆宽（cm）	4.71±0.45	4.66±0.48	8.18±0.49	7.82±0.40
胫长（cm）	5.20±0.69	5.11±0.54	9.61±0.67	9.20±0.63
胫围（cm）	3.17±0.38	3.14±0.37	4.97±0.40	3.55±0.34

数据来源：万源市农业局《旧院黑鸡遗传资源调查报告》。

三、屠宰性能

屠宰率和全净膛率是评定畜禽产肉性能的主要指标。一般认为，屠宰率在 80% 以上，全净膛率在 60% 以上，屠宰性能良好。对旧院黑鸡的活体重、屠体重、全净膛重、半净膛重、胸肌重和腿肌重测定结果表明（表 2-3），在 90 日龄、120 日龄和 150 日龄时，公鸡屠宰率为 87.62%、83.51% 和 86.06%，全净膛率为 60.39%、57.28% 和 62.67%；母鸡的屠宰率为 86.10%、87.11% 和 89.86%，全净膛率为 58.26%、60.13% 和 60.99%。屠宰率在 83%~90%，全净膛率在 58%~63%，说明旧院黑鸡作为蛋肉兼用型鸡具有良好的屠宰性能。除屠宰率和全净膛率外，公鸡的活体重、屠体重、半净膛重和全净膛重均高于母鸡，说明性别对旧院黑鸡的屠宰性状影响较大，可能与公母鸡体内激素的种类、水平和代谢方式不同有关。同时，公鸡的胸肌重在 90 日龄、120 日龄和 150 日龄分别达到了 54.05 g、65.87 g 和 78.22 g，胸肌率分别为 15.62%、17.00% 和 14.60%；而腿肌重则分别达到了 87.62 g、92.54 g

表 2 - 3　旧院黑鸡 90 日龄、120 日龄和 150 日龄屠宰性能测定结果

日龄	性别	活重(kg)	屠体重(kg)	全净膛重(kg)	半净膛重(kg)	胸肌重(g)	腿肌重(g)	屠宰率(%)	半净膛率(%)	全净膛率(%)	胸肌率(%)	腿肌率(%)
90	公	1.15±0.08	1.01±0.06	0.61±0.08	0.70±0.07	54.05±17.31	82.64±3.75	87.62±0.48	79.74±1.01	60.39±1.31	15.62±8.39	23.85±0.68
	母	0.82±0.03	0.75±0.06	0.44±0.01	0.51±0.02	43.47±18.09	57.73±3.37	86.10±1.04	78.46±1.21	58.26±1.12	17.04±9.23	22.66±0.59
120	公	1.37±0.15	1.20±0.16	0.79±0.11	1.03±0.07	65.87±6.68	92.54±3.05	83.51±1.27	74.75±1.46	57.28±3.22	17.00±0.82	23.35±0.70
	母	1.15±0.10	1.11±0.09	0.65±0.09	0.90±0.16	58.59±7.39	86.09±3.37	87.11±1.40	77.64±1.61	60.13±3.56	14.67±0.91	21.28±0.78
150	公	1.50±0.06	1.28±0.06	0.94±0.03	1.11±0.05	78.22±4.84	120.18±6.62	86.06±1.30	80.49±1.34	62.67±1.38	14.60±0.75	25.64±0.70
	母	1.31±0.07	1.18±0.06	0.79±0.03	0.98±0.06	73.02±5.35	85.90±7.32	89.85±1.43	75.23±1.48	60.99±1.53	18.61±0.83	21.72±0.77

资料来源：邓中勇硕士学位论文（2016 年）。

表 2 - 4　旧院黑鸡 90 日龄、120 日龄和 150 日龄部分内脏器官质量测定结果

日龄	性别	心重(g)	肝重(g)	腺胃重(g)	肌胃重(g)	心脏重比率(%)	肝脏重比率(%)	腺胃重比率(%)	肌胃重比率(%)
90	公	4.60±0.32	25.75±1.03	5.44±0.25	25.62±1.24	0.52±0.01	2.87±0.14	0.61±0.09	4.20±0.22
	母	3.27±0.22	20.00±1.14	3.71±0.21	20.49±1.21	0.51±0.08	3.10±0.10	0.58±0.05	4.65±0.12
120	公	5.36±0.55	29.50±2.42	5.38±0.36	26.69±1.85	0.52±0.03	3.27±0.17	0.53±0.02	3.37±0.15
	母	5.23±0.60	28.23±2.30	5.47±0.40	26.07±2.04	0.58±0.04	2.79±0.22	0.62±0.06	4.01±0.17
150	公	8.14±0.64	28.31±1.75	4.02±0.30	21.43±1.57	0.67±0.05	2.15±0.11	2.27±0.11	0.33±0.02
	母	6.46±0.71	25.65±1.94	3.91±0.33	20.36±1.74	0.66±0.05	2.89±0.12	2.57±0.12	0.42±0.03

资料来源：邓中勇硕士学位论文（2016 年）。

和 120.18 g，腿肌率分别为 23.85%、23.35% 和 25.64%。母鸡的胸肌重和腿肌重则轻于公鸡，在 90 日龄、120 日龄和 150 日龄的胸肌重分别为 43.47 g、58.59 g 和 73.02 g，胸肌率则为 17.04%、14.67% 和 18.61%；而腿肌重分别为 57.73 g、86.09 g 和 85.90 g，腿肌率则为 22.66%、21.28% 和 21.72%。无论是公鸡还是母鸡，其腿肌重都要高于胸肌重，说明旧院黑鸡腿部发达强健，这与其散养、运动力强的生活习性是分不开的。

四、内脏器官质量

肝脏是家禽的主要内脏器官，具有消化、造血、贮存营养物质、解毒等多种功能；心脏对血压、供血等起着十分重要的作用。通过对旧院黑鸡内脏器官质量的测定发现（表 2-4），90 日龄、120 日龄和 150 日龄旧院黑鸡的肝脏公鸡分别比母鸡重 5.75 g、1.27 g 和 2.66 g；心脏则公鸡分别比母鸡重 1.33 g、0.13 g 和 1.68 g；公鸡、母鸡的肌胃重和腺胃重无显著差异，这可能与公、母鸡的生理特点和采食方式有关。

五、肉品质

（一）肉色

肉色即肌肉的颜色，是判断肉品质的一个重要指标，是消费者视觉上对肉品质直接的反应。由于旧院黑鸡具有独特的乌肤、乌皮的特点，因而其肉色比其他鸡肉色值要低。经测定（表 2-5），母鸡胸肌和腿肌的亮度值（L）均高于公鸡；而胸肌的红度值（a）、黄度值（b）均随日龄的增长呈上升趋势；相反，腿肌的 a、b 值则随日龄的增长呈下降趋势。90 日龄公鸡腿肌的 a、b 值均最大，分别为 10.50 和 1.78；150 日龄母鸡胸肌的 a、b 值均最大，分别为 3.38 和 5.52。

表 2-5　旧院黑鸡肉色测定结果

日龄	性别	胸　　肌		
		L	a	b
90	公	86.45±3.52	1.95±0.65	3.08±1.14
	母	89.24±5.16	1.52±0.56	3.02±0.92

（续）

日龄	性别	胸 肌		
		L	a	b
120	公	67.09±0.80	1.91±0.28	4.24±0.57
	母	70.32±3.98	2.30±0.36	3.11±0.85
150	公	63.65±1.56	2.78±0.80	3.96±1.29
	母	77.04±3.61	3.38±0.67	5.52±1.27

日龄	性别	腿 肌		
		L	a	b
90	公	70.92±3.63	10.50±1.55	1.78±0.72
	母	72.43±3.17	7.18±1.33	0.36±0.18
120	公	48.81±1.92	3.08±0.46	−0.09±0.16
	母	53.84±3.51	4.00±0.41	−1.06±0.04
150	公	54.95±1.99	2.81±0.29	−3.11±2.12
	母	58.10±3.37	3.69±0.56	−1.03±0.75

资料来源：邓中勇硕士学位论文（2016年）。

（二）pH

　　pH是测定肉品品质重要的指标之一，与肉的许多质量性状都有关系，可影响鸡肉的保藏性、熟煮损失、加工能力等。一般优质鸡肌肉pH范围在pH_1为6.0～6.5，pH_{24}为5.8～6.3。经测定（表2-6），旧院黑鸡胸肌、腿肌pH_1为5.87～6.44，pH_{24}为5.76～6.25，这与优质鸡pH基本一致，属于优质范围。旧院黑鸡肌肉pH_1和pH_{24}在不同日龄和部位间的差异均不显著，但胸肌和腿肌的pH_1和pH_{24}均随日龄的增加呈上升趋势，而随保存时间的推移呈下降状态。其中，公鸡胸肌的pH_1和pH_{24}均低于母鸡，但两者间的差异不显著；相反，公鸡腿肌的pH_1和pH_{24}均高于母鸡，两者间差异亦不显著。

表2-6　旧院黑鸡pH测定结果

日龄	性别	胸肌	
		pH_1	pH_{24}
90	公	5.87±0.05	5.76±0.04
	母	5.91±0.09	5.78±0.03

（续）

日龄	性别	胸肌	
		pH$_1$	pH$_{24}$
120	公	5.90±0.03	5.81±0.04
	母	5.97±0.04	5.88±0.04
150	公	5.92±0.03	5.85±0.04
	母	5.97±0.02	5.89±0.02

日龄	性别	腿肌	
		pH$_1$	pH$_{24}$
90	公	6.25±0.08	6.11±0.07
	母	6.15±0.08	6.03±0.06
120	公	6.35±0.05	6.21±0.06
	母	6.29±0.05	6.09±0.04
150	公	6.44±0.03	6.25±0.05
	母	6.31±0.06	6.11±0.04

　　资料来源：邓中勇硕士学位论文（2016 年）。

（三）水分、粗蛋白质和干物质含量

　　水分和蛋白质是肌肉的重要组成成分，其含量高低对肌肉品质起着十分重要的作用。鸡肉中水分含量一般在 70%～75%，在一定范围内，肌肉中水分含量越高，口感越好。由表 2-7 可知，90 日龄、120 日龄和 150 日龄旧院黑鸡公鸡的胸肌和腿肌水分含量分别为 71.77%、71.14%、71.39% 和 74.80%、69.60%、72.38%；而母鸡胸肌和腿肌水分含量分别为 70.74%、70.93%、70.73% 和 72.53%、74.40%、68.28%，这些数据表明旧院黑鸡肌肉中的水分含量介于 68.28%～74.40%，说明其口感好，且公鸡、母鸡肌肉水分含量接近，肉品质相差不大。

　　蛋白质是肌肉中干物质的主要成分，蛋白质含量越高，表明肌肉营养价值越高。旧院黑鸡肌肉中的粗蛋白质含量在 15.26%～18.96%，胸肌的粗蛋白质含量高于腿肌，说明胸肌的营养价值高。而且，胸肌和腿肌的粗蛋白质含量随日龄的增加而减少。

表 2-7　旧院黑鸡水分、粗蛋白质和干物质含量测定结果

日龄	性别	水分		粗蛋白质		干物质	
		胸肌（%）	腿肌（%）	胸肌（%）	腿肌（%）	胸肌（%）	腿肌（%）
90	公	71.77±0.40	74.80±0.31	18.55±0.21	17.96±0.41	28.23±0.40	25.20±0.31
	母	70.74±0.31	72.53±0.70	18.96±0.59	17.91±0.27	29.26±0.31	27.47±0.70
120	公	71.14±0.25	69.60±0.75	17.67±0.70	17.57±0.11	28.86±0.25	25.60±0.51
	母	70.93±0.20	74.40±0.51	18.18±0.54	17.95±0.22	29.07±0.20	30.40±0.75
150	公	71.39±0.81	72.38±1.55	16.84±0.27	16.76±0.39	28.61±0.81	27.62±1.55
	母	70.73±0.51	68.28±0.96	16.79±0.22	15.26±0.46	29.27±0.51	31.72±0.96

资料来源：邓中勇硕士学位论文（2016 年）。

母鸡胸肌和腿肌中的干物质含量均高于公鸡，但日龄对其变化无规律。胸肌中干物质含量最高的是 150 日龄母鸡的含量，为 29.27%，最低的是 90 日龄公鸡的含量，为 28.23%；腿肌中干物质含量最高的是 150 日龄母鸡的含量，为 31.72%，最低的是 90 日龄公鸡的含量，为 25.20%。

（四）肌内脂肪含量

肌内脂肪是肌肉组织内所含的脂肪，不是通常肉眼可见的肌间脂肪，其含量则与肉品质呈正相关，在一定范围内，富含的肌内脂肪对口感惬意度、多汁性、嫩度、滋味等都有良好作用。因此，把高肌内脂肪含量列为畜禽育种的重要选择性状。经测定（表 2-8），旧院黑鸡胸肌、腿肌的肌内脂肪含量均随日龄的增加而增加，在 150 日龄时，公鸡胸肌、腿肌的肌内脂肪含量分别达到了 17.17% 和 25.59%，母鸡则为 17.46% 和 27.17%。旧院黑鸡母鸡胸、腿肌的肌内脂肪含量均高于公鸡，且腿肌的肌内脂肪含量远远高于胸肌。

表 2-8　旧院黑鸡肌内脂肪含量测定结果

日龄	性别	胸肌（%）	腿肌（%）
90	公	10.53±0.17	18.91±1.14
	母	11.57±0.29	18.06±1.09
120	公	14.87±1.03	22.11±1.54
	母	15.42±1.00	23.53±1.23
150	公	17.17±1.32	25.59±0.88
	母	17.46±1.12	27.17±0.76

资料来源：邓中勇硕士学位论文（2016 年）。

（五）剪切力

嫩度是主导肉质的决定因素，是人们对肌肉口感满意程度的指标之一。而剪切力则是嫩度的判断指标，剪切力越低，嫩度越好，肉质就越好。由表2-9可知，90日龄、120日龄、150日龄旧院黑鸡母鸡胸肌和腿肌的剪切力分别为29.47 N、32.06 N、33.43 N和31.97 N、33.07 N和34.27 N，均小于公鸡胸肌、腿肌的剪切力，说明母鸡的肉质较公鸡更嫩。同时，无论是胸肌还是腿肌，随着日龄的增加，其剪切力也随之增加，说明旧院黑鸡饲养时间越长，肌肉的嫩度也随之变差。除此之外，旧院黑鸡无论公、母鸡，胸肌的剪切力均小于腿肌，即胸肌的嫩度比腿肌高，这主要是由胸肌纤维比腿肌纤维细导致的。

表2-9　旧院黑鸡剪切力测定结果

日龄	性别	胸肌（N）	腿肌（N）
90	公	30.60±1.05	33.68±1.23
	母	29.47±2.13	31.97±2.02
120	公	32.93±1.96	35.08±2.04
	母	32.06±1.65	33.07±2.09
150	公	34.04±0.83	35.38±1.93
	母	33.43±1.57	34.27±1.45

资料来源：邓中勇硕士学位论文（2016年）。

（六）氨基酸含量

氨基酸是构成蛋白质的基本单位，肌肉中氨基酸含量、种类及比例是评价其营养价值优劣的主要指标之一，也是影响肉品质的重要因素。一般认为，氨基酸含量越高，营养价值也就越高。旧院黑鸡90日龄、120日龄和150日龄腿肌、胸肌的氨基酸测定结果见表2-10和表2-11。结果可知，旧院黑鸡腿肌和胸肌共检出16种氨基酸，没有检出色氨酸、谷氨酰胺。公鸡胸肌总氨基酸含量在各日龄的顺序为90日龄＞150日龄＞120日龄，平均含量分别为92.90%、88.82%和60.89%；母鸡胸肌总氨基酸含量在各日龄的顺序与公鸡相反，为90日龄＜150日龄＜120日龄，平均含量分别为76.42%、87.08%和89.54%。

表 2-10 旧院黑鸡腿肌氨基酸测定结果

日龄	性别	苏氨酸 (%)	丝氨酸 (%)	谷氨酸 (%)	甘氨酸 (%)	丙氨酸 (%)	半胱氨酸 (%)	缬氨酸 (%)	蛋氨酸 (%)	异亮氨酸 (%)
90	公	4.11±0.18	3.72±0.16	12.97±0.73	4.95±0.36	5.98±0.25	0.51±0.06	4.20±0.21	2.53±0.12	4.11±0.23
	母	4.29±0.18	3.83±0.15	12.03±0.22	4.51±0.33	5.87±0.29	0.34±0.09	4.36±0.22	2.61±0.14	4.28±0.20
120	公	3.82±0.23	3.47±0.19	13.62±0.93	5.17±0.37	6.27±0.33	0.38±0.02	3.97±0.21	2.43±0.13	3.92±0.19
	母	4.08±0.08	3.77±0.06	12.57±0.70	4.81±0.08	5.71±0.09	0.39±0.04	4.13±0.09	2.51±0.06	4.04±0.09
150	公	4.09±0.28	3.64±0.26	13.90±0.57	5.81±0.34	6.37±0.31	0.41±0.03	4.22±0.28	2.55±0.16	4.13±0.26
	母	4.05±0.17	3.69±0.16	13.55±0.59	5.78±0.51	6.16±0.35	0.47±0.09	4.19±0.18	2.50±0.12	4.06±0.16

日龄	性别	亮氨酸 (%)	酪氨酸 (%)	苯丙氨酸 (%)	赖氨酸 (%)	组氨酸 (%)	精氨酸 (%)	脯氨酸 (%)	总氨基酸 (%)
90	公	7.17±0.34	3.28±0.17	3.68±0.16	7.57±0.41	2.60±0.10	6.59±0.27	2.79±0.17	85.25±3.99
	母	7.49±0.32	3.42±0.13	3.87±0.17	7.91±0.30	2.68±0.10	6.43±0.31	3.03±0.16	89.43±4.05
120	公	6.73±0.38	3.07±0.15	3.47±0.19	7.10±0.38	2.33±0.16	6.77±0.35	2.79±0.17	80.70±4.63
	母	7.12±0.15	3.21±0.08	3.69±0.08	7.54±0.15	2.39±0.09	6.54±0.12	3.13±0.04	86.33±1.63
150	公	7.19±0.48	3.28±0.21	3.71±0.24	7.55±0.51	2.64±0.13	7.26±0.43	2.64±0.18	84.11±5.66
	母	7.06±0.30	3.19±0.14	3.63±0.18	7.51±0.27	2.64±0.14	7.02±0.3	2.71±0.24	83.80±4.34

资料来源：邓中勇硕士学位论文（2016 年）。

表2-11 旧院黑鸡胸肌氨基酸测定结果

日龄	性别	苏氨酸(%)	丝氨酸(%)	谷氨酸(%)	甘氨酸(%)	丙氨酸(%)	半胱氨酸(%)	缬氨酸(%)	蛋氨酸(%)	异亮氨酸(%)
90	公	4.53±0.10	3.91±0.08	14.78±0.48	4.51±0.04	5.87±0.10	0.48±0.08	4.86±0.11	2.81±0.07	4.70±0.15
	母	3.74±0.19	3.27±0.17	12.00±0.57	3.76±0.18	4.87±0.23	0.32±0.01	4.03±0.21	2.29±0.10	3.80±0.20
120	公	2.98±0.75	2.56±0.63	15.68±2.43	5.16±0.81	5.94±0.99	0.23±0.09	3.16±0.80	1.82±0.47	3.02±0.77
	母	4.39±0.12	3.85±0.11	14.10±0.39	4.50±0.15	5.70±0.17	0.48±0.02	4.66±0.14	2.69±0.06	4.45±0.12
150	公	4.29±0.19	3.68±0.20	16.88±0.57	6.51±0.28	6.70±0.23	0.50±0.04	4.72±0.18	2.59±0.06	4.48±0.15
	母	4.21±0.02	3.61±0.03	15.70±0.13	5.33±0.11	6.44±0.07	0.54±0.02	4.64±0.02	2.58±0.01	4.43±0.03

日龄	性别	亮氨酸(%)	酪氨酸(%)	苯丙氨酸(%)	赖氨酸(%)	组氨酸(%)	精氨酸(%)	脯氨酸(%)	总氨基酸(%)
90	公	8.05±0.19	3.51±0.08	4.03±0.09	8.59±0.21	3.69±0.07	6.43±0.14	2.59±0.03	92.90±2.05
	母	6.62±0.34	2.91±0.15	3.36±0.17	6.96±0.38	3.16±0.09	5.27±0.44	2.15±0.10	76.42±3.79
120	公	5.29±1.34	2.34±0.60	2.69±0.68	5.48±1.39	2.22±0.56	7.25±1.08	1.76±0.45	60.89±15.48
	母	7.76±0.21	3.38±0.06	3.90±0.10	8.24±0.29	3.39±0.09	6.26±0.17	2.53±0.05	89.54±2.56
150	公	7.71±0.11	3.35±0.16	3.94±0.17	8.01±0.42	3.60±0.07	8.18±0.26	2.54±0.14	88.82±3.67
	母	7.52±0.04	3.24±0.02	3.79±0.02	7.94±0.06	3.55±0.07	7.06±0.07	2.46±0.05	87.08±0.67

资料来源：邓中勇硕士学位论文（2016年）。

公鸡腿肌总氨基酸含量在各日龄的顺序为 90 日龄＞150 日龄＞120 日龄，平均含量分别为 85.25%、84.11% 和 80.70%；而母鸡腿肌总氨基酸含量在各日龄的顺序为 90 日龄＞120 日龄＞150 日龄，平均含量分别为 89.43%、86.33% 和 83.80%。旧院黑鸡肌肉中测得甜味氨基酸（SAA）有苏氨酸、丝氨酸、脯氨酸、丙氨酸、赖氨酸和甘氨酸 6 种，苦味氨基酸（BAA）有缬氨酸、蛋氨酸、异亮氨酸、亮氨酸、苯丙氨酸、组氨酸、精氨酸、酪氨酸、半胱氨酸 9 种，鲜味氨基酸（UAA）有谷氨酸 1 种。

旧院黑鸡性别之间的比较表明，公鸡的胸肌、腿肌氨基酸含量与母鸡差异不显著，而部位间的比较表明，90 日龄、120 日龄和 150 日龄公鸡、母鸡胸肌的谷氨酸含量均高于腿肌；150 日龄公鸡、母鸡胸肌的谷氨酸、丙氨酸、半胱氨酸、缬氨酸、蛋氨酸、异亮氨酸、亮氨酸、苯丙氨酸、赖氨酸、组氨酸和精氨酸均高于腿肌。

与此同时，与本地饲养的黄羽肉鸡相比（表 2-12），旧院黑鸡鸡肉中赖氨酸、苯丙氨酸、蛋氨酸、苏氨酸、异亮氨酸、亮氨酸、缬氨酸这 7 种人体必需氨基酸值达 1.665%、1.225%、0.645%、0.977%、1.077%、1.907%、1.055%，分别比黄羽肉鸡高 13.65%、13.95%、19.22%、11.53%、22.81%、16.00%、21.40%。且鸡肉中鲜味氨基酸含量也较高，特别是鸡肉中天门冬氨酸、谷氨酸含量为 1.847%、2.806%，分别比黄羽肉鸡高 10.8%、12.3%。说明旧院黑鸡鸡肉比黄羽肉鸡更鲜美。

表 2-12　旧院黑鸡与黄羽肉鸡鸡肉 7 种必需氨基酸含量测定结果

品种	赖氨酸（%）	苯丙氨酸（%）	蛋氨酸（%）	苏氨酸（%）	异亮氨酸（%）	亮氨酸（%）	缬氨酸（%）
旧院黑鸡	1.665	1.225	0.645	0.977	1.077	1.907	1.055
黄羽肉鸡	1.465	1.075	0.541	0.876	0.877	1.644	0.869

资料来源：张树周《旧院黑鸡品质特征及成因》。

（七）肌苷酸（IMP）含量

肌苷酸（IMP）是鸡肉鲜味物质的重要组成成分之一。经测定（表 2-13），旧院黑鸡公鸡 150 日龄的胸肌、腿肌肌苷酸含量达到了 1.55 mg/g 和 1.83 mg/g，而母鸡胸肌、腿肌的肌苷酸含量则达到了 1.94 mg/g 和 1.99 mg/g，与良种肉鸡肌苷酸含量相比较，IMP 含量较高。同时，母鸡胸、腿肌中的肌苷酸含量远高于公鸡，说明旧院黑鸡的鸡肉口感较好。

表 2-13　旧院黑鸡肌苷酸含量测定结果

日龄	性别	胸肌（mg/g）	腿肌（mg/g）
90	公	1.29±0.09	1.46±0.05
	母	1.38±0.04	1.49±0.03
120	公	1.41±0.70	1.50±0.02
	母	1.62±0.13	1.77±0.02
150	公	1.55±0.05	1.83±0.04
	母	1.94±0.02	1.99±0.09

资料来源：邓中勇硕士学位论文（2016 年）。

六、繁殖性能

据旧院镇旧院黑鸡原种场测定（表 2-14），旧院黑鸡 5%开产日龄在 120～140 日龄，平均开产日龄为 144 日龄，开产日龄最早的个体记录为 115 日龄；年产蛋数 168 枚，开产蛋重 35.9 g，平均蛋重 50.2 g。蛋壳浅褐色居多，浅绿色约占 5%。种蛋受精率为 84.9%～94.1%，受精蛋孵化率为 84%～93.3%，母鸡就巢率 73%。这些数据表明旧院黑鸡开产日龄较早，且孵化率和受精率都较高。

表 2-14　旧院黑鸡的繁殖性能

性　　状	测定值
5%开产日龄	120～140
开产蛋重（g）	35.9
平均蛋重（g）	50.2
蛋壳颜色	浅褐色、浅绿色
受精率（%）	84.9～94.1
受精蛋孵化率（%）	84～93.3

资料来源：万源市农业局《旧院黑鸡遗传资源调查报告》。

七、蛋品质

旧院黑鸡 300 日龄蛋品质的统计结果见表 2-15。

表 2 - 15   旧院黑鸡 300 日龄蛋品质测定

指　标	含量
蛋重（g）	50.19±6.81
蛋形指数	1.33±0.06
蛋壳强度（kg/cm²）	3.90±0.88
蛋壳厚度（mm）	0.34±0.08
蛋黄重（g）	15.87±2.69
蛋黄颜色	11.06±0.73
蛋白高度（mm）	5.66±1.59
蛋壳颜色	45.73±3.35
哈氏单位	76.68±10.57

资料来源：万源市农业局《旧院黑鸡遗传资源调查报告》。

（一）蛋重

蛋重是衡量蛋品质和消费者选购鸡蛋的一个重要指标，鸡蛋的蛋重一般在 50 g 左右，比较受消费者喜爱。由表 2 - 15 可知，旧院黑鸡 300 日龄平均蛋重为 50.19 g。就此点而言，旧院黑鸡蛋重适合市场消费需求。

（二）蛋形指数

蛋形指数通常被作为种蛋质量分类的指标之一，不同鸡种具有不同蛋形指数，同时蛋形指数也是影响孵化率的主要因素之一。标准的蛋形指数为 1.35，正常鸡蛋的蛋形指数为 1.31～1.39，大于 1.39 者为细长形，小于 1.31 则近似球形。由表 2 - 15 可以看出，旧院黑鸡的蛋形指数为 1.33，说明旧院黑鸡的种蛋均在正常范围内，这也是旧院黑鸡种蛋合格率高、入孵蛋孵化率高的主要原因之一。

（三）蛋壳强度和厚度

蛋壳质量直接关系蛋的保存时间、流通破损率及种蛋孵化率。蛋壳强度、蛋壳厚度是蛋壳质量最主要的两个指标，其中，蛋壳强度是蛋抵抗破损能力的主要指标，对包装和运输有重要意义。由表 2 - 15 可以看出，旧院黑鸡的蛋壳强度为（3.90±0.88）kg/cm²，高于褐壳蛋（3.40±0.81）kg/cm²、粉壳蛋（3.24±1.01）kg/cm²和白壳蛋（3.38±0.71）kg/cm²，蛋壳厚度（0.34±0.08）mm，说明旧院黑鸡的蛋壳强度较高。

（四）哈氏单位

哈氏单位的大小主要由蛋白高度决定，是衡量蛋品新鲜程度的重要指标。哈氏单位越高，表示蛋白黏稠度越好，蛋白品质越高。在北美蛋品市场，哈氏单位高于72的鸡蛋被列为AA级，哈氏单位为62～70的鸡蛋被列为A级，低于60的鸡蛋被列为B级，消费者一般不购买B级鸡蛋。由表2-15可知，旧院黑鸡的哈氏单位为76.68±10.57，为AA级。

（五）蛋黄重

蛋黄是鸡蛋风味物质的主要载体，由表2-15可知，旧院黑鸡鸡蛋蛋黄重（15.87±2.69）g，表明旧院黑鸡鸡蛋蛋黄较大。

（六）蛋黄颜色

蛋黄颜色是消费者主观品评蛋品质优劣的一项指标，其对蛋的营养价值没有太大的影响，但对蛋的市场价值有一定的影响，可以通过添加带有天然色素的饲料加以改善。从表2-15可以看出，旧院黑鸡的蛋黄颜色11.06±0.73，比其他鸡蛋的蛋黄颜色值高，这与其富含硒有一定的关系。

综合前面所有生产性能测定指标，我们不难看出旧院黑鸡是一个肉蛋兼用型品种，外貌特征比较一致，遗传性稳定，是培育新品种、品系不可缺少的原始素材，应利用其早期生长快、出肉率高的特点进行早期育肥。有部分鸡产绿壳蛋，这种稀有的经济性状，属遗传性状，应重视其特有基因在育种上发挥的作用。同时，旧院黑鸡鸡肉和鸡蛋营养价值较高，都含有人类必需的氨基酸，且氨基酸、粗蛋白质、粗脂肪等含量较高，尤其硒的平均含量分别达到了0.198 mg/kg和0.251 mg/kg。因此，这为今后选育黑羽乌皮和产绿壳的专用品种（系）和产业开发利用奠定了良好的基础，开发前景非常广阔。

（王彦、胡渠）

第三章
旧院黑鸡鸡场建设与环境控制

第一节　场址的选择

在旧院黑鸡饲养场的场址选择时主要考虑以下五个方面：环境条件、地质土壤条件、水文气象条件、水电供应条件和交通运输条件。

一、环境条件

种鸡场选择场址时必须注意周围的环境条件，一般应考虑距居民点 3～4 km 以上，距其他家禽场 10 km 以上，附近无大型污染的化工厂、重工业厂矿或排放有毒气体的染化厂，尤其上风向更不能有这些工厂。

商品鸡放养场则需要较大的放养空间，且需要种植密度适宜的林地。林地的选择是养好鸡的基础，不同用途的林地，在选择时要有所侧重，常见的林地包括山坡林、竹林、果林、经济林等。一般放养的林地以中成林为主，最好选择林冠较稀疏、冠层较高，树林荫蔽度在 50％～70％，透光和通气性能较好，杂草和昆虫较丰富的成林。树林枝叶过于茂密、遮阴度大的林地，透光效果不好，不利用鸡的生长，挂果期的鲜果林地也不宜用于养鸡。苹果、桃、梨等鲜果林地在挂果期会喷洒农药以及有部分果子自然落果后腐烂，鸡吃后易引起中毒。放养场地见图 3－1。

二、地质土壤条件

鸡场应选择地势高燥，背风向阳的山坡或丘陵，朝南或者东南方向。要求场地土壤以往未被传染病或寄生虫病原体污染过，透气性和渗水性良好，保证

图 3-1　鸡群放养（恒康农业公司　提供）

场地干燥。一般鸡场应建在土质为沙质土或壤土的地带，地下水位在地面以下1.5～2.0 m为最好。避免积水，导致病原微生物在潮湿的环境下滋生，引发鸡群患病。地面应平坦或稍有坡度，以利于地面水的排泄。丘陵地区建场，鸡场应建在阳面，鸡舍能得到充足的阳光，夏天通风良好，冬天又能挡风，利于鸡的生长。

三、水文气象条件

必须详细调查了解建场地区的水文气象资料，作为鸡场建设与设计的参考。这些水文气象资料包括平均气温、夏季最高温度及持续天数、冬季最低温度及持续天数、降水量、积雪深度、最大风力、主导风向及刮风的频率等。

四、水电供应条件

现代规模化养鸡需要有充足的水电供应。由于养鸡场距离城市的距离一般较远，需要有充足的山泉水或自备深井以保证供水，水质要符合国家畜禽饮用水标准。鸡场的附近要有变电站和高压输电线。机械化鸡场或孵化厂应当双路供电或自备发电机，以便输电线路发生故障或停电检修时能够保障正常供电。

商品鸡放养场地的选择要有稳定的水源，保障充足的饮水。水质清洁卫生，符合动物饮用水标准，以减少肠道细菌性疾病的暴发。水源处理及利用取决于放养场的选择，放养场水源首先应选择山沟清泉为饮水源，严禁利用秧田水源作为饮水源，以免残留农药影响商品鸡质量，甚至引起死淘。水源处理采用水源栽植杜仲、水菖蒲等植物达到水质净化，也可采用水源水池浸泡中草药净化和预防鸡瘟。引水池是可依山势修建简易阶梯形水渠，自流净化方式，或者采用塑料管分段供水作为鸡的饮水，确保饮水安全可靠。饮用水水质标准见表 3-1。

表 3-1　家禽饮用水水质标准

项　目	标准值
色（°）	≤30
浑浊度（°）	≤20
臭和味	不得有异臭和异味
肉眼可见物	不得含有
总硬度（以 $CaCO_3$ 计）（mg/L）	≤1 500
pH	6.4～8.0
溶解性总固体（mg/L）	≤2 000
氯化物（以 Cl^{-1} 计）（mg/L）	≤250
硫酸盐（以 SO_4^{-2} 计）（mg/L）	≤250
总大肠杆菌群（个/100 mL）	1
氟化物（以 F^{-1} 计）（mg/L）	2.0
氰化物（mg/L）	0.05
总砷（mg/L）	0.2
总汞（mg/L）	0.001
铅（mg/L）	0.1
铬（六价）（mg/L）	0.05
镉（mg/L）	0.01
硝酸盐（以 N 计）（mg/L）	30

五、交通运输条件

鸡场的产品需要运输出去，鸡场需要的饲料等需要不断运进来，因此，鸡场选址要求交通便利。但鸡场本身怕污染，距离交通干线不能太近，一般2 km 以上，并需要修建通向鸡场的专用公路，公路的质量要求路基坚固、路面平坦，便于产品运输。

第二节　鸡场布局与鸡舍类型

一、鸡场布局

（一）种鸡场布局

种鸡场的场区布局应科学、合理、实用，节约土地，满足当前生产需要，同时考虑将来扩建和改建的可能性。鸡场可分成生产区和隔离区，规模较大的鸡场可设管理区。根据地形、地势和风向确定房舍和设施的相对位置，各功能区应界限分明，联系方便。

1. 主要建筑物　种鸡场的建筑物按用途分为五类：

（1）生产性用房　包括雏鸡舍、育成鸡舍、种鸡舍以及附属饲料加工厂房、孵化厅等。其中鸡舍是鸡场的主要建筑，对鸡场的生产起决定作用。

（2）行政管理用房　包括办公室、接待室、会议室、图书资料室、配电室、车库、门卫等。

（3）职工生活用房　包括职工宿舍、食堂、浴室、活动室等。

（4）生产辅助用房　包括原料库、蛋库、消毒更衣室、卫生间等。

（5）其他用房　主要指粪污处理场所。

2. 种鸡场分区

（1）鸡场分区规划　种鸡场通常分为生活区、管理区、生产区和隔离区等。

生活区和管理区应靠近大门，并与生产区分开，外来人员只能在管理区活动，不得进入生产区，场外运输车辆不能进入生产区。除饲料库外，其他仓库亦应设在管理区。生活区应设在上风向和地势较高处，生产区与管理区应保持在 500 m 的距离，并配有对外来车辆和人员进行消毒的设施。

生产区包括各阶段种鸡舍和生产辅助建筑物。生产区必须有围墙或防疫沟与外界隔开，入口要设有消毒室和消毒池，车辆消毒设备和人员消毒更衣室。生产区地势应低于管理区，并在其下风向，但要高于病畜管理区，并在其上风向。生产区内育雏舍应在安全地带（上风向、地势高的地方）。大型鸡场则可专门设置育雏场和产蛋鸡场，隔离效果更好。

隔离区主要用来治疗、隔离和处理病鸡的场所，区内设有兽医室、病鸡隔离舍、焚尸炉等。该区应在生产区的下风向，并在地势最低处，且应远离生产区。

粪便处理区应设在下风口和地势比较低处，与鸡舍应有 300 m 以上的距离。

（2）鸡舍分布　我国大部分地区的开放式鸡舍朝南，鸡舍纵轴与夏季主要风向的角度在 45°～90°较好，开放型鸡舍间距应设为 20～30 m；封闭型鸡舍的间距应设 15～25 m。

（3）鸡场道路　场内道路应该净污分道，互不交叉，出入口分开。净道是饲料和产品的运输通道；污道为运输粪便、死禽、淘汰禽以及废弃设备的专用道。净道和污道以草坪、沟渠或者林带相隔。与场外相通的道路，至场内的道路末端终止在蛋库、料库以及排污区的有关建筑物或建筑设施，不能直接与生产区道路相通。

（4）防疫、隔离设施　鸡场周围要设置隔离墙，墙体采用砖砌实心墙，高度 2.5～3 m。鸡场周围设置隔离带，鸡场大门设置消毒池和消毒室，鸡舍门口也必须设消毒池。

（二）商品放养鸡场布局

1. 放养鸡舍建造　放养鸡舍的建造形式因所饲养鸡群的类型、放养场地而有区别。例如，在果园、林地这样的场所放养鸡群都有长期性，建造鸡舍就应该考虑使用有窗鸡舍类型；而在滩区或浅山地放养鸡群都有明显的季节性，鸡舍建造时主要考虑使用临时性的棚舍。

2. 放养鸡舍分区　商品鸡放养区四周设围栏，围网使用铁丝网或尼龙网，高度一般为 2.0 m。对用于放养的场地进行简单平整，填整场内的大坑，防治积水带来的疫病传播；清除老鼠、黄鼠狼、蛇等潜在有害动物的洞穴；开辟每个养殖区之间的简易道路，方便管理。如果饲养规模大而棚舍较少，或放养地面积大而棚舍集中在一角，容易造成超载和过度放牧，影响正常生长，造成植被破坏，并易促成传染病的暴发。因此，应根据放养规模和场地的面积搭建棚舍的数量，多棚舍要布列均匀，间隔 150～200 m，通常按照舍内地面饲养 15～20 只/m² 进行规划，每一棚舍能容纳 300 只左右为宜，棚舍内地面平整，棚舍外应设排水沟。

二、鸡舍类型

（一）种鸡舍类型

一般种鸡的饲养都选择环境控制鸡舍，环境控制鸡舍通常又称为"封闭鸡舍"或"密闭鸡舍"，而某些农村条件较差，规模小的种鸡场通常采用开放式鸡舍。

1. 封闭式鸡舍　这种鸡舍有保温隔热性能良好的屋顶和墙壁，将鸡舍小环境与外界大环境完全隔开，分为有窗舍（一般情况下封闭遮光，发生特殊情况才临时开启）和无窗舍。鸡场舍内环境通过各种设施控制与调节，使之尽可能地接近最适宜于鸡体生理特点的要求。鸡舍内采用人工通风与光照，通过变换通风量的大小和气流速度的快慢来调节舍内温度、相对湿度和空气成分。炎热季节可加大通风量或采取其他降温措施，寒冷季节一般不供暖，仅靠鸡自身散发的热量，使舍内温度维持在比较合适的范围之内。

密闭式鸡舍鸡群的生产性能比较稳定，一年四季可以均衡生产，有利于人工控制环境和管理环节，基本上切断了自然媒介传入疾病的途径。但密闭式鸡舍饲养必须供给全价饲料，对鸡舍设计、建筑要求高，对电力能源依赖性强，要求设施设备配套，所以鸡舍造价高，运行成本高。由于饲养密度高，鸡群相互感染疾病的机会增加。

2. 开放型可封闭式鸡舍　这种鸡舍在南北两侧墙上设窗户作为进风口，通过开窗机构来调节窗的开启程度。在气候温和的季节里依靠自然通风，不必开动风机；在气候不利的情况下则关闭南北两侧墙上大窗，开启一侧山墙上的进风口，并开动另一侧山墙上的风机进行纵向通风。该种鸡舍既能充分利用阳光和通风，又能在恶劣的气候条件下实现人工调控室内环境。在通风形式上实现了纵向、横向通风相结合，因此兼备了开放与封闭鸡舍的双重特点。需要注意的是，鸡舍在建造时一定要选择密闭性好的窗户，以防南北两侧窗户漏风，造成机械通风时的通风短路。

3. 开放式鸡舍　农村多数鸡舍是开放式鸡舍，它们是依靠空气自由通过鸡舍进行通风。光照是自然光照加上人工补充光照。

开放式鸡舍主要有两种，一是有窗鸡舍，二是卷帘简易鸡舍。雏鸡舍不能用这种鸡舍，寒冷地区也不适用。

开放式鸡舍的优点是造价低，节省能源；缺点是受外界环境的影响较大，尤其是受光照的影响最大，不能很好地控制鸡的性成熟，强光下容易引起鸡的啄癖。

（二）商品鸡舍类型

商品鸡一般采用放养方式，放养鸡舍可分为普通型鸡舍、简易型鸡舍和移动型鸡舍。普通鸡舍一般为砖瓦结构，常用于育雏、放养鸡越冬或产蛋。简易鸡舍一般用于放养季节的青年鸡。无论是在农田、果园还是林间隙地中生态放养鸡，棚舍作为鸡的休息和避风雨、保温暖的场所，除了避风向阳、地势高燥外，整体要求应符合放养鸡的生活特点，并能适应野外放牧条件。移动鸡舍用于轮牧放养，可充分利用空地，有利于保护生态和疫病防治。

1. 普通型鸡舍　放养鸡舍主要用于生长鸡或产蛋鸡放养期夜间休息或避雨、避暑。总体要求保温防暑性能及通风换气良好，便于冲洗排水和消毒防疫，舍前有活动场地，无论放养季节或冬季越冬产蛋都较适宜。鸡舍跨度 4～5 m，高 2～2.5 m，长 10～15 m，舍内设置栖架，每只鸡所占栖架的位置 17～20 cm；一栋舍能容纳 300～500 只的青年鸡或 300 只左右的产蛋鸡。产蛋鸡舍要求环境安静，防暑保温，每 5 只母鸡设 1 个产蛋窝。产蛋窝位置要求安静避光，窝内放入少许麦秸或稻草；开产时窝内放入 1 个空蛋壳或蛋形物，以引导产蛋鸡在此产蛋。鸡舍要特别注意通风换气，否则，舍内空气污浊会导致生长鸡增重减缓、饲养期延长或导致疾病暴发。

2. 简易型鸡舍　放养鸡的简易棚舍，主要是为了在夏秋季节为放养鸡提供遮风避雨、晚间休息的场所（图 3-2）。棚舍材料可用砖瓦、竹竿、木棍、角铁、钢管、油毡、石棉瓦以及篷布、塑编布、塑料布等搭建；棚舍四周要留通风口；对简易棚舍的主要支架用铁丝分 4 个方向拉牢。其方法和形式不拘一格，随鸡群年龄的增长及所需面积的增加，可以灵活扩展。要求棚舍能保温挡风、不漏雨不积水。一般每棚舍应能容纳 200～300 只的青年鸡或 200 只左右的产蛋鸡。

简易塑料大棚的突出优点是投资少，见效快，不破坏耕地，节省能源。与建造固定鸡舍相比，资金的周转回收较快；缺点是管理维护麻烦、不防火等。塑料大棚养鸡，在通风、取暖、光照等方面可充分利用自然能源：冬天利用塑料薄膜的"温室效应"提高舍温、降低能耗。夏天棚顶盖厚 1.5 cm 以上的麦秸草或草帘子，中午最热天，舍内比舍外低 2～3 ℃；如果结合棚顶喷水，可

图 3-2　简易鸡舍（尹华东　摄）

降低 3～5 ℃。一般冬天夜间或阴雪天，适当提供一些热源，棚内温度可达 12～18 ℃。塑料大棚饲养放养鸡设备简单，建造容易，拆装方便，适合小规模冬闲田、果园养鸡或轮牧饲养法。只要了解塑料大棚建造方法和掌握大棚养鸡的饲养管理技术特点，就能把鸡养好，并可取得较好的经济效益。

3. 移动型鸡舍　移动型鸡舍适用于喷洒农药和划区轮牧的果园、草场等场地，有利于充分利用自然资源和饲养管理。用于放养期间的青年鸡或产蛋鸡。移动型鸡舍整体结构不宜太大，要求相对轻巧且结构牢固，2～4 人即可推拉或搬移。其主要支架材料采用木料、钢管、角铁或钢筋，周围和隔层用铁丝网，夜间用塑料布、塑编布或篷布搭盖，注意要留有透气孔。含内设栖架、产蛋窝。底架要求坚固，若要推拉移动，底架下面要安装直径 50～80 cm 的车轮，车轮数量和位置应根据移动型棚舍的长宽合理设置。每栋移动棚舍可容纳 100～150 只青年鸡或 80～100 只产蛋鸡。移动型棚舍，一开始鸡不适应，因此要注意调教驯化。

第三节　饲养方式与饲养设备

一、饲养方式

（一）种鸡饲养方式

种鸡采用平面散养或笼养工艺，饲养阶段分为一阶段（育雏—育成—产蛋）或二阶段（育雏育成为一个阶段，然后转到产蛋鸡舍）饲养。

1. 地面平养　有更换垫料平养和厚垫料平养两种，有的有运动场，有的是全舍饲。垫料的种类有稻草、麦秸、刨花等，料槽和饮水器均匀布置于舍内。此种饲养方式种鸡的受精率高，但易感染球虫等疾病。

2. 栅养或网养　种鸡养在距地面 50～60 cm 高的板条栅或金属网上，粪便直接落于地面，不与鸡直接接触。此种饲养方式减少了种鸡球虫病等许多肠道疾病，但受精率下降。

3. 栅地结合饲养　以舍内面积 1/3 左右为地面，2/3 左右为栅栏（或网上）。此种饲养方式可集中以上两种方式的优点，应用较多。

4. 笼养　这是优质种鸡生产的主要饲养方式。产蛋鸡笼通常用 2～3 层阶梯式鸡笼，每笼 2～3 只。种公鸡实行单笼饲养，需要采用人工授精技术。育雏育成鸡利用重叠式鸡笼，根据种鸡的大小调整笼养种鸡的只数。

（二）商品鸡饲养方式

商品鸡饲养方式一般为舍饲加运动场和林地放养两种方式。

1. 舍饲＋运动场　鸡舍应建在避风向阳、地势高燥、排水排污条件好、交通便利的地方。鸡舍建筑面积按 8～10 只/m² 计算，要求架养栖息。鸡舍与运动场面积比例以 1∶2 为宜，最多不能超过 1∶3，运动场周围最好用竹篱和塑料网围起来，棚舍内外放置一定数量料槽、饮水器。鸡舍场地使用 5～6 年后应转换到新场地，有利防疫及减少疫病发生。

2. 林地放养　林地养鸡要注意放养密度、规模、放牧时期及管理。放养密度应按宜稀不宜密原则，一般每亩[①]林地放养 150～250 只。密度过大会因草、虫等饲料不足而增加精料饲喂量，影响鸡肉、蛋口味；密度过小则浪费资源，生态效益低。放养规模一般以每群 1 500～2 000 只为宜，采用全进全出制。

二、饲养设备

（一）鸡笼设备

1. 育雏育成笼　规模化鸡场常采用立体重叠育雏笼，一般采用提高室温

---

① 亩为非法定计量单位，1 亩＝1/15 hm²。——编者注

的方式来育雏。雏鸡笼通常笼架宽 180 cm、深 45 cm、高 65 cm，可饲养 15～40 日龄雏鸡 100 只左右。

育雏育成一段式鸡笼的特点是鸡可以从 1 日龄一直饲养到产蛋前（100 日龄左右），减少转群对鸡的应激和劳动强度。鸡笼为三层，雏鸡阶段只使用中间一层，随着鸡的长大，逐渐分散到上下两层。一般育成鸡笼为 3～4 层，6～8 个单笼。每个单排笼尺寸为 1 875 mm×440 mm×330 mm，可饲养 8～18 周龄育成鸡 20 只。

2. 产蛋笼　每个单笼长 40 cm、深 45 cm、前高 45 cm、后高 38 cm，笼底坡度为 6°～8°。伸出笼外的集蛋槽为 12～16 cm。笼门前开，宽 21～24 cm、高 40 cm，下缘距底网留出 4.5 cm 左右的滚蛋空隙。笼底网孔经间距 2.2 cm、纬间距 6 cm。顶、侧、后网的孔径范围变化较大，一般网孔经间距 10～20 cm、纬间距 2.5～3.0 cm，每个单笼可养 3～4 只鸡。

3. 种公鸡笼　一般采用两层阶梯笼，种公鸡单笼饲养。每组公鸡笼尺寸为 1 950 mm×1 485 mm×1 220 mm，总饲养量为 24 只。单笼尺寸为 1 950 mm×420 mm×500 mm。

（二）饲喂设备

1. 开食料盘　适用于重叠笼养雏鸡早期开食使用。底盘形状有圆形和方形两种。圆形底盘的直径在 400 mm 左右，每个盘可供 100 只雏鸡采食用。

2. 料槽　笼养种鸡均采用料槽喂料，槽式喂料分人工和机械两种。机械喂料有链式、塞盘式和天车式等多种喂料形式。小型鸡场和养殖户一般采用人工喂料。

3. 料桶　适用于平养的育成鸡。料桶材料一般为塑料和玻璃钢，容重 3～10 kg。

（三）饮水设备

1. 乳头式饮水器　多用于种鸡笼养，是笼养方式主要采用的一种饮水设备，适用于全期的种鸡生产。商品鸡散养方式每个饮水器可供 10～20 只雏鸡或 3～5 只成鸡使用。

乳头式饮水器要求的供水压力较低，可和水箱配套使用。饮水器的安装高度应高于鸡头 1～3 cm。为防止饮水器漏水影响环境，可在乳头式饮水器下方安装平水盘或平水槽。

2. 真空式饮水器 真空式饮水器适用于雏鸡的饲养。真空式饮水器由水罐和饮水器两部分组成。饮水盘上开一个出水槽。使用时将水罐倒过来装水，再将饮水盘倒覆其上，扣紧后一起翻转 180°放置地面。水从出水孔流出，直到将孔淹没为止，这时外界空气不能进入水罐，使罐内水面上空产生真空，水就不再流出。直径为 215 mm 的饮水盘可供 12 只鸡饮水用。

（四）清粪设备

阶梯式笼养鸡舍内常用刮板式清粪和履带式清粪。

1. 刮板式清粪 是用刮板清粪的设备，由电动机、减速器、绞盘、钢丝、转向滑轮、刮粪器等组成。刮粪器又由滑板和刮粪板组成。工作时电动机驱动绞盘，钢丝绳牵引刮粪器，刮粪器的工作速度一般为 0.17～0.2 m/s。刮板式清粪器配置在鸡笼下方的粪沟内。

鸡舍下面的粪槽与鸡笼和网床方向相同，通长设计，宽度略小。粪槽底部低于舍内地面 10～30 cm，为保证刮粪机正常运行，要求粪沟平直，沟底表面越平滑越好，因此对土建要求严格。可根据不同鸡舍形式组装成单列式、双列式和三列式。

2. 履带式清粪 由舍内的纵向履带清粪设备、横向履带清粪设备及舍外斜向带式输送机三部分组成，包括电机、减速机、链传动、主动辊、被动辊和履带等部分。由于履带的造价较高，为延长其使用寿命，应选择质量好、强度高、不易胀缩的优质履带。

阶梯式笼养履带式清粪，是在最下层鸡笼距离地面 10～15 cm 仅安装一条清粪履带。鸡粪零散地落在清粪带上，在纵向流动空气或鸡笼中间风管的作用下，鸡粪的大部分水分带出舍外，含水量大大降低。由于清粪带平整光滑，被清出舍外的鸡粪呈颗粒状，易于后续加工处理。清粪降低了鸡舍内的氨气浓度。鸡粪从舍内输送至舍外粪车或相邻有机肥厂输送管道全过程，鸡粪不落地，生物安全水平显著提高。

（五）光照设备

鸡舍利用人工光源采光。采光程度主要利用光照强度和光照时间进行控制与调整。不同类型和生理阶段的鸡群，对光照时间和光照强度的要求不同。产蛋鸡舍对光照强度要求比较严格，要求的给光时间长达 16～17 h，因此，靠自然光照远远不能满足鸡群对采光的需要，只有通过自然光照加人工补光的方法才能达到要求。与无窗鸡舍只靠人工给光的方法比较，即节省光能又达到采光要求，也比较符合中小型场地养殖条件。因此在鸡舍窗户设置合理的情况下，主要是通过灯具的配置和安装来控制光照强度。

鸡舍人工光照常用的灯具有白炽灯、荧光灯、节能灯、LED 灯等。

1. 白炽灯 俗称灯泡，是一种价廉、方便的光源，但发光效率低、寿命短。

2. 荧光灯 俗称日光灯。它由镇流器、启辉器、荧光灯管等组成。荧光灯发光效率高、省电、寿命长、光色好，但价格较贵。

3. 节能灯 可节省 75% 的电费，寿命较长，一般国产节能灯的寿命为 4 000 h 左右，很适用于养殖场使用。

4. LED 灯 是依照禽类视觉和处理光信息的特殊性，根据不同波长光源对肉鸡和蛋鸡生理机能的影响，使用人造光色信息来提高禽类生长发育、生产性能的一种灯具，使用较广泛。

(六) 通风设备

鸡舍通风的方式可分为自然通风和机械通风。

1. 自然通风 农村传统饲养通风方式。依靠自然风的风压作用和鸡舍内外温差的热压作用，形成空气的自然流动，使舍内外的空气得以交换。一般开放式鸡舍采用的是自然通风，空气通过通风带、窗户和气楼等进行流通交换。自然通风较难将鸡舍内的热量和有害气体排出。机械通风则可依靠机械动力，对舍内外空气进行强制交换，一般使用轴流式通风机。吊扇或壁扇只能使鸡舍内的空气进行内循环，不能将热量和有害气体有效排出。

2. 机械通风 现代饲养通风方式，又分为正压通风、负压通风和零压通风三种。根据鸡舍内气体流动的方向，鸡舍通风分为横向通风和纵向通风。通风方式的不同，通风效果也有所不同。在选择通风方式时需要结合自己鸡舍的实际情况再进行选择。

负压通风是利用排风机将鸡舍内污浊空气强行排出舍外，在建筑物内造成负压，使新鲜空气从进风口自行进入鸡舍。负压通风投资少，管理比较简单，进入鸡舍的气流速度较慢，鸡体感觉比较舒适，因此广泛应用于密闭鸡舍的通风。正压通风是用风扇将空气强制输入鸡舍，而出风口作相应调节以便出风量稍小于进风量而使鸡舍内产生微小的正压。空气通常是通过纵向安置在鸡舍的风管送风到鸡舍内的各个点上。

纵向通风（隧道式通风）是将排风扇全部安装在鸡舍一端的山墙，或山墙附近的两侧墙壁上，进风口在另一侧山墙或靠山墙的两侧墙壁上，鸡舍其他部位无门窗或将门窗关闭，空气沿鸡舍的纵轴方向流动。密闭鸡舍为防止透光，进风口设置遮光罩，排风口设置弯管或用砖砌遮光洞。进气口风速一般要求夏季 2.5～5.0 m/s，冬季 1.5 m/s。而横向通风的风机和进风口分别均匀布置在鸡舍两侧纵墙上，空气从进风口进入鸡舍后横穿鸡舍，由对侧墙上的排风扇抽出。横向通风方式的鸡舍舍内空气流动不够均匀，气流速度偏低，死角多，因而空气不够清新，故较少使用。

现在应用较多、效果较好的通风方式是负压纵向通风。这种通风方式综合了负压通风和纵向通风两者的优点，故鸡舍内没有通风死角，能够降低舍内温度，并将有害气体排出舍外。

（七）降温设备

在现代化鸡舍中，由于集约化、高密度饲养，在夏季炎热天气，降温设备必不可少。市场上有几种降温设备，比较常见的就是室内喷雾降温系统和水帘降温系统，在实际应用中，水帘降温效果要好于室内喷雾降温系统。

1. 室内喷雾系统　鸡舍内成排的喷雾头，喷出雾状小水滴，在隧道式通风中很快蒸发，吸收热量，降低鸡舍温度，降低鸡舍粉尘。雾粒直径一般控制在 80～120 μm，同时，还可以调节雾滴大小做带鸡消毒工作。缺点：管理操作上比较困难，必须保证雾滴的大小和达到一定的喷雾量来降低鸡舍温度，需考虑是否会引起呼吸系统问题，以及造成垫料和鸡群羽毛潮湿。

2. 水帘降温系统　这种降温方法较为常用，其降温原理是：系统的降温过程是在湿帘内完成的。当室外的干热空气被风机抽吸穿过湿帘纸时，水膜中的水会吸收空气中的热量而蒸发，带走大量潜热，使经过湿帘纸的空气温度降低，经过这样处理后的凉爽空气进入舍内。这种方式必须使用隧道式通风，确保鸡舍内有一定的静压，在 1.27～2.54 mm 水柱比较合适；一般能降温 6～10 ℃。

（八）供暖设备

一般只有在雏鸡舍才需要加装供暖设备，按类型可分为以下几种：

1. 烟道供温　烟道供温有地上水平烟道和地下烟道两种。地上水平烟道是在育雏室墙外建一个炉灶，根据育雏室面积的大小在室内用砖砌成一个或两个烟道，一端与炉灶相通。烟道排列形式因房舍而定。烟道另一端穿出对侧墙后，沿墙外侧建一个较高的烟囱，烟囱应高出鸡舍 1 m 左右，通过烟道对地面和育雏室空间加温。地下烟道与地上烟道相比差异不大，只不过室内烟道建在地下，与地面齐平。烟道供温应注意烟道不能漏气，以防煤气中毒。烟道供温时室内空气新鲜，粪便干燥，可减少疾病感染，适用于广大农户养鸡和中小型鸡场，对平养和笼养均适宜。

2. 煤炉供温　煤炉由炉灶和铁皮烟筒组成。使用时先将煤炉加煤升温后放进育雏室内，炉上加铁皮烟筒，烟筒伸出室外，烟筒的接口处必须密封，以防煤烟漏出致使雏鸡发生煤气中毒死亡。此方法适用于较小规模的养鸡户使用，方便简单。

3. 保温伞供温　保温伞由伞部和内伞两部分组成。伞部用镀锌铁皮或纤维板制成伞状罩，内伞有隔热材料，以利保温。热源用电阻丝、电热管子或煤炉等，安装在伞内壁周围，伞中心安装电热灯泡。直径为 2 m 的保温伞可养鸡 300~500 只。保温伞育雏时要求室温 24 ℃以上，伞下距地面高度 5 cm 处温度 35 ℃。雏鸡可以在伞下自由出入。此种方法一般用于平面垫料育雏。

4. 红外线灯泡育雏　利用红外线灯泡散发出的热量育雏，简单易行，被广泛使用。为了增加红外线灯的取暖效果，可在灯泡上部制作一个大小适宜的保温灯罩，红外线灯泡的悬挂高度一般离地 25~30 cm。一只 250 W 的红外线灯泡在室温 25 ℃时一般可供 110 只雏鸡保温，20 ℃时可供 90 只雏鸡保温。

5. 远红外线加热供温　远红外线加热器是由一块电阻丝组成的加热板，板的一面涂有远红外涂层（黑褐色），通过电阻丝激发红外涂层发射一种见不到的红外光，使室内加温。安装时将远红外线加热器的黑褐色涂层向下，离地 2 m 高，用铁丝或圆钢、角钢之类固定。8 块 500 W 远红外线板可供 50 m² 育雏室加热。最好是在远红外线板之间安上一个小风扇，使室内温度均匀，这种加热法耗电量较大，但育雏效果较好。

6. 热风炉　这种供暖方式实际上是向舍内供给热风。热风炉将空气加热到 120 ℃左右，通过鼓风机均匀送入舍内，供应舍内温度。这种供暖方式舍内温度均匀，较卫生，燃料消耗少，但需要与锅炉一起使用，投资较大。

7. 水暖片　水暖片是通过锅炉烧水加热布控在鸡舍的水暖铝片，通过水暖铝片传导加热，也有在水暖片后面加一个风机把热量更快地散发出去，加快鸡舍升温，这种加温方式使用较多。

第四节　鸡舍环境控制

优良的舍内环境是养好鸡的重要条件。因此，必须控制好鸡舍内部气候，使鸡只在清爽而舒适的环境中生活。具体要做好四个管理。

一、温度管理

环境温度对鸡的影响主要表现在采食量、饮水量、水分排出量的变化。随温度的升高采食量减少，饮水量增加，产粪量减少，而呼吸产出的水分增加，造成总的排水量大幅度增加。排出过多的水分会增加鸡舍的湿度，鸡感觉更热。

（一）育雏舍的温度管理

雏鸡出壳后体温是 39～41 ℃。前两周雏鸡的自身调节体温机能较差，对外界温度变化十分敏感，需要依靠舍内的环境温度来维持。温度关系仔鸡的健康状况和饲料利用率。温度太高，雏鸡脱水，羽毛生长不良，饮水过多，采食减少，排稀便，生长缓慢，长期下去，体质下降，抗病能力低下。温度过低，卵黄吸收不好，易引起呼吸道疾病、消化道疾病，同时增加饲料消耗量。

初春、深秋和冬季昼夜温差大，要注意控制好恒温。温度过高、过低，都会影响第一周末体重。雏鸡进舍后 168 h 体重应达到入舍时的 4 倍，如果达不到这个标准，就会影响鸡终生的生长发育。测量鸡舍内环境温度的标准位置对于网上平养方式来讲，应是在过道与墙壁中间、两热源中间，高度同鸡背水平，不能只凭过道温度来判定。但这也不是衡量温度的绝对标准，在实际饲养过程中，判定温度是否适宜还取决于鸡群状态。在适宜的温度下鸡群散开，雏鸡一般 20～30 只为一个群体，且不同群体间的雏鸡相互运动，叫声清脆。温度过高，雏鸡没有叫声，张口喘气，头和翅膀下垂，远离热源。温度过低，雏鸡在靠近热源处扎堆，发出悲鸣声。贼风、光照不均、外界噪声也会引起扎堆现象，要认真观察，加以区分。

育雏的第一周控制温度很重要，具体操作见第七章内容。在育雏过程中应处理好舍内温度与通风给氧的关系，做到通风时舍内的温度不能过低，控制温度不能靠关闭通风口不通风或少通风来解决，这样容易使舍内缺氧。所以通风时必须用先升温的办法控制恒温，以防止出现大的温差，使鸡只感冒。掌握温度的原则是：初期宜高，后期宜低；弱雏宜高，强雏宜低；小群宜高，大群宜低；阴天宜高，晴天宜低；夜间宜高，白天宜低；注意天气变化，注意夜间管理，注意贼风，注意测温位置。

（二）成鸡舍的温度管理

鸡舍适宜温度在 18～22 ℃，冬季不能低于 13 ℃，夏季不要超过 35 ℃。冬春季节，机械通风鸡舍为了保证舍内温度及空气质量，可以采取瞬间通风的方式，在舍内空气质量好转后，及时关闭风机。

二、湿度管理

（一）育雏舍的湿度管理

在孵化后期，出雏器内的湿度相对较高，为了减少雏鸡出雏后的应激，育雏前 3 d 舍内相对湿度必须在 70%。前 4～7 d 为 65%，前 8～14 d 为 60%，以后可按自然环境湿度。如果第一周的相对湿度低于 50%，雏鸡就会出现脱水，周末体重达不到入舍时重量的 4 倍，均匀度差，影响以后的生产性能。温度适中而湿度过低时，鸡体感温度低，易发生扎堆现象，这样会造成鸡体内水分散失增多，卵黄吸收不良，绒毛干枯，脚趾干瘪，雏鸡易受灰尘侵袭而患呼吸道疾病。低温高湿时，舍内既冷又潮，雏鸡易得感冒和发生胃肠病。高温高湿时，雏鸡体内热量不易散发，闷气，食欲下降，生长缓慢，抵抗力下降，造成热应激。在育雏期间，很多饲养者忽略舍内的湿度，普遍存在湿度过低的问题，尤其在春秋两季，气候干燥，一定要防止舍内湿度过低给雏鸡造成的影响。控制育雏期湿度的措施是：

（1）在进雏前一天育雏间地面用水浇透，每 2 000 只鸡用水量要超过 300 kg（夏季 200 kg），使地面含水量达到饱和。

（2）进雏后头 1 周要采取炉子上坐水、空气中喷水相结合的办法，才可使舍内湿度达标。

（3）4 周龄以后如通风不好，清粪不及时，舍内湿度会严重超标，最高可达 80% 以上，要采取通风、加热和及时清粪等降湿措施。并加强饮水器的管理，防止洒水。

（二）成鸡舍的湿度管理

育成鸡对环境湿度不太敏感，相对湿度在 40%～70% 都能适应，但地面平养时应尽量保持地面干燥。育成鸡舍在温度不太低的情况下，应该加大通风换气量，尽可能地减少舍内的氨气含量和尘埃，即使在冬季，也应设法保持舍内的空气新鲜。

三、光照管理

（一）光照的作用

光照不仅使鸡看到饮水和饲料，促进鸡的生长发育，而且对鸡的繁殖有决定性的刺激作用，即对鸡的性成熟、排卵和产蛋均有影响。另外，红外线具有热源效应，而紫外灯具有灭菌消毒的作用。

光照作用的机理：一般认为禽类有两个光感受器，一个为视网膜感受器即眼睛，另一个位于下丘脑。下丘脑接受光照变化刺激后分泌促性腺释放激素，这种激素通过垂体门脉系统到达垂体前叶，引起卵泡刺激素和排卵激素的分泌促使卵泡的发育和排卵。

光照太强不仅浪费电能，而且鸡显得神经质，易惊群，活动量大，消耗能量，易发生斗殴和啄癖。光照过弱，影响采食和饮水，起不到刺激作用，影响产蛋量。为了使照度均匀，一般光源间距为其高度的 1～1.5 倍，不同列灯泡采用梅花分布，注意鸡笼下层的光照强度是否满足鸡的要求。

（二）照明设备的安装

根据饲养规模要配套安装照明设备，注意照明线路要安全可靠。如果以 2 000 只鸡计算，需灯 10 盏。灯泡高度离地面 2.1～2.4 m，灯距 3～3.5 m，需交叉两排。灯泡到墙的间距为灯泡间距的一半（即 1.5～1.75 m）。

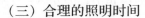

（三）合理的照明时间

灯光照明时，育雏期前 7 d 为 2～2.5 W/m²，光照强度过低，将降低雏鸡的采食量，影响 7 日龄体重。7 d 到出栏 1.5 W/m²。要保证光照均匀，光照时间和强度不能减的过快，否则会降低采食量和影响 7 日龄体重。

进雏后前 2 d 给予 24 h 光照，3 d 以后给予 23 h 光照，14 日龄后白天自然光照，必要时要适当遮光，晚上要保持弱光，如果第一周体重能达标，8～21日龄可采用间歇光照。第二周以后，建议使用弱光养鸡。在不影响采食量和饮水的情况下，弱光可以减少鸡只的运动，充分提高饲料利用率，限制体能消耗，促进增重。

（四）注意事项

（1）若性成熟提前，则减慢增加光时的速度；相反，则加快。

（2）开放式鸡舍根据不同季节日照变化进行适当补光，尤其是冬季。夏季注意适当遮光，避免光照太强。

（3）产蛋期的光照直接影响到产蛋性能，所以要求足够的光照时间；每天应给予 16～17 h 的连续光照时间，光照强度要适当，并且要求照度均匀。

（4）光照制度一经确定，要严格执行，最好安装自控装置。

四、通风管理

通风的目的在于排除多余的热量和湿气、排除有害气体、降低灰尘、提供新鲜氧气、改进空气质量，使鸡只在光照控制的环境中生长发育，特别是在炎热季节，通风系统还能起到控制温湿度的作用，为鸡群提供均衡舒适、无贼风的环境。鸡舍的通风量取决于鸡只体重、产蛋率和增重水平。鸡舍出现氨气浓度较高时，则必须加大通风量。如果鸡舍的通风系统设计的不合理，鸡舍的通风效果就难以达到要求，而且鸡群的生产性能和健康状况也会受到影响。

（一）育雏鸡舍的通风

鸡只日龄越小，温度越重要，但又要解决与通风的矛盾。通风量应随着温度的变化而变化，以满足鸡群的生长发育需要。根据鸡群的行为判断鸡舍环境是否合适，必须注意雏鸡的风冷效应问题，对 4 周龄前的雏鸡应考虑安装防止鸡群向一端移动的隔断，防止聚堆。即使在外界极端的寒冷气候条件下也应保持鸡舍必要的最小通风量，确保通风与温度、湿度的协调统一，重视体感温度和有效温度，避免造成冷应激。解决问题的办法是改变通风方式，通过安装在鸡舍末端的排风扇进行排风，关闭鸡舍前端为纵向通风而设计的进风口，并使空气从鸡舍侧墙上方的进风口进入鸡舍，采用多点进风的通风方式，既能保证新鲜空气进入鸡舍，又能避免进入的冷空气直接吹到鸡只身上。

（二）成鸡舍的通风

1. 夏季通风　夏季一般采用纵向通风模式，通过风速能使鸡群感觉凉爽。鸡舍内热量的来源主要是太阳的辐射热和鸡群体内代谢产生的热量，鸡的主要散热方式有呼吸、循环和排泄。鸡群产蛋期适宜的环境温度为 18～25 ℃，为保证种鸡群正常生长发育，生产实际中应采取以下措施。

（1）加强通风管理，确保鸡舍内的空气新鲜。一般每 200 m² 的鸡舍约配备 1.2 kW 的风机 1 台，昼夜温差不应超过 3～5 ℃，根据鸡龄和体重选择合适的通风模式和通风量。

（2）维持足够的风速，降低舍温，促进舍内空气流量。舍内风速应达到目标要求，使用纵向通风系统时应使舍内风速达到 122 m/min，这样能将舍内温度维持在 30 ℃以下，空气运动本身会对鸡只产生风冷效应，相当于能降低温度 5～7 ℃。炎热季节应结合喷雾降温或湿帘降温使鸡群保持舒适，进气口风速一般要求夏季 2.5～5.0 m/s。

（3）安装挡风垂帘。鸡舍内理想的风速至少应达到 2 m/s 以上，才能获得较好的"风冷效应"，然而由于鸡舍中间的风速大于两侧的风速，鸡舍上方的风速大于地面的风速，这种差异能达到 30% 以上，为减少这种差异，可在鸡舍做吊顶或者从鸡舍顶部沿着三角屋面垂直向下每隔一定的距离安装挡风垂帘，减少鸡舍截面积以提高舍内的风速。挡风垂帘只能对鸡舍内风速起辅助增加作用，而不应作为提高风速的主要手段，且所提高风速应控制在 0.5 m/s 以内。对于鸡舍高度不高且风速足够的鸡舍，没有必要安装挡风垂帘；而鸡舍高度较高，确有必要安装挡风垂帘时，必须把握好垂帘的高度，确保鸡舍内风速的均匀性及通风量不受影响。垂帘的下沿离地面的距离最好不少于 2.7 m。垂帘安装太高，起不到增加风速的效果；安装太低，会影响鸡舍的通风量。挡风垂帘之间的距离不要超过 12 m，如果间距太大，则对增加风速的效果不明显，最好每 8 m 安装一个。

2. 冬季通风　控制好舍内温度不要出现忽高忽低现象；提供正确的空气流向模式，防止鸡群受到冷应激；提供适当的新鲜空气，控制湿度、氨气、粉尘、微生物等。通过定时钟控制最小通风量，保证鸡舍具有最小有效通风量，能使鸡群的生产性能最大化。密闭式鸡舍冬季宜采用"纵向风机＋横向通风小窗"的通风模式。

冬季通风主要以换气为主，以舍内体感无味、无憋闷感为宜。体感风速在 0.1 m/s 以内，舍温在 13 ℃ 以上，昼夜温差在 3～5 ℃，且维持相对稳定为最佳状态。寒冷季节，进入鸡舍的新鲜空气应保持一定的风速和方向，在鸡舍内形成一定的负压，使进入鸡舍的新鲜空气和鸡舍内的暖空气充分混合，使温度升高后再接触到鸡群，避免冷空气直接吹向鸡群而造成冷应激，应在鸡舍侧墙上安装可调节风门的进风口进行负压通风使鸡舍内的气流达到最佳，各个进风口的风速应均匀一致。为避免直接下降的冷空气，可以将鸡舍的静压在标准基础上提高 10%，以增加空气流速。影响该系统的因素有漏风、保温不好、热源位置分布、进风口设计、气流方向的横梁、排风扇的安装位置等，用烟雾剂进行测试能很好地观察气流的运动。进风口必须靠近天花板且没有障碍物，应避免把进风口安装在墙的表面或一个接一个地安装在一起。

3. 季节变换时的通风管理　季节变换时采用过渡通风，过渡通风应根据外界温度和鸡群周龄由温控器控制运行。一般当外界温度和鸡舍内的目标温度相差 6 ℃ 以内时，应采用过渡通风。春秋季节是鸡舍或者鸡群通风管理的过渡性季节，白天的气温可能高达 27～28 ℃，夜晚温度会下降到 10 ℃ 以下，昼夜温差较大。在气候多变的情况下，为了使鸡舍内温度保持稳定，鸡群处于最佳的生长环境，现场管理人员对通风必须保持高度关注，正确认识与掌握这种转变的最佳时间，根据季节的变化适时调整通风方法，在一天中把适用于白天高温的通风方式转变成晚上适用于低温条件下的通风程序，使其平稳过渡，昼夜温差不超过 5 ℃。过渡期通风应通过恒温控制器结合定时钟来控制运行，鸡舍侧墙上方进风口状态的控制非常重要，进风口开启大小、方向及数量应随风机开启数量的变化而变化。

（尹华东、胡渠）

第四章
旧院黑鸡保种与选育

第一节　旧院黑鸡的保种

一、保种的必要性

众所周知，我国地大物博，地方鸡种资源丰富，编入《中国家禽品种志》的地方鸡种就有 26 个，旧院黑鸡就是其中之一。从育种角度而言，地方鸡种质特性的经济效益和社会效益是很难预测的，因此研究地方品种资源特征，更好地保存更多的品种资源，是我们应该持续研究的课题。与此同时，我们还应该保住基因库内的所有基因，避免遗传资源的流失和种源的灭绝。

对于地方畜禽遗传资源的有效利用，是保种工作顺利实施的保证。随着我国优质鸡从生产到育种再到生产的不断深入和发展，各地地方鸡种的品种资源优势，正逐步转化为市场经济的商品优势。旧院黑鸡属于传统的生产性能较低的原始地方鸡品种，在生产性能等方面明显落后于市场需求。自 1968 年以来，在省、市等部门的大力支持下，万源市开展保种选育的工作，开发利用地方品种资源，先后建立旧院黑鸡基地 26 个。据统计，截至 2010 年，旧院黑鸡的存栏量达到 3 729 408 只，其中黑羽乌皮鸡 2 130 984 只，占存栏数的 57.14%；产绿壳蛋鸡 1 190 802 只，占存栏数的 31.93%。但如果不加以有效保存，旧院黑鸡原有的优势就会消失，更谈不上开发利用。

1989 年，四川省畜牧科学研究院对旧院黑鸡的一些有价值的性状进行了测评，发现在同等条件下饲养的旧院黑鸡，其鸡蛋的粗蛋白质和粗脂肪含量比罗斯鸡、京白父母代公鸡×旧院绿壳蛋母鸡高。对鸡肉营养成分分析发现，旧院黑鸡鸡肉中的氨基酸、粗蛋白、粗脂肪、钙、磷的含量均高于其他地方品种鸡。经四川省农科院中心实验室测定该鸡肉质细嫩清香，味道鲜美，其氨基酸、微量元素、黑胶素、紫色素等含量与丝羽乌骨鸡很相似，具有很好的市场开发前景。同时，通过马月辉、吴常信等利用畜禽遗传资源受威胁评价方法研究发现，旧院黑鸡遗传资源受到潜在威胁。

由于旧院黑鸡散养历史长，受混养外来品种的杂交影响，因此发生了遗传漂移，导致品种退化严重。对于旧院黑鸡的保护，引起了当地政府和研究机构的重视，截至 2002 年，旧院黑鸡年存栏量已达 100 万只。然而由于保种资金投入不足，仅起到了机械性的保护作用，保种力度不够，在保种过程中，只是将其与一些外来品种直接杂交，简单地进行了一些杂交配套，而没有真正去挖掘旧院黑鸡品种自身存在的优良价值，对黑羽、乌皮乌肉、绿蛋的遗传基因的提纯工作还处在起步阶段。

家禽遗传资源的多样性是满足未来那些不可预见的变化的重要基因库。对于它的任何一点的利用都可能对种群的数量和质量产生影响，都可能对家禽业高效、持续发展，满足人类对畜禽产品种类、质量的更高需求等方面产生很大影响。所以，加强对旧院黑鸡品种资源的保护和合理利用具有重大战略意义。

二、保种场的选择

旧院黑鸡核心保种基地应建立在原产地万源市旧院片区，对保种场的基本要求主要包括以下几个方面：

（1）环境符合 GB 18407.3《农产品安全质量　无公害畜禽肉产地环境要求》、NY/T 388《畜禽场环境质量要求》和 HJ/T 81《畜禽养殖业污染防治技术规范》的规定。

（2）具有《种畜禽生产经营许可证》。

（3）保种场周围设防疫隔离墙或防疫沟，场区内设净道和污道且不交叉。

（4）保种场按生活办公区、生产区、隔离区三个功能区布局，各功能区间设有隔离设施。其中，生活办公区设在常年主导风向的上风处，设主大门及消毒池，区内建档案室，并配备相应设施；生产区入口建淋浴消毒室和消毒池，各室（舍）入口建消毒池，并设有独立的孵化室、育雏（育成）鸡舍和产蛋鸡舍；隔离区设在常年主导风向的下风处，并有病死鸡检查室和病死鸡、粪便、污水等废弃物无害化处理设施。

（5）制订各项保种管理制度，并按制度管理。

（6）人员配备要符合要求。技术负责人应具备畜牧师或兽医师以上职称；技术员应具备助理畜牧师或助理兽医师以上职称；技术工人应接受过保种技能培训。

此外，基础设施应相对完善，可以满足保种群体规模的要求，保种场交通及通信要便利，运输物资便捷，对外联系方便等。

三、保种目标

畜禽遗传资源保护就是保持其遗传多样性，尽可能地不使任何基因丢失。因此要建立旧院黑鸡资源保护技术方案，确定保护的重点内容，保持品种的特征特性不丢失，保种群近交系数控制在 0.1 以内，10 个世代近交系数不超过 0.024，每个世代群体平均近交系数增量不再增加。

（一）保持特有的外貌特征

1. 羽色　旧院黑鸡有其独特的羽色。全身羽毛为黑色，略带翠绿光泽。大部分无胫羽。雏鸡头、背绒毛多为黑色，颈、腹部羽毛多为黄白色，属慢羽型；中青年旧院黑鸡公母鸡羽毛在 1.5～2 周岁后逐渐变暗，少部分鸡颈羽、翅羽为红色，少数母鸡颈羽为黑羽，且富有光泽。

2. 冠髯　冠、髯呈紫黑色或红色，中等大小。冠形分为单冠或豆冠，乌色豆冠占 20% 以上，紫黑色豆冠的比例达 70% 左右。

3. 肤色　旧院黑鸡最大的特点就是乌皮黑羽，但个别也存在白色皮肤；雏鸡 90% 的皮肤为乌黑色。脸部皮肤呈紫色，个别呈红色；舌尖、胫、趾均呈乌黑色。

4. 喙角　黑色，虹彩为橘红色。

5. 耳叶　耳叶主要呈紫色。

6. 内脏　部分盲肠和直肠为乌黑色，腔呈黑色。

7. 鸡骨　大部分鸡骨为灰白色，骨髓为鲜红色。

8. 肌肉　肌肉为乌红色，肌肉紧凑结实，肌纤维较细。

（二）保持适当的生长性能

旧院黑鸡耐粗饲、耐寒、抗病力强、适应性广。相关数据表明，旧院黑鸡体型较大，三月龄前增重较快，13 周龄公鸡体重达 1 782.6 g，每月净增重

634.1 g，产地最大成年公鸡可达 4 500 g 以上；13 周龄母鸡体重达 1 366.5 g，每月净增重 497.4 g，成年母鸡可达 3 500 g 以上。6 月龄公、母鸡屠宰率分别为 79％和 66％。

测定公、母鸡各 30 只，从初生到 13 周龄各周龄体重，见表 4-1。

表 4-1　旧院黑鸡各周龄体重（g）

性别	初生重	1 周龄	2 周龄	3 周龄	4 周龄	5 周龄	6 周龄
公	35.20± 2.72	46.30± 3.84	98.40± 4.73	144.60± 8.72	195.00± 16.25	253.10± 18.78	318.60± 23.39
母	35.20± 2.72	46.30± 3.84	98.40± 4.73	141.80± 9.76	192.80± 15.86	249.40± 18.36	317.70± 19.64

性别	7 周龄	8 周龄	9 周龄	10 周龄	11 周龄	12 周龄	13 周龄
公	473.50± 25.25	696.60± 38.81	798.40± 43.12	905.20± 66.59	1 132.90± 89.26	1 476.50± 112.78	1 782.60± 145.59
母	462.70± 23.17	634.60± 32.66	748.60± 42.91	890.40± 52.98	1 053.70± 83.11	1 161.60± 90.05	1 366.5± 113.16

（三）保持适宜的体重体尺

按照全国家禽育种委员会颁布的"家禽生产性能指标名称和计算方法"，通过测定 100 日龄、300 日龄公母鸡各 30 只，体尺、体重均见表 4-2。

表 4-2　旧院黑鸡体重及体尺

性别	日龄	体重 (g)	体斜长 (cm)	胸宽 (cm)	胸深 (cm)	龙骨长 (cm)	骨盆宽 (cm)	胫长 (cm)	胫围 (cm)
公	100	1 573.50± 51.70	16.34± 0.68	5.02± 0.51	5.73± 0.57	8.91± 0.68	4.17± 0.45	5.20± 0.69	3.17± 0.38
母	100	1 286.80± 41.86	14.81± 0.76	4.64± 0.55	4.96± 0.59	7.66± 0.72	4.66± 0.48	5.11± 0.54	3.14± 0.37

（续）

性别	日龄	体重 （g）	体斜长 （cm）	胸宽 （cm）	胸深 （cm）	龙骨长 （cm）	骨盆宽 （cm）	胫长 （cm）	胫围 （cm）
公	300	2 721.50± 78.71	23.26± 0.81	8.51± 0.54	9.26± 0.52	13.06± 0.70	7.82± 0.40	9.20± 0.67	4.97± 0.40
母	300	2 246.93± 92.19	21.61± 1.75	7.44± 0.65	8.12± 0.60	12.03± 0.83	8.18± 0.49	9.61± 0.63	3.55± 0.34

（四）保持良好的肉用性能

旧院黑鸡肉质致密，肌纤维细腻，入口软嫩滑爽，有一股淡淡清香，无腥味。旧院黑鸡营养丰富，富含人体必需的各种氨基酸，经多次检测证明：旧院黑鸡17种氨基酸总含量最高值达89.43%，平均值80.12%。富含人体必需的7种氨基酸：赖氨酸、苯丙氨酸、蛋氨酸、苏氨酸、异亮氨酸、亮氨酸、缬氨酸，且含量均比本地良种肉鸡高。另外，旧院黑鸡乌皮黑羽，富含具有滋补保健价值的黑胶素，素有"滋补胜甲鱼，养伤赛白鸽，美容如珍珠"之称，同时胆固醇、粗脂肪含量低，数百年来，当地人一直将旧院黑鸡作为妇女坐月子时补充营养的上佳滋补品和馈赠亲朋好友的高档礼品。其中，鸡肉中天门冬氨酸、谷氨酸含量分别为2.56%、12.07%，分别比良种鸡高8.90%、11.34%，这两种氨基酸的含量决定了肉质的鲜美程度。除此之外，经测定：旧院黑鸡肉中硒含量最高值为0.214 mg/kg，平均值为0.198 mg/kg，范围值为0.1～0.3 mg/kg。

抽取100日龄和300日龄公、母鸡各30只进行屠宰测定，结果见表4-3。

表4-3　旧院黑鸡屠宰测定

指　标	100日龄		300日龄	
	公	母	公	母
活重（g）	1 569.13±203.36	1 272.93±45.91	2 721.20±80.15	2 248.23±88.71
屠宰重（g）	1 298.67±45.90	1 100.37±42.23	2 365.40±193.50	2 037.83±70.44
屠宰率（%）	83.56±6.88	86.45±1.82	86.95±6.99	90.66±1.25
半净膛重（g）	1 109.10±46.47	932.77±49.09	2 216.07±68.16	1 556.10±115.22

（续）

指　　标	100 日龄		300 日龄	
	公	母	公	母
半净膛率（%）	71.32±5.82	73.28±3.09	81.46±2.14	69.21±4.39
全净膛重（g）	934.43±31.92	782.43±21.26	1 692.40±84.42	1 391.57±120.99
全净膛率（%）	60.15±5.24	61.51±1.71	62.25±3.67	61.88±4.53
腿肌重（g）	226.83±17.20	157.57±10.86	200.54±9.66	147.93±5.97
胸肌重（g）	150.67±9.20	120.43±7.11	193.07±8.61	189.41±6.56

（五）保持一定的繁殖性能

母鸡 160～200 日龄开产，平均开产日龄为 144 日龄，种蛋受精率 84.91%～94.05%，受精蛋孵化率 93.25%。入舍母鸡年产蛋数 130 枚。开产蛋重 35.9 g，平均蛋重 50.19 g，最大可达 74 g。有就巢性，就巢比例 73%，散养每窝产蛋 15～25 枚。

（六）保持特有的鸡蛋品质

旧院黑鸡蛋壳颜色为浅褐色或青色，青壳蛋占 30%左右。鸡蛋口感丰满而醇厚，唇齿留香，余味清爽，蛋白清澈黏稠，用筷子挑起牵丝较长，蛋白有弹性。蛋黄呈橘黄色或橙红色，打开后蛋黄凸起、有韧性，不易散黄，蛋黄浮在蛋清之上，不沉底。蛋壳坚韧厚实，含钙量高。鸡蛋煮熟后，蛋壳易剥落，即使将熟鸡蛋剥壳放在手中揉捏，蛋白也不易开裂。鸡蛋中天门冬氨酸、谷氨酸含量为 1.255%、1.525%，分别比良种鸡蛋高 23.40%、15.1%。旧院黑鸡蛋产品富含硒，经测定：鸡蛋中硒含量最高值为 0.3 mg/kg，平均值为 0.251 mg/kg，范围值为 0.1～0.3 mg/kg，正好符合人们膳食健康的要求。

抽取 100 枚蛋的测定结果表明，蛋重（50.19±6.81）g，蛋形指数 1.33±0.06，蛋壳强度 3.40 kg/cm²，蛋壳厚度（0.31±0.02）mm，蛋壳绿色和白色，绿壳蛋比例 30%，蛋黄比率 32.56%。

四、保种技术与方法

（一）保种技术

1. 技术路线

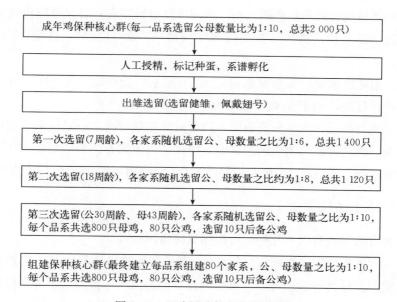

图 4-1　旧院黑鸡保种技术路线

2. 繁育方法

（1）组建家系　根据旧院黑鸡的体型外貌和生产性能，选择符合要求的 200 只公鸡和 2 000 只母鸡组成 200 个家系的保种核心群。

（2）配种方式　为避免家系内全同胞、半同胞交配，用 n 号家系的公鸡与 $n+m$（m 为世代数）号家系的母鸡人工授精配种。

（3）种蛋收集　母鸡 43 周龄时开始收集种蛋，同时标记种蛋的家系。

（4）系谱孵化　落盘时将同一只母鸡的胚蛋放入同一出雏网袋中，准备出雏。

3. 选留方法

（1）各家系等量留种　分别在雏鸡出壳、7 周龄、18 周龄、产蛋期（300 日龄）选留符合外形特征的个体。

（2）雏鸡选留　每个家系选留健壮雏鸡，佩戴翅号，建立系谱档案。

（3）育成早期选留　150日龄时通过称重和体尺性状测量，通过外貌评定，随机选留符合选育特征的个体。各家系随机选留公母数量之比为1:6，总共1 400只。

（4）育成期末选留　18周龄转入产蛋鸡舍时，通过肤色选择各家系随机选留母数量之比约为1:8，总共1 120只。

（5）繁殖期公鸡和母鸡的选留　母鸡300日龄左右，各家系随机选留公母数量之比为1:10，每个品系共选800只母鸡，80只公鸡，选留10只后备公鸡。

（6）组建新家系　每个家系组建80个家系，公母比为1:10。每个品系共选800只母鸡，80只公鸡，选留10只后备公鸡。

（7）建立品系　为了分清血缘，防止近交系数过高，一般从第5世代开始建立品系，并进行系间闭锁选育、谱系孵化、封闭饲养。要达到在100年内群体的近交系数不超过0.1，则有效群体大小应不低于200只，公母比为1:6。

（二）保种方法

保种方法主要有以下几种，可根据具体情况选择。

1. "家系等量随机选配法"保种　"家系等量随机选配法"是按各家系每世代选留的公母禽数量相等，各家系内选留的公禽与母禽数量不等，但性别比例相同的方法留种，繁殖方式采用随机交配的方法。该方法是目前比较经济、有效和成熟的保种方式，在实践中广泛应用。

2. 随机交配方式保种　与"家系等量随机选配法"保种方式相对应，在同一个保种基地另建一个"随机交配"方式保种群，以备不时之需，确保旧院黑鸡保种的顺利实施。"随机交配"方式保种群的大小为600只，其中公鸡100只，母鸡500只，公母比例为1:5。

3. 群体保种　从基础群或上一世代保种群中，选择符合品种标准的适配公、母鸡个体，按照一定的配比（通常公母比例为1:10）组建保种群，群体规模1 000只左右。收集种蛋孵化继代繁殖，根据鸡群产蛋、饲养条件等具体情况确定繁殖批次。在全部后代中按照品种标准、品种特征和个体表型值留种，留种方式采用等量留种，即公母保持原比例，群体规模保持不变。

4. 开放式保种　在片区内找20个生态环境好、无污染、防疫隔离条件好的自然村寨，村寨相对较小且好管理，每个村寨相隔至少 20 km 以上，根据保种要求，不让其他种群或个体混杂进来，按一个家系一个村寨的原则，每个村寨每个家系鸡苗数量在 400~500 只进行保种，使群体近交系数不致上升，保持群体健康。

5. 生物技术保种　除了利用传统方法保种以外，随着分子遗传学以及分子生物学技术的发展，给我们提供了更新的保种方法如下：

（1）利用分子生物学技术对种群的遗传变异进行分析，为遗传多样性的保护提供分子基础。

（2）进行胚胎细胞冷冻保存，可以将家禽基因组长期、完整地保存下来，并且可以在有需要的时候导入外源基因，来培育出新的家禽品种。

（3）建立 DNA 库构建旧院黑鸡基因组文库，可以将一些具有特色的基因克隆出来，组建成基因组文库，使一些独特的资源得到长期保存。它对于保存基因资源，保护生物多样性，恢复种群数量，以及从分子水平研究优良的遗传性状等方面具有重要意义。

（三）品种特性测定

测定旧院黑鸡体重及体尺、产蛋性能、繁殖性能、生长性能、饲料报酬等指标，按照《家禽生产性能名词术语和度量统计方法》（NY/T 823—2004）执行。

（四）记录与档案管理

建立健全旧院黑鸡保种记录与档案管理制度。

1. 种鸡档案和群体系谱建立　建立包括配种方案、种蛋系谱孵化表、出雏记录表、笼号与翅号对照表、体重测定记录表、体尺测定记录表、屠宰测定记录表、蛋品质测定记录表、群体产蛋记录表、个体产蛋记录表、产蛋性能汇总表等记录的种鸡档案。建立保种群体系谱，监测群体近交系数。

2. 各项记录及数据统计　世代归档记录数据按 NY/T 823—2004 要求统计。

（1）饲养记录　每天记录日期、日龄、存栏数、死亡数、喂料量、舍内温度、舍内湿度、光照时间、日粮营养水平等内容。

（2）防疫记录　按 DB 43/632—2001《种鸡场防疫技术规范》要求执行。

（3）留种记录　记录选择日期、日龄、留种方法与标准、留种前鸡数、留种鸡数等。

（五）保种效果监测

保种效果监测是保种实施过程中的一项重要内容，是指每个世代保种中对不同性状进行记录，对所有监测内容进行统计、分析、档案汇总、装订存档。建立各世代的表型性状档案，分析世代间性状稳定性。

1. 外貌特征监测　重点监测旧院黑鸡的体型、外貌特征在各世代中的变化情况。

2. 体重体尺监测　在每个世代 300 日龄前后进行，测量体重、体斜长、胸宽、胸深、龙骨长、骨盆宽、胫长、胫围等相关性状。

3. 表型性状监测　主要检测旧院黑鸡初生体重、各周龄体重（6 周龄、10 周龄、18 周龄、43 周龄、66 周龄）、开产体重、开产日龄、每日产蛋与否、开产和 43 周龄、66 周龄蛋重；统计个体 43 周龄产蛋数，分别计算各家系及保种群平均开产日龄、开产体重、开产蛋重、43 周龄蛋重、43 周龄产蛋数、43 周龄就巢率等；记录个体纯繁时的受精率和入蛋孵化率，统计各家系及保种群平均受精率、受精蛋孵化率。蛋品质监测两年一次，抽样测定 43 周龄蛋品质指标（平均蛋重、蛋形指数、蛋壳强度、蛋壳厚度、哈氏单位、蛋黄比率），测定数量不少于 30 个。

4. 生产性能监测　产肉性能及肉品质检测可选择上市日龄，抽测的公母鸡数量不少于 30 只，测定的指标包括屠宰率、半净膛率、全净膛率、胸肌率、腿肌率和腹脂率等，并组织专家进行品味测定。每两个世代进行 1 次。

5. 分子水平监测　选用 NY/T 1673—2008《畜禽微卫星 DNA 遗传多样性检测技术规程》标准中鸡的微卫星位点或其他分子遗传标记检测旧院黑鸡每世代群体的等位基因数及其频率、基因平均杂合度和多态信息含量等，建立各世代的分子信息档案，分析世代间群体遗传结构差异。监测样品数按 NY/T 1673—2008 执行。

第二节　旧院黑鸡专门化品系选育

家禽育种工作是整个家禽业的核心，因禽蛋、禽肉的生产效率在很大程度上取决于此。众所周知，在影响畜牧业生产效率的诸多因素中，畜禽品种或种群的遗传素质起主导作用。据畜牧界权威机构的科学评估，在畜牧业生产效率的提高中，畜禽遗传育种的贡献率最大，占 47%。

20 世纪 90 年代以来，优质肉鸡产业迅速发展壮大，已经形成区域优势明显、产业特点突出、市场份额不断扩大、市场竞争力日益增强的产业。由于旧院黑鸡长期饲养在封闭的自然条件下，生长缓慢，载肉量低，种鸡饲养成本高，如不加以系统选育提高，其商业化利用价值不能充分发挥。选育工作与先进省份相比，进展相对滞后，生产水平偏低。由于生产中直接用本品种利用，育成的品种很快在其他企业应用，造成了育种的积极性不高。必须利用现代家禽育种技术，在种鸡生产中进行品系选育和品系配套，尽量保持原有旧院黑鸡肉质好、抗逆性强、抗病力强的同时，再提高品种的繁殖力、饲料报酬和生长速度。

针对当前旧院黑鸡缺乏专门化的选育，制订育种目标，保持旧院黑鸡的特征特性，如体长腿高、腿肌及胸肌发达、豆冠或单冠、黑喙、黑羽、绿壳蛋等，分别进行肉用系和蛋用系的专门化品系培育，使产蛋量和体重等生产性状协调提高，提高生产效益。利用现代育种方法，在较短的时间内培育出具有特色突出、适合市场需要的配套新品系，并对其进行产业化开发利用，将资源优势转变为商品优势，使之成为增加农民收入，促进地方经济发展的特色产业。

一、选育目标

在家禽育种中，育种群在闭锁继代选育 5 代以后，有利基因的频率增加，不利基因的频率逐渐减少，形成了遗传上比较稳定的种群，就可称为纯系。通过纯系培育，选择提高性状的基因加性效应值（即育种值），这是整个育种工作的基础。纯系获得的遗传进展通过杂交繁育体系传递到商品代，成为商品鸡生产性能持续改进的动力。

二、选育方法

（一）个体选择

个体选择根据个体表型值进行选择，选留或者淘汰个体，主要决定于个体生产性能或某种经济性质的优劣。在具体应用中，可以直接根据观测或记录资料，按所选性状的优劣顺序对有关个体进行排序。个体选择简单易行，适用于遗传力中等以上的性状，可以有效改进体重、体尺、蛋重、蛋壳、羽毛生长速度以及早熟性等性状。

（二）家系选择

家系是指由同父同母或者同父不同母、同母不同父繁殖所得的后代，它们具有亲密的血缘关系，可分为父系家系和母系家系，前者指同一公禽繁殖所得的后代，后者指同一母禽所得的后代。根据亲缘关系，由同父同母的后代组成的家禽叫全同胞家系；由同父异母的后代组成的家系称为半同胞家系。

家系选择根据家系均值进行选择，选留和淘汰均以家系为单位进行，这种方法适用于遗传力低的性状，如产蛋量、受精率、孵化率等，并且要求家系大、由共同环境造成的家系间差异或家系内相关小。在进行家系选择时，各家系应处于相同的饲养管理条件，避免不同环境造成的家系间差异。

（三）合并选择

兼顾个体表型值和家系均值进行选择，从理论上讲，其选择准确性要高于其他方法，这种方法要求根据性状的遗传特点及家系信息制订合并选择指数。可综合亲本方面的遗传信息，制订一个包括亲本本身、亲本所在家系、个体本身、个体所在家系成绩等在内的合并选择指数。动物模型下的最佳线性无偏估计（BLUP）已成功地用于家禽的育种值估计，根据 BLUP 值进行选择可以提高选择准确性。

三、选育注意事项

（一）明确用途和选育方向

应对专门化品系要有明确要求，一是培育父系还是母系，二是选育的特色性状是什么，三是要达到的育种性能指标是多少，四是用什么方法才能加快育种进展。

（二）正确建立选育基础群

应摸清现有的各群体的基础情况。对不同来源的群体、不同家系，从档案到现场，了解其性能与外形，各有何特点与缺点，分析各种性能与外形的总体水平与变异度。

（三）选择适合的选育方法

改良生长、胴体、肉质性状与改良繁殖性状方法应有所不同。培育专门化品系的方法可灵活掌握，讲求实效，应结合鸡群的实际与性状实际来决定。可采用群体继代选育建系法、近交建系法和合成法，也可采用以上方法的结合。各种选育方法都是以家系选择为基础，具体操作见前一节内容。

四、专门化品系选育

旧院黑鸡最大的特点就是乌皮黑羽，但也存在白色皮肤，雏鸡 50% 的皮肤为灰黑色。冠、髯呈紫黑色或红色，中等大小。冠形分为单冠或豆冠，乌色豆冠占 20% 以上，紫黑色豆冠的比例达 70% 左右，产蛋为绿壳且富硒。为了充分利用旧院黑鸡的优点，并且符合现代人们所需求的肉质特征，根据旧院黑鸡特有的冠形、肤色、绿壳蛋等外貌特征为选择目标，采用本品种纯繁选育方法，不断纯化和提高生产性能，培育各具特色的专门化品系，如黑肤单冠系、黑肤豆冠系、白肤单冠系以及白肤复冠系。

（一）建立选育基础群

挑选混杂程度较轻且有性状特色的旧院黑鸡建立选育基础群，作为零世代。每个选育品系保持一定的基础群数量，母鸡 800～1 000 只，公鸡 200 只左右，按公、母比（1∶8）～（1∶10）组建家系。

（二）纯繁选育

1. 选配方式　每个家系内避免家系内全同胞、半同胞交配，用 n 号家系的公鸡与 $n+m$（m 为世代数）号家系的母鸡人工授精配种。

2. 种蛋收集　根据基础群母鸡个体产蛋记录，在 43 周龄时开始按家系收集种蛋，并在种蛋上做好标记。

3. 系谱孵化 采用谱系孵化法，孵化落盘时将同一家系的胚蛋放入同一出雏网袋中，出雏时对每只鸡编上翅号。

4. 选留方法

（1）选择淘汰 分别在雏鸡出壳时、7 周龄、18 周龄选留符合外形特征、生长发育良好的个体，淘汰不符合要求的个体，以节约饲养成本。

（2）家系等量留种 每个家系都保留一定数量，根据家系内的成绩按比例留种，一般母鸡选留高于家系平均产蛋量的个体，作为下一世代的亲本，公鸡根据同胞成绩进行间接选择。

（3）家系选留 根据家系平均成绩，选留高于平均值的家系，淘汰低性能家系，即使这个家系某些个体表现优秀，也一并淘汰。

（4）组建新家系 到母鸡产蛋 300 日龄时，根据外貌和性能记录资料进行组群，繁育下一世代，进行持续不断的选育直至形成新品系。每个品系组建 80 个左右家系，公母比（1∶9）～（1∶10）。适当选留后备公鸡。

5. 性能测定与记录 主要记录品系的外貌特征、体重及体尺、产蛋性能、繁殖性能、生长性能、饲料报酬等指标，按照《家禽生产性能名词术语和度量统计方法》（NY/T 823—2004）进行记录。

（1）饲养管理记录 记录日龄、存栏数、死亡数、喂料量、舍内温度、光照时间、采食量和用药防疫等内容。

（2）外貌特征测定 对冠形、羽色、肤色和蛋壳颜色等进行逐个记录，观测外形特征在各世代的变化情况。

（3）体重体尺测定 每个世代测定初生重、6 周龄、10 周龄、18 周龄、43 周龄、66 周龄体重，43 周龄测定体尺，包括体斜长、胸宽、胸深、龙骨长、骨盆宽、胫长、胫围等相关性状。

（4）屠宰性能测定 产肉性能及肉品质检测可选择上市日龄，抽测的公、母鸡数量不少于 30 只，测定的指标包括屠宰率、半净膛率、全净膛率、胸肌率、腿肌率和腹脂率等，并组织专家进行品味测定。

（5）产蛋性能测定 主要测定开产日龄、开产蛋重、43 周龄、66 周龄蛋重；统计每周产蛋量直至 66 周龄，绘制产蛋曲线，以利于掌握产蛋动态变化。在 43 周龄测定蛋品质指标，包括平均蛋重、蛋形指数、蛋壳强度、蛋壳厚度、哈氏单位、蛋黄比率等，测定数量不少于 30 个。

（6）孵化性能测定 测定受精率和孵化率，具体方法见第五章内容。

6. 档案管理　建立健全旧院黑鸡各种记录档案管理制度。

（1）档案建立　建立包括配种方案、种蛋系谱孵化表、出雏记录表、笼号与翅号对照表、体重测定记录表、体尺测定记录表、屠宰测定记录表、蛋品质测定记录表、群体产蛋记录表、个体产蛋记录表、产蛋性能汇总表等记录的档案。

（2）归档管理　各项记录及统计数据按世代归档，记录数据按 NY/T 823—2004 要求统计。

第三节　旧院黑鸡配套系选育

所谓配套系，就是利用杂交优势原理和方法，在专门化品系的基础上，通过各品系间的杂交配套测定，选择并扩繁配合力好的杂交组合，形成配套系，生产市场所需的杂交商品鸡。各品系也可杂交形成合成系，通过选育形成更优良的新品系，再通过配套杂交形成新的配套系，这样就可充分利用杂交优势，达到商业化育种的目的。

配套系作为一种现代育种方法，通过不断的改进和完善，已经形成了较为完整的体系，并成功地应用在地方鸡种选育上。从我国 1984 年由广东省家禽研究所培育的第一个广源鸡配套系开始，各种鸡类配套系在我国大范围培育，丰富了我国的家禽市场。随着家禽育种研究的深入开展，对生长与繁殖性能之间负遗传相关性的认识，以及对于加性和非加性遗传效应的剖分，品系配套商品鸡应运而生，并成为当今家禽业的主流。以各具特色的专门化品系作为配套系的亲本，利用不同组合素材的优势，选出更适应环境、性能更稳定的新型配套系，使后代具有适应性强、产蛋性能优良、抗逆性好、体型一致性高、饲料转化率高、种蛋合格率高等优点，同时也使配套生产的商品代肉鸡具有生长速度快、饲料报酬高、抗病力强、均匀度高、成本低等特点，符合大多数地区对地方特色鸡种的需求。

一、培育配套系的意义

（一）互补性更强

实践证明，专门化品系的配套杂交互补性最强，这是因为一是在专门化品系培育过程中为了突出其特点，更注意对每一专门化父系或母系的不同主选性状测定更严格、评估更准确、选择强度更大，核心群的年更新率更高，以致能取得较大的年遗传改良进展，使得该系的优点、特长凸显出来；二是不同杂交组合的互补性可能不同，通过专门试验可把互补性最强的组合挑选出来；三是家禽配套系育种过程中亲本品系数量易于增加，使不同亲本优点更容易互补而表现出来。

（二）杂种优势更明显

在玉米育种时，采用遗传纯度很高、彼此间遗传差异很大的自交系进行双杂交，双交种的后代产量大大增加，远超出四个自交系亲本的均值。后来，这一技术的改制版陆续被引入养禽业。专门化品系的纯度与系间差异虽远不能与自交系相比，但人们已在这两方面努力，起码比品种的纯度与品种间的差异要高、要大。杂交配套利用是畜禽育种普遍采用的方法，通过配合力测定，所筛选出的杂交组合一般具有高而稳定的杂种优势。

（三）商品代的整齐度更高

专门化品系要求较纯，亲本的遗传纯度越高，后代的遗传整齐度越大。因此，配套系商品代鸡的一致性较好，产品规格化程度较高，有利于"全进全出"制度的推行，也有利于实现规模化、产业化的发展。

二、配套系选育方法

通过 n 世代的家系纯繁，可形成不同特征的性能稳定的品系，用于开展杂交组合试验，分别进行产蛋性能、蛋品质和肉用性能的测定，通过统计不同组别鸡的体质量、蛋质量、产蛋数和蛋形指数、蛋黄比率等指标，以及生长速度和屠体性能的测定，最后根据市场的认可度，选育出杂交配套系的最佳组合。通过建立配套模式（图4-2），进行扩繁生产，充分利用杂交优势，从而降低种鸡生产成本、提高养殖效益，扩大市场占有率。

（一）配套系选育注意事项

专门化品系培育的目的是为了进行配套系选育。通过设计杂交组合对比试验，筛选出适合的配套组合。杂交组合试验应注意以下几点：

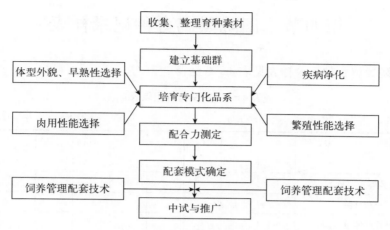

图 4 - 2　配套系选育模式图

1. 科学制订杂交组合方案　根据选育方向和品系特征，对性状间的关系进行遗传分析，预测可能出现的杂交组合效果，确定杂交组合测定方案。

2. 保证一定的参试组合数量　根据育种需要确定适当的参试组合数，数量较少不能进行相互比较，数量太大则测定成本增加。但每个组合数量不能太少，性能测定需要一定的样本含量，否则测定统计结果会有偏差，不能代表品系的真实性。

3. 要求一致的测定条件　在相同环境和饲养管理条件下进行测定，最好在同一鸡舍进行。各组合进行随机分组，测定方法一致，避免人为误差。

（二）配套系选育类型

针对旧院黑鸡肤色、羽色及产蛋特点，在保持其特性的基础上，选育提高肉用性能和产蛋性能，形成体型外貌和生产性能都能够稳定遗传的专门化品系，包括黑肤单冠系、黑肤豆冠系、白肤单冠系以及白肤复冠系。

由于豆冠和单冠之间存在显隐关系，豆冠为显性，单冠为隐性。因此单冠和豆冠系无论进行正杂交，还是反杂交，其后代均为豆冠。然而，肤色为多基因控制性状，因此需要根据实际测定情况得知杂交后代的肤色，确定适合的配套组合。

通过选择不同专门化品系作为配套系筛选的素材，进行品系间杂交配套测定，选育形成各具特色的配套系。

第四节　旧院黑鸡育种记录样表

旧院黑鸡育种记录样表见表 4-4 至表 4-18。

表 4-4　家系选种记录表

品种：　　　　　　　　　　　　　　　　　　　　　日期：　　年　月　日

项　目　　　　　家系号								
上笼体重（kg）								
开产日龄								
母鸡开产体重（g）								
43 周龄产蛋数（个）								
66 周龄产蛋数（个）								
就巢率（%）								
开产蛋重（g）								
43 周龄蛋重（g）								
种蛋受精率（%）								
受精蛋孵化率（%）								
入孵蛋孵化率（%）								
育种值								

汇总人：

表 4-5　家系公母鸡翅号对照表

品种（系）：　　　　　　世代：　　　　　　　　日期：　　年　月　日

家系号	公鸡翅号	母鸡翅号

记录人：

表 4-6   配种方案表（主要说明各个公、母鸡的亲缘关系情况）

品系：　　　　　　　世代：　　　　　　　　　　　　日期：　　年　月　日

家系号	公鸡号	与配母鸡号	备　注
1			
2			
3			
4			
5			
6			

技术负责人：　　　　　　审核人：　　　　　　批准人：

表 4-7   家系系谱孵化记录表

品系：　　　　　　批次：　　　　　　　　出雏日期：　　年　月　日

家系号	母鸡号	入孵蛋数	无精蛋数	受精率（%）	出雏数	孵化率（%）	翅号范围

记录人：　　　　　　　戴号人：　　　　　　　汇总人：

表 4-8   种鸡个体产蛋记录表

品系：　　　　年度：　　　　批次：　　　　周龄：　　　　鸡舍号：

笼 号	1	2	3	4	5	6	7	1	2	3	4	5	6	7	1	2	3	4	5	6	7	小计	备注

记录人：　　　　　　　统计员：　　　　　　负责人：

注：产蛋√　　破损△　　畸形▽　　双黄蛋○　　就巢$

表4-9 种鸡产蛋性能汇总表

品系：　　　　年度：　　　　批次：　　　　鸡舍号：

笼号	21	22	23	24	25	26	27	…	39	40	小计

笼号	41	42	43	44	…	66	开产日龄	43周龄蛋重	66周龄产蛋数	破蛋数	备注

记录人：　　　　统计员：　　　　负责人：

表4-10 家系产蛋统计分析表

品系　　世代　　产蛋时间：　　年　月　日—　　年　月　日

家系号	公鸡号	母鸡只数（只）	平均产蛋数（个）	平均蛋重（g）	成活率（%）	孵化率（%）	评分	备注
合计								
平均								

技术负责人：　　　　编制：　　　　批准人：

表 4-11　体重记录表

品种：　　　　日龄：　　　批次：　　　　　日期：　年　月　日　　　　　单位：g

家系号	翅号	性别	体重	家系号	翅号	性别	体重	家系号	翅号	性别	体 重

测定人：　　　　　　　　　　　　记录人：

注：初生重和各周龄活重测定方法如下。

① 初生重：雏禽出生后 24 h 内的重量，以"g"为单位；随机抽取 50 只以上，个体称重后计算平均值。

② 活重：鸡禁食 12 h 后的重量，以"g"为单位。测定的次数和时间根据家禽品种、类型和其他要求而定。育雏和育成期至少称体重 2 次，即育雏期末和育成期末；成年体重于 43 周龄测量。每次至少随机抽取公、母各 30 只进行称重。

表 4-12　个体产蛋性能汇总表

品种：　　　　家系号：　　　　公鸡号：　　　　　　　日期：　年　月　日

母鸡号	开产日龄	开产体重（g）	43 周龄产蛋数（个）	平均蛋重（g）	种蛋受精率（%）	受精蛋孵化率（%）	就巢情况（次）
小计							

记录员：　　　　　　　　　　　　技术员：

表 4－13　种禽孵化温度记录表

品种：　　　批号：　　　箱号：　　　入孵日期：　　年　月　日　　　单位：℃

胚期 ＼ 时间	1	2	3	4	5	6	7	8	9	10	11	12	13	14	15	16	17	18	19	20	21	22	23	24	环境温度
1																									
2																									
3																									

记录人：　　　　　　　　　审核人：

表 4－14　蛋品质测定表

品种：　　　日龄：　　　数量：　　　日期：

序号	蛋重(g)	蛋黄重(g)	蛋黄比例(%)	蛋黄色泽(级)	蛋壳强度(g/cm²)	蛋壳颜色	蛋比重	血斑(肉斑)率(%)	纵径(mm)	横径(mm)	蛋形指数	蛋白高度(mm)				哈氏单位	蛋壳厚度(mm)			
												1	2	3	平均		钝端	中端	尖端	平均

检测人：　　　　　　　　　记录人：

注：蛋品质测定要求和方法（家禽生产性能名词术语和度量统计方法）如下。

蛋品质测定应在产出后 24 h 内进行，每项指标测定蛋数不少于 30 个。

① 蛋形指数：用游标卡尺测量蛋的纵径和横径。以“mm”为单位，精确度为 0.1 mm。蛋形指数＝纵径/横径。

② 蛋壳强度：将蛋垂直放在蛋壳强度测定仪上，钝端向上，测定蛋壳表面单位面积上承受的压力，单位：kg/cm²。

③ 蛋壳厚度：用蛋壳厚度测定仪测定，分别取钝端、中部、锐端的蛋壳剔除内壳膜后，分别测量其厚度，求平

均值。以"mm"为单位，精确到 0.01 mm。

④ 蛋的密度：用盐水漂浮法测定。测定蛋密度溶液的配制与分级：在 1 000 mL 水中加 NaCl 6 g，定为 0 级，以后每增加一级，累加 NaCl 4 g，然后用密度法对所配溶液进行校正。蛋的密度分级见下表。

蛋密度分级

级别	0	1	2	3	4	5	6	7	8
密度	1.068	1.072	1.076	1.080	1.084	1.088	1.092	1.096	1.100

从 0 级开始，将蛋逐级放入配制好的盐水中，漂上来的最小盐水比重级，即为该蛋的级别。

⑤ 蛋黄色泽：按罗氏（Roche）蛋黄比色扇的 30 个蛋黄色泽等级对比分级，统计各级的数量与百分比，求平均值。

⑥ 蛋壳色泽：以白色、浅褐色（粉色）、褐色、深褐色、青色（绿色）等表示。

⑦ 哈氏单位：取产出 24 h 内的蛋，称蛋重。测量蛋黄边缘与浓蛋白边缘中间点均匀分布的三个等距离点（避开蛋白系带），用蛋白高度测定仪测量蛋白高度，计算平均值。

$$哈氏单位 = 100 \times \lg(H - 1.7W\,0.37 + 7.57)$$

式中：H——测量的浓蛋白高度值，mm；

W——测量的蛋重值，g。

⑧ 血斑和肉斑率：统计含有血斑和肉斑蛋的百分比，测定数不少于 100 个。

$$血斑和肉斑率 = 带血斑和肉斑蛋数/测定总蛋数 \times 100\%$$

⑨ 蛋黄比率：按以下公式计算蛋黄比率：

$$蛋黄比率 = 蛋黄重/蛋重 \times 100\%$$

表 4 - 15　屠宰测定表

品种：　　　　世代：　　　　日龄：　　　　数量：　　　　日期：　　年　月　日

序号	性别	活重(g)	屠体重(g)	屠宰率(%)	半净膛重(g)	半净膛率(%)	全净膛重(g)	全净膛率(%)	胸肌重(g)	胸肌率(%)	腿肌重(g)	腿肌率(%)

检测人：　　　　　　　记录人：

注：屠宰测定方法如下。

① 宰前体重：鸡宰前禁食12 h后称活重，以"g"为单位。

② 屠宰率：放血，去除羽毛、脚角质层、趾壳和喙壳后的重量为屠体重。

$$屠宰率＝屠体重/宰前体重×100\%$$

③ 半净膛重：屠体去除气管、食管、嗉囊、肠、脾、胰、胆和生殖器官、肌胃内容物以及角质膜后的重量。

④ 半净膛率

$$半净膛率＝半净膛重/宰前体重×100\%$$

⑤ 全净膛重：半净膛重减去心、肝、腺胃、肌胃、肺、腹脂和头脚（鸭、鹅、鸽、鹌鹑保留头脚）的重量。去头时在第一颈椎骨与头部交界处连皮切开，去脚时沿跗关节处切开。

⑥ 全净膛率

$$全净膛率＝全净膛重/宰前体重×100\%$$

⑦ 腿肌率：腿肌指去腿骨、皮肤、皮下脂肪后的全部腿肌。

$$腿肌率＝两侧腿净肌肉重/全净膛重×100\%$$

⑧ 胸肌率：沿着胸骨脊切开皮肤并向背部剥离，用刀切离附着于胸骨脊侧面的肌肉和肩胛部肌腱，即可将整块去皮的胸肌剥离；称重，得到两侧胸肌重。

$$胸肌率＝两侧胸肌重/全净膛重×100\%$$

表4-16 育雏育成饲养记录表

品种：

日期	日龄	全群鸡数（只）	喂料量（g）	只耗料（g）	死淘数（只）	死淘个体翅号	备注
小计							

饲养员：

表 4-17　产蛋期饲养记录表

品种：　　　　　　　鸡场名称：　　　　　　月份：　　年　月

日期	日龄	存栏数（只）	死淘数（只）	喂料量（kg）	产蛋数（个）	合格种蛋数（个）	产蛋率（%）	光照时间（h）	温度（℃）		天气情况	备注
									9时	15时		

鸡舍号：　　　　　　　　　　　　　　　记录员：

表 4-18　疫苗使用记录表

品系：　　　　　　出雏日期：　　年　月　日　　批次：

日期	日龄	疫苗名称	生产厂家、批号	给药方式、剂量	负责人

记录人：

（刘益平、尹华东）

第五章
旧院黑鸡繁殖与孵化

第一节　旧院黑鸡繁殖与孵化特点

一、繁殖特点

（一）母鸡爱抱窝，产蛋量低

旧院黑鸡爱抱窝，年产蛋量较低，产蛋后期容易增肥，可在产蛋高峰适时淘汰上市，或通过加强管理和坚持选育来减弱抱窝习性。

（二）公鸡好斗，配种能力不强

旧院黑鸡属肉蛋兼用型地方品种，公鸡好斗性强，但配种能力不高。通常一只精力旺盛的公鸡，每天交配 10 次左右是很平常的，多者可以交配 40 次以上。一只散养公鸡配 8～10 只母鸡，采用人工授精一只公鸡可配 30～40 只母鸡，都可以获得高受精率。散养时要注意保持恰当的密度和性别比例，以减少伤残。同时，应加强配种选育和饲养管理，提升公鸡体质。

（三）性成熟较晚，变异较大

旧院黑鸡性成熟较晚，需要加强开产整齐度和开产日龄的选育。在放养条件下，光照和温度等对性腺的作用常随季节变化，所以产蛋量也随季节而变，春、秋是产蛋旺季，有条件的舍饲场应该把握好时机，创造适宜的光照、温度等环境条件，合理配料，做到全年均衡产蛋。

（四）冬休性

旧院黑鸡冬季产蛋性能较低，需在冬季人为地创造有利于产蛋的环境条件，如加温、增光、补料等，达到均衡生产。

二、孵化特点

（一）种蛋品质不一，出雏不整齐

旧院黑鸡选育程度较低，蛋重大小差别较大，因此，孵化时容易出现受热不均，出壳不整齐，初生体重差别大等现象。因此，孵化选蛋时首先要注意种蛋的来源，选择高产、优质无病鸡群的种蛋；其次要特别注意尽量挑选蛋重大小（50~60 g）均匀者，或者蛋大者放入孵化机上层，较小者放入下层。此外，开始正式孵化前要注意采用预孵技术（如 30 ℃孵化 2~4 h），使种蛋受热均匀之后再进行正常孵化，可降低出雏不整齐现象。

由于旧院黑鸡一般采用放养，管理较粗放，导致不合格种蛋较多，应加强饲养管理，科学配料，确保鸡群健康，蛋壳厚薄均匀、颜色正、无破损。如在舍内安静位置多放置产蛋箱，并在产蛋箱内放 1 枚鸡蛋，引诱母鸡在产蛋箱内产蛋，尽量避免母鸡在野外产蛋。注意产蛋箱的清洁卫生，种蛋要及时收集、消毒和入孵。

（二）种蛋较厚，出壳较为困难

旧院黑鸡的蛋壳厚度和强度较高，出壳期间，应注意增加 5% 左右的相对湿度（但湿度不能超过 70%，尤其夏季潮湿多雨的季节）和适当助产，及时清除空蛋壳，可提高出雏率。

（三）环境温差大，导致孵化室的温度波动

由于旧院黑鸡饲养场地处山区，昼夜温差大，造成孵化室的温度波动。注意采取措施，维持孵化室的温度，一般应不低于 25 ℃为宜。特别要加强夜间管理，维持室温的相对稳定。

第二节　旧院黑鸡自然配种

一、种鸡的选留

(一) 种公鸡的选留

旧院黑鸡种公鸡的选择比种母鸡更严格。一般 17 周龄左右进行，公鸡体重约 1.75 kg，可出现明显的第二性征，啼鸣，冠、髯呈紫黑色或红色（以乌色豆冠为最佳），全身皮肤及喙、胫、趾呈乌黑色，全身黑羽略带翠绿光泽，体形高大雄壮，呈方形（图 5-1）。可根据体重及外貌特征进行选留，以减少不必要的饲养量，延长公鸡使用寿命，确保更好的受精率和孵化率，具有重大的经济价值。但具体的初选时间及体重等与饲养方式和营养水平关系密切，笼养方式下的配种日龄因增加光照可提前；散养因体重较轻、不能控制光照等因素可能延后，尤其还受育成时自然光照时间的影响。

图 5-1　旧院黑鸡成年公鸡（胡渠　摄）

种公鸡的配种时间约为 25 周龄，此时合格的种公鸡体重为 2 kg 左右（成年时 2.5 kg 左右），最好参考精液品质检测进行选留（见本章第三节）。

(二) 种母鸡的选留

据万源市农业局的调查，旧院黑鸡群体达 5% 产蛋率的日龄为 120～200 日龄，平均为 140 日龄，体重为 1.25 kg，180 日龄配种时母鸡体重应达 1.5 kg，成年时达 1.8 kg 左右。因此，应在 130 日龄左右开始进行种母鸡的选择，并开始组建繁殖群体，过早开产的个体不宜选留，因所产蛋重偏小。

具备高产潜力的旧院黑鸡母鸡的特征为：中等体型，呈长方形（图 5-2），体态紧凑轻盈，单冠发达而温暖，羽毛平顺而油亮，食欲旺盛，肛门略大湿润有弹性，羽毛、皮肤、胫脚等特征同公鸡。

从性能测定上考虑，通常选择5%产蛋率的开产日龄为140～160日龄，太早或太晚都不利；开产蛋重不小于40 g，300日龄时蛋重为55 g左右为好；500日龄饲养日产蛋数以不低于150个、就巢时间较短为佳。

当然，因为季节、饲养方式、选育程度和营养水平的不同，具体的开产时间和体重会有较大变化，比如春孵鸡通常比秋孵鸡早开产，笼养、全价料饲养比放牧、粗饲开产早。蛋壳

图5-2　旧院黑鸡成年母鸡（胡渠　摄）

颜色跟营养价值没有关联，但尚有商业价值，可根据选育目标而定。

二、自然配种技术

（一）性别比例与配种方式

1. 性别比例　公母鸡性别比例适当，才能保证高受精率。如果母鸡过多，部分母鸡不能得到公鸡配种；公鸡过多，会发生争斗现象，都会降低种蛋的受精率。旧院黑鸡最适当的公母配比为（1∶8）～（1∶10）。在没有降温措施时，夏季的性比应提高到（1∶6）～（1∶7）为宜。如种鸡平养，可采用大群配种，即一定数量母鸡按比例配以一定数量公鸡，这种配种方法受精率通常较高，管理方便，繁殖场多用。三年以上种公鸡，配种能力差，不宜用于大群配种。

2. 配种方式　舍内饲养的种鸡场一般都采用混合地面或网上饲养方式，配置产蛋箱，或者直接用大方笼饲养（根据笼的大小配比公母鸡，自然配种，鸡与粪分离，种蛋干净）。放养鸡舍多采用地面平养，鸡与粪直接接触，不利于防病，最好配有便于移动的栖架或竹木漏缝地垫，并定期除粪。可在漏缝地垫上铺设不同网孔的塑料平网来调节地垫的孔眼大小，以不伤鸡脚，而同时能够漏掉鸡粪为宜。一般育雏网孔直径为1～1.2 cm，成年鸡为2～2.5 cm。大型种鸡场多为笼养，采用人工授精技术更为方便，而不再用小间配种（详见本章第三节）。

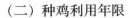

（二）种鸡利用年限

母鸡第一个产蛋年产蛋量最高，第二个产蛋年较第一个产蛋年下降15%～25%，第三个产蛋年再下降15%～25%。因此，一般种鸡场多采用全进全出制，利用年限为1～2年。放养种鸡也最好不超过2年，否则产蛋量低，繁殖效率低。散养鸡场一般兼顾肉质和产蛋量，根据市场行情，选择在第一个产蛋年的产蛋高峰后，陆续出栏上市。

公鸡的影响力大大高于母鸡，宜在精挑细选的基础上保持年轻化，这样受精率和健雏率都比较高，以利用1～2年为好，还能保持较好的肉质。一般可在使用一个产蛋年后，根据体况和精液品质进行挑选（详见本章第三节相关内容）。

第三节 旧院黑鸡人工授精

人工授精技术是鸡繁殖领域的重大进步。首先，采用人工授精技术避免了种公鸡对种母鸡的好恶选择；第二，通过精液品质鉴定，增加优秀公鸡的后代；第三，大大减少种公鸡的饲养量，公母比例由1∶10变为1∶40左右，提高了效率和效益。

整个人工授精技术的流程为采精→品质检测→输精。其中，品质检测可根据需要进行。

一、采精技术

（一）采精前准备

一般在25周龄后，根据生产需要，提前1周对选留的种公鸡进行采精训练。训练3次后，将体重轻、采不出精液、精液稀薄、经常有排粪反射及排稀便的公鸡及时淘汰。经过4～5 d训练，大多数公鸡可满足采精需要。准备工作如下：

1. 固定 公鸡（单笼饲养）、人员、时间与采精手势要固定。
2. 训练 提前1周，每天采精1次，连续4～5 d。
3. 淘汰 性反射差、精液品质差的要淘汰。

4. 剪毛　公鸡剪羽，露出肛门。

5. 消毒　所需器具高温煮沸 20 min 消毒。

6. 用品　包括生理盐水、保温杯、消毒药棉、集精杯、滴管或微量移液枪等。

（二）采精

常用背（腹）式按摩采集法。通常 3 人一组效率高，2 人轮流抓公鸡并保定，1 人采精。

1. 公鸡的保定　将需要进行采精的公鸡单笼饲养。采精时由助手单手将公鸡双脚抓住，轻轻往笼外提，另一只手理顺双翅，头颈部仍在笼内，使公鸡尾部伸出笼门，方便采精，这样保定的效率高（图 5-3）。

2. 采精方法　采用背（腹）式按摩采精法。采精员左手由鸡的背部向尾根按摩数次，引起性兴奋，公鸡尾部上翘之后，待交媾器外翻时，左手快速捏住交媾器，右手握集精管候在泄殖腔下方，左手拇指和食指适当挤

图 5-3　公鸡的保定（杜晓惠　摄）

压泄殖腔两侧，待鸡射精时接住精液（图 5-4）。

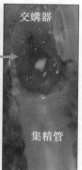

图 5-4　公鸡的采精过程（杜晓惠　摄）

公鸡性反射不足时，可加以腹部刺激，一般训练时可采用，训练好了基本不用腹部刺激，避免刺激而排粪。动作要领是，采精员右手手指夹集精管（管口朝向手背），掌心贴近公鸡腹部，做高频率抖动，配合左手的按摩刺激。当公鸡排精时，翻转右手手背，使集精管口向上，接精液。

（三）注意事项

为了顺利采出高质量精液，延长公鸡的使用时间，需注意以下常见问题。

1. 采精训练　训练人员应该稳定，穿着统一工作服，定时采精。
2. 挤压力度　挤压泄殖腔时，力度恰当，避免公鸡不适。
3. 采精手法　双手配合，按摩频率、力度与公鸡性反应要协调。
4. 采精频率　隔日或采 2 d 休息 1 d；一次采精量不够时，可以再采一次。
5. 采精用具　要清洗干净、高温消毒，并用消毒纱布遮盖。
6. 公鸡年龄　淘汰精液质量差的老龄公鸡，同时补充青年公鸡，混合精液效果好。
7. 公鸡受惊　粗暴抓鸡，会出现暂时采不出精液或精液量过少的现象。
8. 精液质量　弃用最先流出的一小部分精液，避免粪便和其他异物污染。
9. 日常管理　精细化日常饲养管理，减少公鸡应激。

二、精液品质的检测

有条件的繁殖场，根据需要，一般在种公鸡开始利用前、45 周龄后、公鸡体重突然下降、突发疾病或者受精率突然下降时进行精液品质检测，弃用不合格精液。生产上采用的检测项目一般包括外观评定、密度估测、活力评定，检测记录见表 5-1。

表 5-1　精液品质检测记录表

日期：　　　　　　　　　　　　　　　　　　评定人：

舍号	公鸡笼号	周龄	外观评定	精子密度			精子活力		
				密	中	稀	较好	一般	较差

（一）外观评定

为减少公鸡饱食后排粪尿，污染精液，可在采精前 3~4 h 停食。精液评定的指标及典型精液见图 5-5。

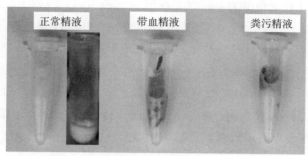

- 污染度：不能有血块、粪便等
- 精液量：0.3~0.7 mL
- 气味：略带有腥味
- 浓稠度：乳状、黏稠
- 颜色：乳白色

图 5-5　精子的外观评定（杜晓惠　赵小玲　摄）

（二）密度估测

一台常规显微镜就可以进行精子密度估测。首先要用无菌吸管轻柔地混匀精液，然后在容器中间取精液，滴 1~2 滴在干净的载玻片一端，然后再加上盖玻片推片（要求无气泡），置于 400 倍的显微镜下检查（注意显微镜的载物台需放平）。将显微镜调至暗视野进行观察，可将精子密度粗略分为"密""中""稀"三个等级（图 5-6）。精子密度稀的公鸡应尽早淘汰。

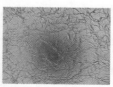

- 中：20亿~40亿个/mL
- 精子之间有明显空隙，能容纳1个精子，可见到单个精子的活动

- 密：40亿个/mL以上
- 视野完全被精子占满，几乎看不到精子间隙，呈云雾状

- 稀：20亿个/mL以下
- 精子之间有很大空隙，能容纳2个或以上精子
- 尽量不用

图 5-6　精子的密度估测（杜晓惠　摄）

（三）活力评定

精子的活动有三种类型：直线运动、旋转运动、原地摆动。正常精子的形态是柳叶状头部连接着细长的尾部，沿一直线波浪前进（图5-7）。只有直线运动的精子才具有受精能力，直线运动的精子越多，大群精子的运动状态如开水煮沸的样子，评级越高。一般精子活力与精液密度可同时检查。

检查精子活力时动作要迅速，取样要有代表性。先把显微镜放在41～42℃的保温箱内，放大400倍左右备用，然后用5.7%葡萄糖液1∶1稀释精液，混匀，取容器中间的精液，载玻片推片，选取四个不同方向的镜面，观察大群精子是否呈沸腾状翻滚（图5-8）。活力较好者，3～4个镜面可以看到；活力一般者，2个视野可以看到；活力较差者，1个视野可以看到。

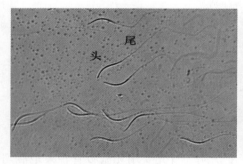 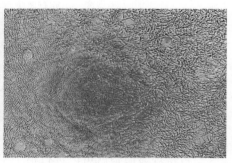

图5-7　鸡正常精子（杜晓惠　摄）　　图5-8　大群精子云雾状翻滚（杜晓惠　摄）

三、输精技术

输精过程至少需要两人配合，一人翻肛，一人输精。最好是3人一组，2人轮流翻肛，一人输精。

（一）翻肛

母鸡的翻肛技术见图5-9。

（1）翻肛员先打开笼门，然后单手握鸡双脚，提拉出笼外，把产蛋母鸡的胸部置于笼门处（放一软垫更好），另一只手跨在肛门上下，拇指向腹内挤压出阴道口，固定住。刚开产的小母鸡不容易翻出肛门，应将抓鸡脚的手调整至鸡小腿部位，收紧腹部，同时另一只手置于泄殖腔下方并用力向腹腔内挤压。

图 5-9 母鸡的翻肛（杜晓惠 摄）

注意，不能过分用劲，只要阴道口露出就行，能轻不重。不能翻出肛门的产蛋母鸡，一般产的蛋也小，达不到种用要求。

（2）输精后松手，放鸡。

（3）关好笼门，防止外逃。

（4）整个操作宜轻抓轻放，减少应激。

（5）输精时间应在下午 4 时（多数母鸡产蛋）后。

（6）翻肛时感知母鸡子宫部有蛋的，要做好标记，待产蛋后再输。

（二）输精

1. 输精的动作要领　左手紧握集精管（保温，防紫外线），右手持输精器，拇指和食指稍用力压住胶头→吸入精液→挤入母鸡阴道口→压紧胶头→抽出滴管→消毒棉花擦净滴头→松开胶头→重复（图 5-10）。

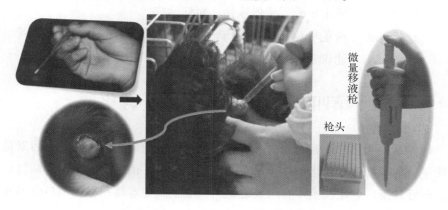

图 5-10 输精过程（杜晓惠 胡渠 摄）

2. 输精要求

（1）输精时间控制在采精后 30 min 内完成。

（2）原精液输精量为 0.025 mL，为便于计量，可适当用生理盐水按 1∶1 稀释，输精量加倍。

（3）输精深度是顺输卵管方向 1～2 cm。

（4）输精间隔为 4～7 d（夏季 4 d），首次连输 2 d。

（三）注意事项

为了达到高的受精率，应该关注公母鸡的饲养管理、健康管理以及人工授精技术等环节。输精环节需要注意以下常见问题。

1. 输精时间　一般在需要留种前 2 d 进行，在下午 4 时以后，夏、秋季可适当推迟。

2. 翻肛力度　挤压泄殖腔时用力适当，只要阴道口露出一点儿就行。

3. 避免空输　输精器离开阴道口后才能松开皮头或拇指，以免吸出刚输入的精液。

4. 人员配合　在输精员挤入精液的同时，翻肛员即松手放鸡，以免精液外流。

5. 输精器　应完好无损，勤消毒或换枪头（可消毒后重复使用），顺阴道口插入，以免输卵管受伤导致感染。最好是使用微量移液枪，输精量准确，而且可以避免交叉感染，每输一只鸡可以换一个枪头，这样既方便、准确，还有利于预防输卵管疾病。

6. 脱肛母鸡　挑出单养，暂停输精，对症治疗。

7. 动作轻柔　避免母鸡受惊、受伤，否则会减少产蛋量，增加破蛋率。

8. 老龄母鸡　建议 50 μL 原精液，每 4～5 d 输 1 次。

第四节　旧院黑鸡种蛋孵化

现代家禽孵化中，普遍采用人工孵化技术。影响孵化成绩的三大因素是种鸡质量、种蛋管理和孵化条件。只有选育优良种鸡、供给营养全面的饲料、精心管理好种蛋，孵化技术才有用武之地。一般生产中容易在种鸡饲料营养和孵化技术环节出现问题，应特别警惕。

一、种蛋的管理

用于孵化的种蛋，应该满足相应的要求，并及时进行消毒，用适宜的环境和方法进行保存，才能够保证种蛋有较好的质量。除此之外，用于留种的蛋，应在蛋上进行谱系编号，以分清血缘。

（一）种蛋的要求

在上蛋孵化前要仔细选出脏蛋、畸形蛋、破损蛋、砂壳蛋、双黄蛋等不合格种蛋。只有合格的种蛋才能够进行孵化，合格的种蛋应符合以下条件（图5-11）。

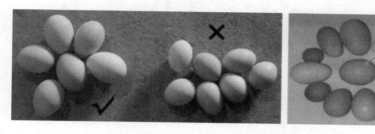

图5-11　合格种蛋（杜晓惠　胡渠　摄）

1. 种鸡质量　要求种鸡生产性能高、无经蛋传染的疾病（白痢、白血病和支原体病等）、饲料营养全面、管理良好，种蛋受精率高。

2. 剔除破蛋　方法是两手各拿3枚蛋，转动五指，使蛋互相轻轻碰撞，完整无损的蛋其声清脆，破蛋可听到破裂声。或者用较强的灯光紧贴蛋壳透射。

3. 清洁度　种蛋表面应无粪便或蛋液污染，粘有粪便或蛋液的种蛋孵化效果较差，而且还会污染其他正常的种蛋。轻度污染的鸡蛋可以经过擦拭和消毒尽快孵化，一般不要水洗，更不能洗后储藏待孵。

4. 形状与大小　应为卵圆形，一头大一头小，重量45～60 g，过大或过小都不好。

5. 新鲜度　种蛋最长不超过15 d，夏季最好不超过7 d。

6. 蛋壳厚度和颜色　种蛋蛋壳要求致密均匀，厚薄适中，蛋壳表面干净光滑。旧院黑鸡蛋壳颜色为浅褐色或青色，蛋壳颜色尽量一致。

7. 内部品质　透视部分种蛋，剔除大血（肉）斑、气室异常蛋；如果出现健雏率低的情况，可测定部分种蛋的浓蛋白及蛋黄高度（图5-12），合格种蛋应该是蛋黄高度较高，蛋黄周围围绕着的浓蛋白也较高。出现水样蛋白或高度较低的情况时，应淘汰这部分种鸡，并有针对性地改进饲料及饲养管理等。

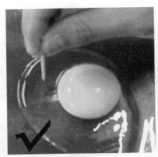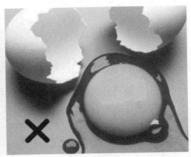

图5-12　蛋白品质（杜晓惠　摄）

（二）种蛋的消毒

种蛋产出后，原则上应尽快收集并进行第一次消毒，比较切实可行的办法是每次捡蛋0.5 h内在鸡舍的消毒柜中消毒，或送到种蛋库消毒，每天集蛋4~6次。入孵时在孵化器内进行第二次消毒后开始孵化，出雏器内再进行第三次消毒。消毒方法常用熏蒸法，用福尔马林30 mL加高锰酸钾15 g/cm^3，清洁度差或外购蛋可分别用42 mL和21 g/cm^3，熏蒸时间为20~30 min。消毒应在密封良好的空间内进行（或可在蛋盘上罩塑料薄膜，以减少用药量），环境温度在24~27 ℃，湿度75%~80%为宜。消毒时，用宽口径、耐腐蚀的盆盛放消毒剂，先加入少量温水，再放入称好的高锰酸钾摇匀，最后倒入量取好的福尔马林，然后迅速关门。注意不要过度消毒，否则在头照时会发现死胎率异常增多现象，胚蛋多死于0~1胚龄；也不能用过期的福尔马林溶液，起不到消毒作用，这个可以通过观察产生的烟雾进行大致判断。福尔马林易挥发，如果产生的烟雾较稀薄，需更换合格的药剂。

甲醛刺激性较强，易残留，且污染空气。近年来，研究表明臭氧消毒技术替代甲醛熏蒸消毒是可行的，具有高效、广谱、无残留的特点，既经济又方便，只需要购置合适的臭氧机，定时开关，注意浓度和开启时间就行。臭氧消毒时间一般控制在20~30 min，臭氧浓度控制在47.04~54.17 mg/cm^{3}比较适宜。

消毒后的种蛋，如果不是马上入孵的话，应放入种蛋库内保存。种蛋库可备紫外灯和臭氧消毒机，消毒时间和剂量与空间和距离有关，还跟设备功率相关，最好先参考产品说明，并根据孵化效果进行调整，平衡好灭菌率和孵化率这两个指标。

（三）种蛋的保存

种蛋库应配置空调，稳定好温度、湿度、通风等条件，防止受潮发霉、受冻和高温对种蛋的影响，同时还要防止鼠害。另外，还要配置具有定时功能的紫外灯和臭氧机，以降低病菌浓度，提高孵化率。一般在离地 2.5 m 高安装紫外灯，大约 10 m² 设一支 30～40 W 的紫外灯，消毒时间为 30 min 左右。使用时，因为不同设备的功率不同，有条件的场可测定灭菌率和孵化率，在开启时间上进行调整，不可贪多而降低孵化率。

1. 保存温度 原则上既不能让胚胎发育（<23.9 ℃，生理零度），又要抑制酶的活性和细菌繁殖，同时不能让它受冻而失去孵化能力。因此，种蛋保存的适温范围为 15～18 ℃，相对恒温。刚产出的种蛋，逐渐降到保存温度。

2. 保存湿度 种蛋保存的相对湿度要求为 75%～80%，既能明显降低蛋内水分蒸发，又可防止霉菌滋生。种蛋库应有缓慢适度的通风，以调节湿度，防止发霉。如果湿度低了，实际生产中常采用放置水盆的办法。

3. 保存时间 在适宜储存条件下，种蛋保存 5 d 之内对孵化率和雏鸡质量无明显影响，超过 7 d 孵化率会明显下降，超过 2 周的种蛋对孵化效果影响较大。

4. 保存方法 保存 1 周左右，蛋托叠放，盖上一层塑料膜；保存较长者，锐端向上，或将种蛋箱一侧轮流用木条垫高；保存更长者，填充氮气。

如果种蛋需要运输，在注意用具卫生消毒、选择适宜包装避免破损的基础上，也应注意维持以上保存条件。

二、孵化条件

种蛋孵化的条件主要包括温度、湿度、通风和转蛋等，应根据胚胎发育严格掌握。在正式开始孵化前，一定要对孵化机进行检修和试机，以确保孵化条件。另外，要根据旧院黑鸡鸡蛋和当地各季的气候特点，调整、摸索出适宜的孵化条件。如旧院黑鸡蛋壳普遍较厚，前期受热较慢，中期散热较难，后期出壳较难。因此，孵化旧院黑鸡蛋时，前期温度可以提高 0.3 ℃左右，中期降温 0.4 ℃，后期湿度提高至 75%。在高温、潮湿、多雨的夏季，在孵化中期降低相对湿度 5% 左右。孵化后期采取适当停机、开机门的晾蛋方法，有助于通风和散热。由于不同孵化机有不同特点，都需要摸索出最佳的孵化条件。

（一）温度

温度是孵化成败的关键条件，只有在适宜的温度条件下，才能获得理想的孵化效果。孵化时温度要平稳过渡，防止忽高忽低，尤其要防止超温烧死胚蛋。因此，可将体温计放入孵化器内监测最高温度，前期不超过 40 ℃，中期不超过 39 ℃，后期不超过 38 ℃，否则应该调低设定温度。将种蛋从种蛋库中移入孵化室，温差大时，需要放置在过渡区 2 h 以上。万源地区多山地丘陵地貌，全年气候温差大，昼夜平均温差大，因此，为了达到最佳的孵化效果，应该将孵化室的环境温度控制在 22～26 ℃。如果出雏的整齐度差，可考虑在正式孵化之前进行 2 h、30 ℃左右的预孵化。

孵化按给温方式可分为恒温孵化和变温孵化两种。

1. 恒温孵化　在环境温度得到控制的情况下，入孵 1～19 d 内温度保持在 37.8 ℃，19～21 d 保持在 37.2 ℃。恒温孵化要求孵化器的控温精度较高，而且孵化室能够保持恒温和良好的通风，如容蛋量多的巷道式孵化器采用的就是恒温孵化。如果室温达不到要求，可以适当调整孵化温度 0.2～0.7 ℃。也有小型养殖场因为种蛋量小而采用恒温孵化，一次装不满孵化机，可每周放入 1/3 容量的种蛋，后入孵的种蛋一般放置在温度较高的孵化位置。这种孵化方式要注意留出彻底消毒孵化机的时间，如每 1～2 个月停孵 3 d 左右，以保证雏鸡质量，否则，孵化效果会越来越差，因为孵化机同时也是各种病菌繁殖的温床。

2. 变温孵化　孵化器的设定温度要逐渐走低，一般在 1～6 d 保持 38～38.5 ℃，7～12 d 保持 37.8～38.3 ℃，13～19 d 保持 37.3～37.8 ℃，19～21 d 保持 36.9～37.5 ℃。在不同季节以及不同环境温度下一定要调整孵化机的设定温度，一般冬季的孵化温度较高，夏季较低。通常环境温度每高或低 2 ℃，设定温度就要减或加 0.1 ℃。一般大型孵化场多采用整批上蛋的变温孵化法，这也是模仿母鸡孵化的方式，因而可以达到较好的孵化效果。

首次使用孵化器时，要通过准确的温度计对孵化器的温度进行校正，而且还要根据季节和胚胎发育状态对孵化温度进行及时调整，相邻阶段温度的调整幅度一般为 0.3～0.5 ℃。一般在孵化满 10 d 和 17 d 后应有 90％以上的胚胎发育到合拢和封门，可通过照蛋来进行抽查并及时调整。

3. 温度变化的影响

（1）温度偏低 孵化温度偏低将延长种蛋的孵化时间，胚胎发育迟缓，气室偏小，胚胎死亡率相应增加，初生雏鸡质量下降。解剖死胚主要特征为全身贫血、胚膜和内壳膜粘连、尿囊充血、心脏肥大、卵黄呈绿色，残留胶状蛋白等。雏鸡表现为：脐带愈合不好，体弱、站不稳，腹部膨大，在蛋壳中常见有残留未被利用的蛋白和胎粪。低温时对胚胎发育的影响为胚龄越小影响越大，持续时间越长影响越大。

（2）温度偏高 孵化温度偏高，在尿囊合拢之前能促进胚胎的生长和发育，但在尿囊合拢之后又会抑制胚胎的生长和发育。当孵化温度超过 42 ℃时，胚胎在 2～3 h 死亡。在持续的过热条件下，幼雏的啄壳和出壳提前开始，有时可提前到第 18 天，但胚胎发育差，出壳不整齐。在孵化后期长时间温度偏高时，将使幼雏收脐未完全就出壳，出雏较早但持续时间延长，破壳后死亡多，解剖可见卵黄囊大而未被吸入腹腔，剩余尚未被利用的黏稠蛋白，色浅黄。温度偏高所孵出的雏鸡一般表现为：体型瘦小，许多雏鸡脐环扩大，卵黄囊收缩不完全（钉脐）的比例增大。

（二）湿度

孵化过程中湿度的作用在于调节种蛋内水分的散失，控制种蛋失重，用以保证胚胎良好发育和正常气体交换（CO_2 的排出和 O_2 的吸入）；孵化机中保持适当的湿度也使空气具有良好的导热性，有利于热量的交换。实践已经证明，胚胎对湿度的适应范围比较广，不像温度那样严格。孵化设备显示湿度是湿度传感器的测量结果，要定期与干湿温度计进行校对，如果不一致，则及时调整到准确。市面上出售的酒精干湿温度计精度较差，最好购买水银干湿温度计。

1. 适宜湿度 孵化湿度一般为"两头高中间低"，孵化前期（1～7 d）以 60％～65％为宜，中期（8～18 d）以 50％～55％为宜，出雏期（19～21 d）以 65％～70％为宜。中间阶段较低的湿度有利于胚蛋散热，出壳阶段较高的湿度有利于雏鸡出壳。

2. 湿度变化的影响

（1）湿度过高　胚胎发育迟缓，胚蛋失重不足。常见现象有胚蛋气室小、尿囊合拢迟缓、雏鸡精神不振、腹部膨胀、绒毛较长、脐部愈合不良。闷死在蛋壳里的幼雏，黏液包裹着幼鸡的喙或从啄壳部位溢出，喙和头部绒毛与蛋壳粘连。解剖常见蛋中仍留有羊水、尿囊液和未被利用的蛋白，卵黄呈绿色，胃、肠充满黏性的液体。

（2）湿度过低　胚胎生长发育稍加快，出壳时间提前，胚胎死亡率偏高。蛋内水分蒸发过快，气室增大，啄壳部位往往靠近禽蛋中部（正常为 1/3 处）。出壳雏鸡体型瘦小，绒毛较短且干燥无光泽、发黄，有时粘壳。剖解死胚可见羊水完全消失，绒毛干燥，卵黄黏滞。此外，由于缺少羊水的润滑作用，雏鸡难于围绕蛋的纵轴翻转，啄壳时会导致尚未萎缩的尿囊血管机械性损伤而出血，常见蛋壳干燥，有出血的痕迹。

（三）通风

通风的目的是提供新鲜、洁净的空气，排出污浊空气、二氧化碳及绒毛等。新鲜空气中含氧量为 21%，二氧化碳含量为 0.04%，这对孵化生产是非常合适的。因此在温湿度都能稳定地控制在设定值附近的前提下，尽量将通风孔设定到较大位置，在孵化到 10 d 后更要重视孵化机通风换气问题。一般第一周开启 1/4~1/3，第二周开启 1/3~1/2，第三周开启 3/4~1。

孵化过程中胚胎发育要依靠通风换气，散发代谢热，尤其孵化后期，胚胎代谢热随胚龄不断增大，如果热量散不出去，机内积温过高，将严重影响胚胎正常发育，以致引起胚胎死亡率加大。例如，入孵 19 d 产生的热量是第 4 天的 230 倍左右。发生通风不良的胚龄越大，死亡率越高。解剖常见胎位异常，啄壳部位多在中腰线或小头，羊水中有血液、内脏充血、尿囊膜血液充盈，皮肤和其他器官充血、出血；雏鸡出壳不集中，不能站立，蛋壳易粘绒毛。

通风换气、温度和湿度三者有密切的关系。通风换气增大时，温度、湿度均降低；通风不良时，机内外空气不流通，湿度增高，当环境温度增高时，易出现超温。因此，在孵化过程中，一定要做好室内和孵化器的通风换气。

（四）转蛋

转蛋是孵化的重要条件之一，定时转蛋可防止粘连，促使胎儿运动和发育，并受热均匀。入孵1～18 d，每2 h转蛋一次，转蛋角度为90°，出雏期不需要转蛋。但对巷道式孵化机来说，为保证种蛋受热均匀，15 d前大多采用每小时转蛋1次；15 d后一定不要转蛋，而将蛋盘平放，有利于气流循环和热量交换。

孵化前中期转蛋次数不足或不转蛋对胚胎发育影响极大，蛋黄粘于壳膜上，合拢时尿囊不能包围蛋白，到后期影响蛋白的吸收，孵化率下降，产生更多的缺陷鸡，如跛脚、蛋白吸收不良等。早期的死亡增多。如后期转蛋过多，会增加胚蛋的死亡。所以在使用中设置好转蛋间隔时间和角度，并进行观察记录，没有把握时应尝试手动转蛋，以防止转蛋装置失灵而影响孵化效果。

三、人工孵化的管理

现代孵化器的自动化、智能化水平都比较高，人的管理工作重点是检查并记录孵化器的温度运转情况，适时照检、适时调整孵化条件和适时出雏，并做好孵化记录和管理工作。

（一）孵化记录

定时巡查，做好孵化记录，以保证孵化器运转正常。一般需要根据实际情况设计孵化记录表（表5-2），并定时记录孵化条件，据此监测和反馈孵化效果，对出现的问题进行及时调整。

表5-2 孵化管理记录表

胚龄	时间	温度		湿度		通风	转蛋	备注（照蛋）
		设定	实际	设定	实际			
孵化机号：		入孵时间：		入孵量：		蛋源：		记录人：

（二）照蛋

整个孵化期，先后要通过2～3次照蛋观察确定胚胎的发育情况，以便及时剔除无精蛋、死精蛋或死胚，并登记孵化成绩统计表（见本节孵化效果分析），及时调整孵化温度，确保胚胎发育正常。

1. 头照　旧院黑鸡种蛋为褐壳或青壳，而且蛋壳较厚，第一次照蛋宜在孵化进入第 6～7 天时进行。各种蛋相见图 5-13。正常胚蛋占 70% 时，表明孵化温度合适，否则应该进行 0.2～0.4 ℃微调，即弱胚蛋比例偏多则加温，反之则降温。

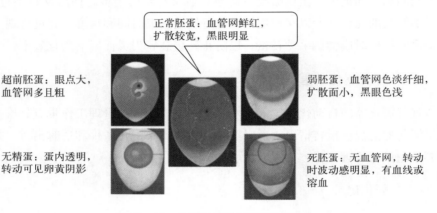

超前胚蛋：眼点大，血管网多且粗

正常胚蛋：血管网鲜红，扩散较宽，黑眼明显

弱胚蛋：血管网色淡纤细，扩散面小，黑眼色浅

无精蛋：蛋内透明，转动可见卵黄阴影

死胚蛋：无血管网，转动时波动感明显，有血线或溶血

图 5-13　头照时各种胚蛋透视形态

2. 抽验　在孵化的第 11 天进行，仅抽查部分种蛋，正常胚蛋应占 70%，否则就要微调孵化温度。发育正常的胚胎，尿囊在蛋的尖端合拢，包围蛋内蛋白，除气室外可见整个蛋布满血管；弱胚蛋的尿囊未合拢，锐端淡白；死胎蛋的胚胎与蛋黄分离，小头发亮（图 5-14）。

3. 二照　在孵化的第 18～19 天进行，然后将种蛋转入出雏框内。发育正常的胚蛋，胚蛋占满除气室外的全部空间，气室边缘弯曲，可见粗大血管，有时

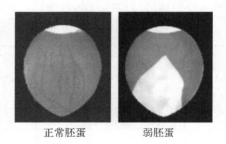

正常胚蛋　　　弱胚蛋

图 5-14　抽验时各种胚蛋透视形态

可见胚胎在蛋内闪动，俗称"斜口"或"闪毛"。而弱胚的气室较小，边缘平齐；中死胚的气室周围无血管，晃动时水样波动明显，或锐端色淡（图 5-15）。

（三）落盘与出雏

1. 落盘管理　从孵化器转入出雏器时，要注意环境温度一定不能太低

弱胚　　　　　　　正常胚　　　　　　中死胚

图 5-15　二照各种胚蛋透视形态

（25 ℃左右较好），并注意及时清除臭蛋、死精蛋，而且落盘动作要轻、稳、快，绝不允许碰破胚蛋，胚蛋转入出雏盘后要将其均匀开来，并要平稳放入出雏车中，保证推入出雏机后胚蛋不会挤到一起，否则引起散热不均而造成出雏时间参差不齐。在孵化过程中胚蛋所处的温度环境总是有些差别，因此在落盘时最好将种蛋与在孵化机中所处的位置变换一下，以促进胚胎均匀发育。

2. 出雏消毒　胚蛋转入出雏机后，用 14 mL 福尔马林加 7 g/cm³ 高锰酸钾熏蒸消毒 3 min，能达到较好的效果。用这种消毒办法能有效地杀死机内存在的细菌，预防脐炎的发生，且不会对雏鸡的呼吸道造成刺激。

3. 啄壳检查　胚蛋的啄壳高峰是 19.5 d 左右，出壳高峰是 20 d 左右。若无明显的出雏高峰期，可能与机内温差大、种蛋贮存时间明显不一或种蛋源于不同鸡龄的种鸡等有关。若高峰提前或推迟，预示着用温可能偏高或偏低。啄口位置应在蛋的中线与钝端之间，啄口呈梅花状清洁小裂缝。若在小头啄壳，说明胎位不正；若啄壳的位置在钝端很高的地方，说明雏鸡通过小的气室来啄壳，可能湿度偏大；若啄口有血液流出，可能用温不当。

4. 捡雏与助产　由于旧院黑鸡未经过系统选育，出壳整齐度较差，因此一般可分 2～3 批拣出空蛋壳和绒毛已干的雏鸡，不可经常打开机门。有出壳困难的雏鸡可进行助产，帮其剥离部分蛋壳，切不可剥出血。如果气候干燥，孵化室地面应经常洒水。

5. 雏鸡分级　一般观察雏鸡活力及结实程度、体重大小、卵黄吸收情况、绒毛色泽、长短及整齐度，喙、脚、跗部的表现，按照"一看、二听、三摸"的方法，参考表 5-3 和图 5-16，分辨健雏和残次雏。孵化正常时，健雏率应该达到 90% 以上；孵化满 21 d 时，仍未出壳者均为残次雏，应停孵扫盘。大群饲养一般不养残次雏，小规模饲养者也可将弱雏单独精心饲养。另外，还可

根据旧院黑鸡的市场需求和选育目标对肤色、羽色、胫和喙的色泽等进行鉴别分级。

表5-3　雏鸡分级依据

项目	健雏	残次雏
站姿	活泼好动、两脚稳定站立	无活力、站立不稳
绒毛	绒毛蓬松、有光泽	羽毛粘连、粘壳，无光泽
脐部	脐孔愈合良好，体重适中	脐孔愈合不良、潮湿、粘污，腹大
体温	手感温暖，挣扎有力	手感较凉，绵软无力
叫声	叫声洪亮	叫声微弱或尖叫
畸形	无	有

图5-16　初生雏鸡形态（杜晓惠　胡渠　摄）

6. 戴翅号　如果需要留种，每只母鸡的与配公鸡是有计划和记载的，而且同一母鸡所产的种蛋需标上同一号码，并装入同一孵化袋或孵化格，以跟其他母鸡所产的雏鸡区分开。接雏时，逐一对合格雏鸡佩戴翅号，并登记好翅号和蛋号对照表，由此可知其血缘，将来留种时可以避免近亲交配。

7. 注射马立克氏病疫苗　出壳后第一天需接种马立克氏病疫苗，并根据实际情况进行其他免疫。

（四）清洗消毒

出雏完毕，首先拣出死胎和残雏、死雏，并分类登记健雏、弱雏、残死雏、死胎数等。然后对出雏器、出雏室、雏鸡处置室和洗涤室进行彻底的清洗消毒（详见第七章）。

（五）停电管理

在孵化过程中如果遇到电源中断或孵化器出故障，要酌情采取相应措施：

①停电后首先拉电闸，并启用备用发电机；②孵化前期要注意保暖，室温应不低于 25 ℃；③孵化中后期，每隔 15～20 min 转蛋一次，每隔 2～3 h 把机门打开半扇，拨动风扇 2～3 min，驱散机内积热，以免烧死胚胎；④孵化后期要注意散热，如机内有 17 d 以上的鸡蛋，因胚胎发热量大，应提早落盘。

（六）孵化效果的分析

1. 孵化成绩统计　孵化成绩可以直观地反映种蛋的受精和孵化情况，应设计专门的统计表（表 5 - 4）。技术人员可据此对人工授精及孵化技术进行合理的反馈调整，同时，还可以间接地反映种鸡的生产状况。一般常用的统计指标如下：

受精率＝（受精蛋数/入孵蛋数）×100%，一般＞95%，高可达 98% 以上；

入孵蛋活胚率＝（照蛋后的活胚蛋数/入孵蛋数）×100%，一般在 91% 以上；

死胚率＝（头照死胚数/受精蛋数）×100%，正常应＜2.5%；

入孵蛋孵化率＝（出雏数/入孵蛋数）×100%，一般＞87%；

入孵蛋健雏率＝（健雏数/入孵蛋数）×100%，一般＞85%；

受精蛋孵化率＝（出雏数/受精蛋数）×100%，一般＞90%；

活胚蛋健雏率＝（健雏数/活胚蛋数）×100%，一般在 95% 以上；

健雏率＝（健雏数/出雏数）×100%，高＞98%；

死胎率＝（死胎蛋数/受精蛋数）×100%，主要反映中后期孵化效果。

健雏：精神良好，无明显肚脐愈合不良、无盲眼、无跛脚、无畸形残次、重量大于或等于该品种最低重量标准的健康鸡苗。

死胎蛋：扫盘时未出壳的胚蛋。

表 5 - 4　孵化成绩统计表

填表人：

时间	蛋源	入孵蛋数（个）	无精蛋数（个）	死精蛋数（个）	死胎蛋数（个）	弱雏率（%）	受精率（%）	受精蛋孵化率（%）	健雏率（%）	死胎率（%）

2. 胚胎死亡原因的分析　胚胎死亡在整个孵化期不是平均分布的，而是存在着两个死亡高峰。第一个高峰在孵化前期，鸡胚在孵化第3~5天；第二个高峰出现在孵化后期（第18天后）。第一高峰死胚率约占全部死胚数的15%，第二高峰约占50%。对高孵化率鸡群来讲，鸡胚多死于第二高峰，而低孵化率鸡群第一、第二高峰期的死亡率大致相似。

第一个死亡高峰正是胚胎生长迅速、形态变化显著时期，各种胎膜相继形成而作用尚未完善。胚胎对外界环境的变化是很敏感的，稍有不适，胚胎发育便受阻，以至夭折。种蛋贮存不当、甲醛熏蒸过量、营养素（如维生素A）缺乏等都会增加第一期死亡率。第二个死亡高峰正处于胚胎从尿囊绒毛膜呼吸过渡到肺呼吸时期。胚胎生理变化剧烈，需氧量剧增，其自温产热猛增。传染性胚胎病、孵化条件不适（通风换气差、散热不好）、小头向上放置等都会增加死亡率。

3. 孵化效果不良的原因分析　由于造成孵化率低的因素很多，为了能够及时找到造成这种现象的原因，以便采取措施，使孵化率迅速恢复到正常的水平，必须从孵化效果分析出具体的原因，然后结合孵化记录和种鸡的健康及产蛋情况，采取有效措施。表5-5给出了孵化过程中常见的不良现象和原因，结合有关记录和检验可以分析出具体原因，从而有助于改进种鸡营养、饲养管理、种蛋管理及孵化条件。比如，生产中常发现散养鸡的受精蛋弱胚率高达10%~15%（比笼养高5%~10%），可能与营养不良、种鸡培养与选育不当、种蛋保持条件欠佳、放置时间太长、未进行疾病净化等有关。因此，应尽量提高种鸡生产的集中度，加强专业学习，从而提高生产水平。

表5-5　孵化效果不良的原因

不良现象	可能原因
蛋爆裂	细菌污染，蛋或孵化器脏
头照蛋内清亮	未受精；消毒过度或贮存过久，胚胎入孵前死亡
头照死胎	种蛋贮存时间长；运输时剧烈震荡；孵化温度过高或过低；种鸡染病
抽验血环蛋多	种鸡染病；日粮不当；温度不适；通风不良；转蛋异常
气室过小	蛋大；孵化湿度过高
气室过大	蛋小；孵化湿度过低

（续）

不良现象	可能原因
提前出壳	蛋小；多个品质；温度偏高或湿度偏低；温度计不准
延迟出壳	蛋大；贮存时间长；室温多变；温度偏低或湿度偏高；温度计不准
胚胎异位	种鸡日粮不当；小头向上；转蛋异常
喙进气室后死亡	种鸡日粮不当；孵化器内通风不良；出壳期间温度过高或湿度过高
啄壳后死亡	种鸡日粮不当；种鸡染病；小头向上孵化；转蛋故障；出壳期通风不良、温度过高或湿度过低
蛋白粘连雏毛	出壳期温度过高或湿度过低；种蛋贮存时间长
雏鸡绵软	孵化器内不卫生；温度过低；湿度过高；通风不良
雏鸡脱水	雏鸡在出雏期内停留太久；种蛋入孵过早
脐部愈合不良	种鸡日粮不当；出雏期温度过低或通风不良
脐部发炎、潮湿	孵化器内不卫生
雏鸡腿脚异常	种鸡日粮不当；温度不当；出雏盘太光滑
绒毛过短	种鸡日粮不当；前 10 d 孵化温度过高
双眼闭合	出雏期间温度过高，湿度过低，绒毛飞扬；绒毛收集器功能失调
前期死亡	种蛋的营养水平及健康状况不良；种蛋贮存时间过长，保存温度过高或过低或受冻；种蛋运输时受剧烈振动；种蛋受污染；翻蛋不足
中期死亡	种鸡日粮不当；种鸡染病；污蛋未消毒；孵化温度过高；通风不良
后期死亡	种鸡日粮不当；蛋贮放太久；细菌污染；小头朝上孵化；翻蛋次数不够；温度、湿度不当；通风不足；转蛋时种蛋受寒；细菌污染

资料来源：杨宁《家禽生产学》。

（杜晓惠、胡渠、陈建）

第六章
旧院黑鸡营养与常用饲料

第一节　旧院黑鸡营养需要

营养需要对动物生长发育等各种生理活动具有至关重要的作用，主要包括能量、蛋白质、氨基酸、维生素、矿物质和水等营养素。碳水化合物是供给鸡数量最大的能量物质，经氧化后起供能作用。脂肪是功能能量和体内贮存能量的最好形式，也是体内组织和产品的重要成分。蛋白质是一切生命活动的物质基础，机体的羽毛、肌肉、皮肤、蛋等构成都是以蛋白质为基础的。组成生命活动所必需的各种酶、抗体、激素、色素等也是由蛋白质合成的。蛋白质还是细胞核的主要成分。水分是鸡各个组织器官的重要组成成分，是生理活动的重要基础，它对营养物质消化、吸收、代谢、运输、排泄及血液循环和体温调节均起着重要作用。矿物质是鸡构成骨骼的重要成分，肌肉、羽毛、维生素、酶、激素的组成也离不开矿物质。矿物质还参与机体新陈代谢、渗透压调节、维持酸碱平衡、分泌消化液、调节神经系统等生命活动。维生素既不是能量来源，也不是构成机体组织的结构成分，但对鸡生长发育起着很大的作用，因为鸡体内不能合成维生素，必须从饲料中摄取。鸡对能量和蛋白质等各种营养素的需要量受生长阶段、性别、遗传、环境和饲养管理等因素影响。旧院黑鸡育雏期骨骼肌肉生长迅速，但消化道容积小，消化液分泌不足，饲料利用率不高，满足不了生长发育的需要，容易产生营养缺乏症。因此，需要满足能量、蛋白质需求且易消化吸收及各种维生素和微量元素营养全面的饲料，才能满足鸡的生长发育和生产需要，达到较好的饲养效果。

一、营养需要特点

旧院黑鸡属于我国优良的肉蛋兼用型品种，具有抗逆性强、繁殖性能好、肉质优良的优点，但早期生长慢、育肥效果差。旧院黑鸡饲养周期在 120 d 以上，并且后期多以放养或者半放养为主，饲养期一般分为 3 个阶段，即育雏期（0～6 周龄）、育成期（7～13 周龄）和育肥期（14 周龄至上市），根据鸡只生长和市场需求情况，可提前上市，缩短育肥期。

（一）能量水平不宜太高

由于旧院黑鸡的生长速度较慢，传统的养殖方式一般采用放养，放养地点在荒山、果林、农田等地方，鸡只可以采食大量的昆虫、野草等天然饲料资源，从中获得自身生长所需要的营养物质，尤其是能量饲料。因此，其对能量的需要量相对较低，补饲日粮中能量水平可适当调低。

（二）注意氨基酸平衡

放养条件下，鸡只一般多采食品质较差的植物性蛋白质饲料，蛋白质供给则相对缺乏；另外，这些饲料缺乏限制性氨基酸，如蛋氨酸、赖氨酸等，因此补饲要重点解决蛋白质营养不足和氨基酸不平衡的问题。补饲时，可根据饲养标准的推荐量，适当提高蛋白质的水平 2％～3％；选择蛋白质饲料时，可选择氨基酸齐全、富含限制性氨基酸的动物性蛋白质饲料，或者添加一些单体氨基酸添加剂来补充，使饲粮中氨基酸含量满足肉鸡需要。

（三）适当补充其他营养物质

放养的旧院黑鸡经常采食粗纤维较高的饲粮，因此其对粗纤维的消化能力较好，随着日龄的增大，旧院黑鸡对粗纤维的消化能力增强。因此，饲粮的粗纤维水平可提高到 3％～5％。旧院黑鸡放养时可以从土壤、青绿植物等环境中摄入一定量的矿物质元素与维生素，故饲粮中可以适当少添加。

二、能量需要

鸡的一切生理活动都离不开能量，如运动、消化、吸收、代谢、排泄、繁殖、体温维持等。在旧院黑鸡饲粮中，碳水化合物与脂肪是主要能量来源。蛋白质也可分解产生热能，但其供能转化效率低，给机体带来氮代谢的负担，同时降低蛋白质和氨基酸的利用效率。碳水化合物包括淀粉、糖类和纤维；淀粉来源广泛，价格相对便宜，因此，在饲料配制中可把淀粉作为能量的主要来源。

在长期放养和半放养的养殖模式下，旧院黑鸡来源于粗纤维的能量也较快大型肉鸡和杂交仿土鸡多，通过自由觅食和运动，可从中获取自身生长所需的能量物质，因此，旧院黑鸡在育成期放养阶段补饲饲粮中能量水平可适当降低。但从旧院黑鸡的整个饲养周期来看，育雏期的能量需要较低，育成期和育肥期需要较高，放养期间很大部分能量用于维持鸡的运动需要，也保持了鸡的肉质风味。

三、蛋白质和氨基酸需要

蛋白质是一切生命的物质基础，其由氨基酸组成。肉鸡的肌肉、内脏组织、羽毛、神经组织、消化酶等均以蛋白质为主要原料合成。确定蛋白质的需要量时，首先应确定饲粮的代谢能水平。鸡具有为能而食的特点，采食满足鸡的能量需要后，就不再采食饲粮。因此，鸡的蛋白能量比是饲粮配制的重要指标。当饲粮能量满足鸡需要，但蛋白质不足时，机体的能量消耗增加；相反，当饲粮能量不足而蛋白质过剩时，机体则分解蛋白质供能，从而降低了蛋白质的利用效率，增加机体基础代谢率，增加了饲料成本，也造成了饲料蛋白质的浪费。与快大型肉鸡和杂交仿土鸡相比，旧院黑鸡的生长缓慢，个体较小，其对蛋白质和氨基酸的需要也相对较低。

放养和半放养条件下，虽然可以使鸡获得自身生长所需的能量，但蛋白质营养则相对缺乏，因此补饲应重点解决蛋白质营养不足的问题。不能按照一般的饲养标准或蛋白质推荐量来配制补饲日粮，为了获得最佳生长，一般要比蛋白质推荐值稍高 2%～3%。

不同种类的饲料，其各种氨基酸的含量也不相同，动物性蛋白质饲料的氨基酸齐全，富含限制性氨基酸。开放散养条件下，主要采食植物性蛋白质饲料，这种饲料缺乏限制性氨基酸，因此在配制补饲日粮时应常用植物性蛋白和动物性蛋白搭配使用，并在条件允许的情况下使饲料种类尽可能多样化，使日粮原料中必需氨基酸之间取长补短，互相补充，达到平衡。同时，也要注意以添加剂的形式添加限制性氨基酸，这样才能充分提高氨基酸利用率和饲料营养价值。

四、矿物质需要

矿物质是鸡不可缺少的一类营养物质，按需求量的大小又分为常量元素（钙、磷、钠、氯、镁等）和微量元素（锰、锌、铜、碘、硒、钴等）。

（一）钙和磷

钙和磷是鸡需求量最多的矿物质。钙是构成骨骼和蛋壳的主要成分。肉鸡缺钙会引起骨骼发育不良，表现佝偻病、骨质松软易折断；产蛋鸡缺钙时出现软壳蛋和无壳蛋，蛋壳薄、易破碎；钙的另一功能为维持神经和肌肉的正常功能。不同年龄和生产阶段对钙的需求量不同，尤其产蛋期饲料中钙含量要求达到 3.5% 才能维持正常的蛋壳品质。

磷是骨骼的主要组成成分，同时还存在于血液和某些脏器中，参与机体的新陈代谢。磷缺乏时，表现为食欲减退、生长变慢、骨质变脆、关节硬化、伏卧不起。植物性饲料中的磷大多以植酸磷的形式存在，不易被鸡特别是雏鸡利用。动物性饲料（鱼粉、骨粉等）和磷酸氢钙中的磷，很容易被鸡体吸收利用，因此配合肉鸡饲粮时，一定要加入骨粉、磷酸氢钙等原料。在配合饲料时，不仅要保证钙、磷的需要量，还要注意二者的比例。一般生长期的钙磷比例以（1.5∶1）～（2∶1）为宜，产蛋期钙磷比例为（4∶1）～（5∶1）。

（二）钠和氯

钠和氯的主要功能为维持体内的渗透压和酸碱平衡。氯具有咸味，可以调节食欲。一般植物性饲料中缺乏钠和氯，添加氯化钠即可解决。饲粮中食盐的添加量为 0.2%～0.4%，长期高盐饲料（超过 2%）会引起中毒。但在饮水中加入 1%～2% 食盐，连用 1～2 d，可以防治鸡的啄癖症。饲料中食盐不足常导致消化不良，食欲下降。

（三）其他常量矿物质元素

钾在机体内以离子形式存在，与钠离子、氯离子共同维持组织渗透压，且保持细胞有一定的容积，它组成缓冲液酸碱平衡并参与糖代谢。钾在植物性饲料中的含量较多，肉鸡一般不会发生钾缺乏症。饲料中要求镁的含量为 400～

600 mg/kg，因为在饼粕、谷物和麸皮等植物性饲料中，均含有丰富的镁，故饲料中一般不会缺镁，也不必补加。

（四）微量元素

鸡对微量元素的需求量很少，但饲料中如果缺乏微量元素会导致严重的不良后果。饲粮中需要添加的微量元素有铁、铜、锰、锌、硒、碘等。微量元素因需要量很少，一般以添加剂的形式加入饲料中，市场上销售的鸡用微量元素添加剂（0.5%和1%）可用于饲料中。

日粮中磷过量影响铁的吸收，铁对棉籽饼中所含的毒素棉酚具有一定的脱毒作用，饲料中如果添加棉籽粕，则应按日粮中游离棉酚重量加入一定量的可溶性铁，铁离子与游离棉酚结合生成沉淀物，不被肠吸收，从而降低其毒性。

锰是鸡体内一些酶的组成部分，主要存在于肝脏和血液中，对促进鸡体内的钙磷代谢、骨骼的形成起积极作用。鸡缺锰时，雏鸡骨骼发育不正常，患滑腱症，表现为跛行、生长受阻、体重下降。日粮中钙和磷过高时，会使锰的吸收率下降，锰和铁在鸡体内有颉颃作用。

锌参与鸡体内的一系列生理过程，是多种金属酶类、激素和胰岛素的组成部分，参与碳水化合物的代谢。鸡缺锌时，生长不良，增重减慢，食欲不佳，角化不全；严重缺乏时，饲料利用率下降。

日粮中铜不足会影响铁的吸收，影响钙磷的正常代谢，鸡表现为贫血、四肢软弱无力、跛行、生长缓慢；铜的含量超过 350 mg/kg 会发生中毒。

鸡对硒的需要量极微，但日粮中不可缺少硒。硒是谷胱甘肽过氧化酶的组成部分，而且影响维生素 E 的利用。鸡缺硒时，产生胰纤维化、肌肉萎缩，出现渗出性素质病，心肌损伤，心包积水，雏鸡胸部皮下积水；硒过量雏鸡生长受阻，羽毛蓬松，神经过敏。

五、维生素需要

维生素是一类重要的有机化合物。鸡对维生素的需求量甚微，但维生素对维持鸡正常的生理功能是必不可少的。维生素是体内多种酶的组成成分，主要功能为调节体内的代谢过程。维生素的种类很多，可以分为脂溶性维生素和水溶性维生素两大类。脂溶性维生素包括维生素 A、维生素 D、维生素 E 和维生素 K，它们可以在体内贮存，摄入量大时会引起中毒。水溶性维生素在体内存留时间短，一般不易引起中毒，主要有 B 族维生素和维生素 C。B 族维生素有维生素 B_1、维生素 B_2、维生素 B_3、胆碱、烟酸、维生素 B_6、生物素、叶酸和维生素 B_{12} 等。青绿饲料中维生素含量丰富，因此散养和半放养的肉鸡很少出现维生素缺乏，而集约化笼养或地面平养的鸡饲料中需要添加维生素制剂。

鸡在缺乏维生素 A 时，可导致多种代谢紊乱，表现许多缺乏症：雏鸡生长缓慢，骨骼发育不足，羽毛松乱，眼睛有干酪样渗出物。维生素 A 只存在于动物体内，但植物体内含有维生素 A 原（如胡萝卜素），鸡的小肠和肝脏可以将维生素 A 原转化为维生素 A。维生素 D 与钙磷吸收、代谢有关，可调整钙、磷的吸收比例，能促使钙、磷在体内的沉积，提高钙、磷的利用率，促使骨骼的正常发育；缺乏时，导致机体代谢紊乱、骨松症和软骨病等。维生素 E 又叫生育酚，它与繁殖关系很大，能改善氧的利用，从而促使组织细胞呼吸过程恢复正常。其缺乏时，会出现肌肉营养不良、心肌衰弱和麻痹。雏鸡缺乏时其症状似硒缺乏症，发生渗出性素质病。维生素 K 具有凝血作用，它在肝脏中的凝血酶原转化为凝血酶时可起催化作用。

维生素 B_1 缺乏时，丙酮酸不能进入三羧酸循环中氧化，积聚在心肌组织、胸、血液中，引起多发性神经炎。维生素 B_1 在糠麸类、谷物类饲料中含量丰富。缺乏维生素 B_2 时，机体物质代谢紊乱，雏鸡生长缓慢，呈现趾弯曲、麻痹性瘫痪以及腹泻。缺乏维生素 B_3 时，发生皮炎，生产停滞，肾上腺、神经系统受到破坏，羽毛松乱。维生素 B_3 在谷实、米糠、麸皮、花生粕、酵母、肝粉中含量丰富，块茎中含量少。胆碱缺乏时，蛋氨酸的需要量增加，引起脂肪代谢障碍，大量的脂肪沉积在肝脏会发生脂肪肝病。胆碱与锰同时缺乏时，雏鸡长骨迟缓，易发生骨短粗症。酵母、鱼粉和大豆饼粕中胆碱含量丰富。

六、推荐营养需要量

旧院黑鸡不同阶段营养需要推荐量见表 6-1。随着周龄的增加，采食量越大，营养物质的需要量占饲料中的比例就越低。如维生素在饲料中的含量以 0～6 周龄为 100%，7～13 周龄则为 60%，14 周龄以上为 40%；微量元素需要量以 0～6 周龄为 100%，7～13 周龄为 70%，14 周龄以上仅需 60%。

表 6-1　旧院黑鸡不同阶段推荐营养需要量

项　　目	0～6 周龄	7～13 周龄	14 周龄以上
代谢能（MJ/kg）	11.72～12.13	12.13～12.34	12.35～12.55
粗蛋白质（%）	19～21	17.5～18	15～16
赖氨酸（%）	1～1.07	0.85～0.95	0.8～0.9
钙（%）	0.95	0.85	0.75
有效磷（%）	0.44	0.36	0.30
钠（%）	0.21	0.19	0.18
蛋氨酸（%）	0.38	0.33	0.28
蛋氨酸＋胱氨酸（%）	0.76	0.68	0.64
赖氨酸（%）	1.02	0.95	0.9
苏氨酸（%）	0.56	0.47	0.39
色氨酸（%）	0.18	0.16	0.11
精氨酸（%）	1.08	0.94	0.85
缬氨酸（%）	0.6	0.49	0.42
亮氨酸（%）	0.85	0.75	0.67
异亮氨酸（%）	0.56	0.47	0.35
组氨酸（%）	0.26	0.24	0.18
苯丙氨酸（%）	0.61	0.52	0.39
维生素（每千克饲粮中含量）　维生素 A（IU）	8 000	4 800	3 200
维生素 D_3（IU）	3 500	2 100	1 400
维生素 E（IU）	50	30	20
维生素 K（IU）	3	2	1
硫胺素（mg）	4	3	2
核黄素（mg）	5	3	2
维生素 B_6（mg）	4	2	2
泛酸（mg）	14	8	6
叶酸（mg）	1	0.6	0.5
生物素（mg）	100	60	40
烟酸（mg）	40	24	16
胆碱（mg）	400	240	160
维生素 B_{12}（mg）	12	7	5

（续）

项　目		0~6 周龄	7~13 周龄	14 周龄以上
微量元素（每千克饲粮中含量）	锰（mg）	70	50	42
	铁（mg）	80	56	48
	铜（mg）	8	6	5
	锌（mg）	70	5	4
	碘（mg）	0.5	4	3
	硒（mg）	0.3	2	2

第二节　旧院黑鸡常用饲料

鸡常用的饲料原料按其营养特性，一般分为粗饲料、青绿饲料、能量饲料、蛋白质饲料、矿物质、维生素和饲料添加剂。

一、能量饲料

主要包括谷实类、糠麸类、块根（茎）类和油脂类。

（一）谷实类饲料

谷物类（谷实类）饲料主要指禾本科作物的籽实。谷物类饲料富含无氮浸出物，一般都在 70％以上。粗纤维含量少，多在 5％以下，仅带颖壳的大麦、燕麦、粟和水稻可达 10％左右。粗蛋白质含量一般不超过 10％，但小麦、大麦等甚至超过 12％。谷物类饲料蛋白质品质差，其赖氨酸、蛋氨酸、色氨酸等含量较少；所含灰分中，钙少磷多，但磷多以植酸磷的形式存在，对单胃动物的有效性差。谷物类饲料中维生素 E、维生素 B_1 含量丰富，但维生素 C、维生素 D 缺乏。谷物的适口性好，消化率高，因而有效能值也高。由于上述的营养特点，谷物类饲料是动物最主要的能量饲料。目前，谷物类饲料主要包括玉米、高粱、大麦、小麦和稻谷等。

1. 玉米　为禾本科玉米属一年生草本植物。玉米的能量含量在谷物类籽实中居首位，在鸡饲料中用量占一半左右，其用量超过了其他任何能量饲料，因此玉米被称为"饲料之王"。

玉米总能利用率高，表观代谢能可达 13.56 MJ/kg，高于其他谷实类饲料。玉米的蛋白质含量低，而且蛋白质含量变异大，含蛋白质 7.2%～9.3%，平均 8.6%左右。由于玉米在鸡饲料中所占比例大，玉米中蛋白质含量高低直接影响到饲粮的蛋白质水平。玉米蛋白质品质较差，赖氨酸、色氨酸和蛋氨酸含量较低，赖氨酸平均含量为 0.25%，色氨酸为 0.07%，蛋氨酸 0.15%。鸡对玉米蛋白质消化率极高，接近 80%，各种必需氨基酸利用率也为 85%～90%。因此，配制饲粮时，用饼粕、鱼粉或合成氨基酸适当加以调配，即可满足鸡蛋白质和氨基酸的需要。玉米矿物质元素普遍缺乏，钙含量仅为 0.02%左右，磷的含量虽高，但利用率很低。铁、铜、锰、锌、硒等微量元素也不能满足鸡营养需要，且受栽培土壤微量元素含量影响存在较大差异。黄玉米含有胡萝卜素和叶黄素，有利于鸡爪、皮肤着色。维生素 E 含量较高，除维生素 B_1 丰富外，其他 B 族维生素含量低，玉米中不含维生素 D 和维生素 B_{12}，因此，在配制饲粮中还需要注意钙、磷、食盐、微量元素和维生素的补充和平衡。玉米中脂肪含量高于其他谷物类饲料，脂肪中不饱和脂肪酸含量很高，亚油酸含量接近 2%，可基本满足鸡对亚油酸的需要。使用玉米时应注意：玉米籽实含有较多不饱和脂肪酸，粉碎后易于酸败变质，不宜长期保存。另外，新收储的玉米含水量很高，如果不能及时晾干或烘干，容易发霉变质。特别是被黄曲霉菌污染后产生的黄曲霉毒素对鸡具有极强的毒性作用，霉变玉米的营养价值迅速降低，污染不严重的玉米可以通过添加霉菌毒素吸附剂来缓解。

2. 小麦　有效能值略低于玉米，这与其脂肪含量较低和纤维含量高有关。小麦中含蛋白质为 11%～16%，平均 14%左右，在谷物籽实类饲料中仅次于大麦，氨基酸组成优于其他谷实类饲料。虽然赖氨酸、蛋氨酸、苏氨酸、色氨酸等均高于玉米，但必需氨基酸含量仍不能满足鸡营养需要。鸡对小麦的利用率较低，其代谢能约为玉米的 90%。小麦矿物质组成也是钙少磷多，矿物质元素中钙、磷、铜、铁、锰、锌等的含量均高于玉米。小麦 B 族维生素和维生素 E 含量较多，但维生素 A、维生素 D、维生素 C、维生素 K 含量都很少。生物素的利用率比玉米、高粱均低。

小麦的非淀粉性多糖的含量很高，平均值为 16.9%，含有大量的阿拉伯木聚糖，此外还有少量的葡聚糖，其黏性取决于阿拉伯糖基的含量。由于非淀粉性多糖的含量高，使小麦的消化率降低，添加适量的外源木聚糖酶能提高小麦和小麦副产品型饲粮的表观代谢能 2%～5%，显著提高蛋白质等营养物质利用率。使用小麦时应注意：小麦对鸡的饲用价值约为玉米的 90%，若用小麦和玉米作鸡的能量饲料时，在饲粮中二者的比例为 1:2。由于小麦不含有胡萝卜素，作为唯一谷物饲料时，会导致鸡的皮肤、脚胫变白，需要补充色素或与玉米蛋白粉、苜蓿草粉等原料配合饲用，用小麦替代饲粮中的玉米时还需充分考虑到氨基酸平衡、饲料的黏性等。小麦作为鸡的饲料时，不宜粉碎过细。

3. 高粱 有效能值相当于玉米的 90%～95%，其无氮浸出物含量高，也是畜禽的主要能量来源，高粱的淀粉含量与玉米相当，但高粱淀粉颗粒受蛋白质覆盖程度高，故淀粉的消化率低于玉米。高粱籽实中蛋白质一般含量为 9%～11%，其中含有赖氨酸 0.28%、蛋氨酸 0.11%、色氨酸 0.10%；高粱籽实中亮氨酸和缬氨酸的含量略高于玉米，而精氨酸的含量又略低于玉米，其他各种氨基酸的含量与玉米大致相等。高粱蛋白质略高于玉米，同样品质不佳，缺乏赖氨酸和色氨酸，蛋白质消化率低，原因是高粱醇溶蛋白质的分子间交联较多，而且蛋白质与淀粉间存在很强的结合键，致使酶难以进入分解。高粱脂肪含量 3%，略低于玉米；矿物质中钙、磷含量与玉米相当，40%～70%的磷为植酸磷。维生素 B_1、维生素 B_6 含量与玉米相同，泛酸、烟酸、生物素含量多于玉米，但烟酸和生物素的利用率低。高粱应用时应注意：高粱中单宁的含量影响高粱在肉鸡饲粮中的用量，最好测定单宁含量后再确定用量。脱壳处理可明显降低单宁的含量，在高单宁饲粮中添加 0.15% 蛋氨酸也能有效地克服单宁对鸡的不良作用。

4. 稻谷 为禾本科稻属一年生草本植物。稻谷蛋白质含量约为 8%，赖氨酸、蛋氨酸、胱氨酸、色氨酸含量略高于玉米，而其氨基酸消化率低于玉米。不脱壳的稻谷粗灰分含量约为 5.10%，粗纤维为 7.8%；高纤维和低能量是限制稻谷在饲粮中用量的主要因素，用量大时不仅影响鸡的消化率和适口性，而且降低了饲粮的能量浓度，不宜直接用稻谷作为鸡的饲料，因此一般都脱壳后饲用。稻谷脱壳后，大部分果皮、种皮仍残留在米粒上，称为糙米。其营养价值比稻谷高，是一种良好的能量饲料。糙米中无氮浸出物多，主要是淀粉。代谢能值略高于玉米。糙米中脂质含量约为 2%，其中不饱和脂肪酸比例较高。糙米中灰分含量较少（约为 1.3%），钙少磷多，植酸磷含量大于 50%。微量元素锰、锌含量较高，但都不能满足鸡的需要。使用糙米时应注意：糙米可作为鸡的能量饲料，其饲用效果与玉米相当，只是对鸡皮肤等无着色效果。

5. 大麦 大麦的蛋白质含量为 $11\%\sim13\%$，略高于玉米。氨基酸中除亮氨酸（0.87%）和蛋氨酸（0.14%）外，均较玉米多，但利用率低于玉米。脂肪含量 2%，为玉米的一半，但饱和脂肪酸含量较高。大麦的无氮浸出物含量也比较高（77.5%左右），但由于大麦籽粒外面包裹一层质地坚硬的颖壳，种皮的粗纤维含量较高，为玉米的 2 倍左右，所以有效能值较低，一定程度上影响了大麦的营养价值。大麦的淀粉和糖类含量较玉米少，代谢能仅为玉米的 89%。大麦矿物质中钾和磷含量丰富，其中磷 63% 为植酸磷，鸡的利用率为 31%。还有镁、钙及少量铁、铜、锰、锌等。大麦富含 B 族维生素，包括维生素 B_1、维生素 B_2 和泛酸。虽然烟酸含量也较高，但利用率只有 10%。脂溶性维生素 A、维生素 D、维生素 K 含量较低，少量的维生素 E 存在于大麦胚芽中。大麦中含有其他谷物饲料所没有的 $\beta-1,3-$葡聚糖，导致鸡粪便黏稠，排粪量增加，消化率下降。大麦易被麦角菌感染致病，产生多种有毒的生物碱，如麦角胺、麦角胱氨酸等，轻者引起适口性下降，严重者发生中毒，表现为坏疽症、痉挛、繁殖障碍等。大麦含有抗胰蛋白酶和抗胰凝乳酶，但前者含量低，后者可被胃蛋白酶所分解，故一般对鸡影响不大。

饲料中使用大麦应注意：大麦的饲喂效果比玉米差，替代饲粮中的玉米或小麦明显影响鸡的生长，这主要是由于其中高含量的 $\beta-$葡聚糖、阿拉伯木聚糖和纤维素引起的。鸡对大麦的消化率较低，其代谢能值仅为玉米的 77%，这个特点决定了其在鸡饲粮中用量不能太大，一般育成期饲粮中可用到 $15\%\sim30\%$。

6. 燕麦 含有坚硬的外壳，其粗纤维含量高达 $10\%\sim13\%$，故能值较低。燕麦的蛋白质中赖氨酸高达 0.4%，故蛋白质品质优于玉米。燕麦的脂肪含量（$4\%\sim5\%$）较高，而且主要是不饱和脂肪酸。B 族维生素含量丰富，但脂溶性维生素含量少。燕麦中非淀粉多糖含量约为大麦的 50%，可溶性淀粉多糖含量与大麦相当，主要为水溶性 $\beta-$葡聚糖，因此在燕麦型饲粮中应该选用 $\beta-$葡聚糖酶作为主要的复合酶制剂。

鸡饲粮中使用燕麦应注意：燕麦的营养价值和大麦相似，鸡对其消化率很低，燕麦由于纤维含量高，不适合饲喂。

（二）糠麸类饲料

谷实类经加工后形成的一些副产品，即为糠麸类，包括小麦麸、大麦麸、米糠和高粱糠等。糠麸类饲料不仅受原粮种类影响，而且还受原粮加工方式和精度影响。与原粮相比，糠麸类饲料中粗蛋白质、粗纤维、B族维生素、矿物质含量较高，但无氮浸出物含量低，故属于一类有效能较低的饲料。另外，糠麸类饲料结构松散，体积大，容重小，吸收膨胀性强，其中多数对鸡具有轻泻的作用。

1. **小麦麸** 成分变异较大，主要受小麦品种、制粉工艺、面粉加工精度等因素影响。小麦麸中粗蛋白质含量较多，高于原粮，一般为 12%～17%，但其品质较差，主要是因为蛋氨酸等必需氨基酸缺乏。与原粮相比，小麦麸中无氮浸出物较少（60% 左右），粗纤维含量很高（10% 左右）。因此，小麦麸有效能值低。小麦麸中灰分较多，所含灰分中钙少磷多，钙磷极不平衡，但磷多为植酸磷形式。另外，小麦麸中铁、锰、锌含量较多，B族维生素含量高，如核黄素为 3.5 mg/kg，硫胺素为 8.9 mg/kg。

由于小麦麸粗纤维含量高，难消化，有效能值低，因此在鸡饲粮中用量一般不超过 5%，在种鸡和产蛋鸡饲粮中用量一般为 5%～10%。若需控制后备种鸡体重，可在饲粮中添加 15%～20%。

2. **米糠** 稻谷加工大米的副产品，称为稻糠。稻糠包括砻糠和统糠，砻糠是稻谷的外壳和其粉碎品。稻壳中仅含 3% 左右的粗蛋白质，粗纤维含量在40% 以上，且粗纤维中多数为木质素。鸡对砻糠的消化率为负值，因此不能作为鸡饲粮应用。米糠是除稻壳后（糙米）加工的副产品，统糠是砻糠和米糠的混合物。例如，通常所说的二八统糠，意为其中含有 2 份米糠、8 份砻糠。统糠的营养价值视其中米糠比例不同而异，米糠所占比例越高，统糠的营养价值越高。米糠是糙米精制过程中产生的果皮、种皮、外胚乳和糊粉层等的混合物，含粗脂肪多，易氧化酸败，不能久存，所以常对其脱脂，生产米糠饼或米糠粕。米糠的粗蛋白质含量较高，约为 13%，其中赖氨酸、蛋氨酸等含量较多，因而其氨基酸组成较合理。脂肪含量高达 15%～17%，脂肪酸组成多为不饱和脂肪酸。粗纤维含量较多，质地疏松，容重较轻。米糠中无氮浸出物的含量不高，仅为 50% 左右，但米糠粗脂肪含量高，所以有效能值高。矿物质中钙少磷多，钙磷比例极不平衡（1∶20），但 80% 以上的磷为植酸磷。B族维生素和维生素 E 丰富，如维生素 B_1、泛酸的含量分别为 19.6 mg/kg、25.8 mg/kg。

使用米糠时应注意：其含有胰蛋白酶抑制因子、生长抑制因子，但均不耐热，加热可使之破坏，故米糠宜熟喂。米糠脂肪多，易氧化酸败，不仅影响其适口性，降低其营养价值，还能产生有害物质。米糠虽然是能量饲料，但粗纤维含量多，因此控制其用量。成年鸡一般占饲粮 12％以下，雏鸡饲粮中占 8％以下。

3. 其他糠麸　大麦麸是大麦加工副产物，其在能量、蛋白质和纤维含量上皆优于小麦麸，粗纤维 5％左右。高粱糠的有效能值较高，但因含有较多的单宁，适口性较差，易引起便秘，故应控制其用量。玉米糠是玉米制粉过程中的副产物，其粗纤维含量高，故应控制用量在 5％以下。小米糠粗纤维含量高，接近粗饲料，含粗蛋白质 7.2％，无氮浸出物仅为 40％，脂肪为 2.8％。

（三）块根块茎类

块根类主要包括甘薯、木薯等。甘薯含有抗胰蛋白酶，可阻碍蛋白质的消化，可通过加热的方式消除。萝卜、胡萝卜等多汁类块根饲料可以直接作为鸡的维生素补充料。

1. 木薯　干物质中大约 90％为无氮浸出物，且主要为淀粉；粗纤维含量很低，因而能值高，代谢能约为 12 MJ/kg。木薯的蛋白质含量很低，为 1.5％～4％，且品质差，其中 50％左右为非蛋白氮，以亚硝酸和硝酸态氮居多。在氨基酸组成上，赖氨酸及色氨酸相对较多，而缺乏蛋氨酸和胱氨酸。脂肪含量低，钙、钾含量高而磷低，且含有植酸。木薯在饲用前，最好要测定其中氢氰酸含量，若超标，要对其进行脱毒处理。在鸡饲粮中木薯用量控制在 10％以下为宜。

2. 甘薯　营养成分与木薯相似，但不含氢氰酸。甘薯粉中无氮浸出物占80％，其中绝大部分是淀粉，而且纤维素含量低，故能值比较高。蛋白质使用含量低，且含有胰蛋白酶抑制因子，但加热可使其失活，提高蛋白质消化率。应用时应注意：甘薯粉密度小，易造成饱腹感，故雏鸡、肉鸡较少使用。优良的甘薯粉在鸡饲料中可用到 10％，但应注意补充蛋白质、氨基酸等成分，才能取得较好的饲养效果。

3. 马铃薯　能值略高于甘薯，但比玉米低。粗蛋白质含量在 9％左右，高于木薯和甘薯，赖氨酸含量高于玉米。胡萝卜素含量极低，其他维生素含量同玉米接近。马铃薯含有抗胰蛋白酶因子，妨碍蛋白质的消化。马铃薯可生喂，也可熟喂。生喂时宜切碎后投喂。脱水马铃薯块茎为较好的能量饲料，将其粉碎后加到饲料中。经切片、干燥、粉碎处理的马铃薯粉在鸡饲料中可添加

20%~30%。注意应用马铃薯时，不能用发芽、未成熟和霉烂的马铃薯；用马铃薯粉渣饲喂时，也应煮熟后再喂。

（四）油脂类饲料

油脂类包括猪油、牛羊油等动物油脂和大豆油、玉米油、棉籽油等植物性油脂，是肉鸡高能量、必需脂肪酸的来源。可通过添加此类提高配合饲料的能量水平，改善饲料利用率和脂溶性维生素的吸收；另外还可提高饲料的适口性，调节采食量。

1. 动物油脂 指用家畜、家禽和鱼体组织（含内脏）提取的一类油脂。其成分以甘油三酯为主，另含少量的不皂化物和不溶物等。动物油脂中脂肪酸主要为饱和脂肪酸，但鱼油中有高含量的不饱和脂肪酸。目前肉鸡配合饲料中所用的动物性油脂主要是精炼鱼油、半精炼鱼油和屠宰场提炼的混合油等。油脂的热能含量高，能改善饲料的利用效率。不同品种的脂肪和不同品种的脂肪酸对鸡的代谢能是不同的。应用油脂时应注意，油脂必须新鲜和质量良好，防止掺杂、氧化、变性、发霉和受污染等。需要添加适量的抗氧化剂防止酸败。常用的油脂抗氧化剂有二丁基羟基甲苯或丁羟基茴香醚，两者常合用，常用浓度为 0.005%~0.02%。

2. 植物油脂 植物油脂的代谢能值为 34.3~36.8MJ/kg，在鸡饲粮中一般添加 1%~5%，能够提高能量浓度和能量利用率，从而提高生产性能和饲料利用率。夏季鸡采食量下降，可通过添加油脂防止热应激，保持生产性能。在配合饲料中加入油脂可有效减少粉尘，减少饲料浪费，促进颗粒饲料成型，降低饲料混合机和颗粒机的磨损，延长设备的利用寿命。

二、蛋白质饲料

（一）植物性蛋白质饲料

1. 大豆饼粕 我国主要的蛋白质饲料之一，其粗蛋白质含量高，可消化性好，各种必需氨基酸含量较高，且富含烟酸、泛酸、胆碱等各种维生素。粗蛋白质含量由于榨油工艺的不同，一般在 40%~50%；其必需氨基酸含量高，组成平衡，尤其是赖氨酸在各种饼粕类饲料中含量最高，达到 2.4%~2.8%，相当于菜籽粕和花生粕的 2 倍。赖氨酸和精氨酸的比例恰当，约为 100∶130，与玉米和少量鱼粉配伍，特别适用于鸡的氨基酸营养需要。大豆饼粕的色氨酸（0.68%）和苏氨酸（1.88%）含量也很高，与玉米等谷实类饲料配合起到氨基酸互补作用。大豆饼粕的缺点是蛋氨酸含量不足，略低于菜籽饼粕和葵花仁饼粕，因此在使用时，一般要额外添加蛋氨酸，才能满足鸡的营养需要。大豆饼粕的粗纤维含量低（5.1%），无氮浸出物主要是蔗糖、棉籽糖、水苏糖及多糖类，淀粉含量低，故所含的可利用能值较高。大豆饼粕的脂肪含量与其加工方式有关，一般压榨法饼粕残留脂肪较多，在4%左右，浸提法饼粕残留脂肪少，为1%左右。大豆饼粕的胡萝卜素（0.2~0.4 mg/kg）、硫胺素和核黄素含量低，烟酸和泛酸含量高（15~30 mg/kg），胆碱含量丰富（2 200~2 800 mg/kg）。含残留脂肪多及贮存时间短的大豆饼粕中维生素E含量高。矿物质中钙少磷多，约61%的磷为植酸磷。

大豆中含有胰蛋白酶抑制因子、血细胞凝集素、致甲状腺肿物质、抗维生素因子、植酸、脲酶、大豆抗原、赖丙氨酸、皂苷、雌激素、胀气因子等抗营养物质，但在大豆饼粕的生产过程中由于加热而失活，从而降低或丧失其有害作用。在不额外添加动物性蛋白的情况下，仅豆粕中含有的氨基酸就足以满足鸡的需要，作为鸡饲粮中主要的蛋白质饲料来源，其用量一般不受限制。

2. 菜籽饼粕　菜籽饼含粗蛋白质为35%~36%，菜籽粕含粗蛋白质为37%~39%。菜籽饼粕的粗纤维含量为12%~13%，属于低能量蛋白质饲料。菜籽饼粕含有较高的赖氨酸，超出鸡需要量的1倍，含硫氨基酸、色氨酸、苏氨酸等必需氨基酸，也基本满足鸡的营养需要。菜籽饼粕中富含铁、锌、锰、硒，但缺铜，其总磷含量中约有60%以上是植酸磷，不利于矿物质、微量元素的吸收利用。

菜籽饼粕中含有毒素，用十字花科植物的种子或叶作为饲料时都会产生噁唑烷硫酮，具有抗甲状腺作用，又被称为致甲状腺肿素。另外，菜籽中还含有一种称为芥子苷的物质，在芥子苷酶的作用下水解为异硫氰酸酯和腈。异硫氰酸酯可进一步分解为腈和噁唑烷硫酮，这些毒性物质严重影响适口性，因此需要去毒处理才能保证安全。另外菜籽饼粕中还含有其他有害物质，如植酸、单宁、芥酸、异黄酮等。

使用菜籽饼粕时应注意：不要以菜籽饼粕作为单一的蛋白质饲料来源。其蛋白质含量低，粗纤维含量高，适口性差。在使用菜籽饼粕时应做脱毒处理，控制其用量，一般限制在5%以内。对低毒品种的菜籽饼粕，可适当提高用量到 10%。

3. 棉仁饼粕 棉仁饼粕的粗蛋白质含量高，可达 41% 以上，一般为 35%～40%；仅次于大豆饼粕，但棉籽饼仅为 22% 左右。棉仁饼粕蛋白质的品质较大豆饼粕略低，氨基酸的组成受加工条件的影响很大，特点一般是赖氨酸不足（1.3%～1.6%），精氨酸过高（3.6%～3.8%）；赖氨酸∶精氨酸达到 100∶270 以上，导致二者发生颉颃作用。因此在利用棉仁饼粕配制饲粮时，不仅要添加赖氨酸，还要与含精氨酸低的菜籽饼相搭配使用。此外，棉仁饼粕蛋氨酸含量低（0.4%），仅为菜籽饼粕的 55% 左右，所以棉仁饼粕与菜籽饼粕搭配使用可减少蛋氨酸添加剂的用量。棉仁饼粕中碳水化合物以糖类（戊聚糖）为主，粗纤维含量约为 12%，其代谢能水平较高，约为 10MJ/kg。棉仁饼粕因含有棉绒的壳，粗纤维含量可达 18%，代谢能水平只有 6MJ/kg，不宜作为鸡饲料。棉仁饼粕缺乏维生素，不含胡萝卜素，维生素 D 含量极低，含有少量的硫胺素、核黄素、烟酸、泛酸、胆碱等。矿物质中钙少磷多（0.2% 钙），磷多属于植酸磷，利用率低。

使用棉仁饼粕时应注意：棉仁饼粕中含有对鸡有毒的游离棉酚等物质，因此在鸡饲粮中应限制其用量，一般不超过 8%，种鸡控制在 5% 以下。低棉酚含量的棉仁饼粕可较多取代豆粕，但不能作为主要的蛋白来源。

4. 花生饼粕 营养价值较高，其代谢能是饼粕类饲料中最高的。花生饼粕具有甜香味，适口性好，营养价值仅次于豆粕，是一种优良的蛋白质饲料。去壳的花生饼粕能量含量较高，粗蛋白质含量为 44%～49%，能值和蛋白质含量在饼粕中最高，但其氨基酸组成不好，赖氨酸含量只有大豆饼粕的 50% 左右，蛋氨酸含量低，而精氨酸含量高达 5.2%，是所有动植物饲料中最高的。维生素及矿物质含量与其他饼粕类饲料相近。

花生饼粕本身无毒，但易感染黄曲霉菌，产生黄曲霉毒素，导致鸡中毒。花生饼粕营养成分随着饼粕中含壳量多少而有差异，含壳越多，饼粕的粗蛋白质和有效能就越低。不脱壳花生饼粕粗纤维含量可达 25%，不能作为鸡饲料原料应用。花生中含有胰蛋白酶抑制因子，可以通过加热钝化，但温度过高影响蛋白质的利用率，一般加热温度不超过 120 ℃为宜。

使用花生饼粕时应注意：要对花生饼粕中的黄曲霉毒素含量进行严格的检测，要求低于 0.05 mg/kg；同时限制其用量，一般不超过 10%。雏鸡不宜使用，育成期可控制用量在 4% 以下。

（二）动物性蛋白质饲料

1. 鱼粉　以新鲜的全鱼或鱼品加工过程中所得的鱼杂碎为原料，经或不经过脱脂加工制成的洁净、干燥和粉碎产品。鱼粉中含有丰富的必需氨基酸、维生素和脂肪酸，在鸡饲粮中应用鱼粉可弥补其他蛋白质饲料的不足，促进生长和提高饲料的利用率。鱼粉蛋白质含量高，一般脱脂全鱼粉的粗蛋白质含量可达 60% 以上，鸡代谢能为 $11.7 \sim 12.55 MJ/kg$。鱼粉含有较高的脂肪，进口鱼粉含脂肪约占 10%；但脂肪易氧化，造成维生素 A 和维生素 E 的缺乏。鱼粉氨基酸组成齐全、平衡，尤其是主要氨基酸与肉鸡体组织的氨基酸组成基本一致。其矿物质中钙磷含量高，比例适宜；微量元素中碘、硒含量高。富含维生素 B_{12}、脂溶性维生素 A、维生素 D、维生素 E 和一些未知生长因子。鸡对鱼粉蛋白质和脂肪的消化率高，分别达 91%～93% 和 78%～91%。鱼粉的盐分含量高，进口鱼粉含量为 1.5%～2.5%。

使用鱼粉时应注意：鱼粉含盐量高，易吸潮，有利于细菌、霉菌和酵母的繁殖，引起温度上升，常结块发霉甚至自燃。鱼粉脂肪含量高，易氧化，味变苦涩，适口性差，消化率低。鱼粉中含有大量的不饱和性脂肪酸，具有鱼腥味，过多导致肉鸡产品产生鱼腥味，故应限制其用量，一般鱼粉在肉鸡饲粮中的用量控制在 10%，育成期可控制在 5% 以下。但加热不当的产品会产生糜烂素，有时鸡的饲粮中加入 6% 以上就有发生肌胃糜烂的可能。

2. 肉粉与肉骨粉　由洁净、新鲜的动物组织（不含排泄物、胃肠内容物及其他外来物质）和骨骼经高温高压蒸煮灭菌、干燥、粉碎制成的产品。肉粉是以纯肉屑或碎肉制成的饲料。骨粉是由洁净、新鲜的动物骨骼经高温高压蒸煮灭菌、脱脂或（和）经脱胶、干燥、粉碎后形成的产品。

肉粉、肉骨粉的能量主要来源于蛋白质和脂肪，而这两种成分的含量与品质变化都比较大。肉骨粉的蛋白质含量随原料的不同差异较大，粗蛋白质来自磷脂、无机氮、角质蛋白、结缔组织蛋白、水解蛋白及肌肉组织蛋白，其中只有肌肉组织蛋白利用价值高。因原料组成和肉、骨的比例不同，肉骨粉的质量差异较大，其主要成分为：粗蛋白质 20%～50%，赖氨酸 1%～3%，含硫氨基酸 3%～6%，色氨酸低于 0.5%，粗灰分为 26%～40%，钙 7%～10%，磷 3.8%～5%，是肉鸡良好的钙磷来源，脂肪 8%～18%，维生素 B_{12}、烟酸、胆碱含量丰富，维生素 A、维生素 D 含量较少。

　　肉骨粉和肉粉作为一类蛋白质饲料原料，可与谷类饲料搭配使用，补充谷类饲料蛋白质的不足；并补充所缺乏的氨基酸，注意钙磷平衡问题。但由于肉骨粉主要由肉、骨、腱、韧带、内脏等组成，其饲喂价值比不上鱼粉和大豆饼粕，因其品质稳定性差，用量宜加以限制，使用量控制在6％以下。另外，肉骨粉的原料很容易感染沙门氏菌，在加工处理畜禽副产品过程中，要进行严格的消毒，不能用感染有传染性沙门氏菌的畜禽副产物制成的肉骨粉饲喂鸡。肉骨粉富含钙、磷，血粉富含赖氨酸，羽毛粉的含硫氨基酸含量较高，可促进羽毛生长。这些饲料可提供一定量的蛋白质，且价格较低，适量选用有利于降低饲料成本。

三、矿物质饲料

（一）钙源性饲料

　　钙源性饲料是指能给鸡提供钙元素饲料的总称。常用的钙源性饲料有：石灰石粉、贝壳粉、蛋壳粉、石膏等。

　　1. 石灰石粉　又称为石粉，为天然碳酸钙，白色或灰白色粉末，一般含钙35％以上，是补充钙最廉价、方便的矿物质原料。按干物质计，石粉的成分与含量如下：灰分96.9％，钙35.89％，氯0.35％，锰0.027％，镁0.06％。天然石灰石，只要铅、汞、砷、氟的含量不超过安全系数，均可作为饲料。一般认为饲料级石粉中镁的含量不宜超过0.5％，重金属砷等含量有严格的限制。鸡应用时应注意：一般饲粮中用量为0.5％～2％，石粉过量会降低饲粮有机养分的消化利用，对鸡的肾脏有害，使泌尿系统尿酸盐过多沉积而发生炎症，甚至形成结石。石粉作为钙的来源，粒度以中等为好。

　　2. 贝壳粉　各种贝类（蚌壳、牡蛎壳、蛤蜊壳等）经加工粉碎而成的粉状或粒状产品，多呈灰白色、灰色、灰褐色。主要成分为碳酸钙，其含量约为90％～95％，含钙量不低于33％。贝壳粉中还含有动物体内所必需的微量矿物质元素，如铜、镁、钾、钼、磷、锰、铁、锌等。此外，在贝壳中含有少量氨基酸成分。贝壳粉能促进鸡骨骼生长，增强消化功能。对贝壳粉的粒度要求为：60％通过0.30 mm筛。

　　3. 蛋壳粉　禽蛋加工厂或孵化场废弃的蛋壳，经干燥灭菌、粉碎后即得蛋壳粉。蛋壳粉是理想的钙源饲料，其利用率高，用于产蛋鸡可增加蛋壳硬度。蛋壳中含有34%～36%的钙、7%左右的粗蛋白质和0.1%左右的磷。利用蛋壳粉作为钙源最主要的是控制蛋壳所携带的病原菌，故蛋壳干燥的温度应超过82℃，以消除病原。

4. 石膏　主要成分为硫酸钙，通常是二水硫酸钙，为灰色或白色的结晶粉末。石膏原料为天然石膏或化学石膏，其中90%为天然石膏。石膏含钙量为20%～23%，含硫16%～18%，既可提供钙，又是硫的良好来源。石膏粉还是防治鸡病的良药。在饲料中添加1%～2%的石膏粉，有预防鸡啄羽、啄肛的作用。在饲粮中添加0.5%～1%的石膏粉，并配以维生素 AD₃ 粉补钙，用于治疗产蛋鸡笼养疲劳症，比常用的增加骨粉、贝壳粉效果更好。石膏有生肌敛疮功效，在使用抗生素或其他药物治疗大肠杆菌病的同时，在饲粮中添加适量的石膏粉，可促进肠道和器官炎症的消除。石膏粉以2%的比例拌料，可用于治疗传染性法氏囊病的后遗症。

（二）磷源性饲料

富含磷的矿物质饲料主要是饲料级磷酸盐，如磷酸钙类、磷酸钾类、磷酸钠类、骨粉及磷矿石等。

1. 磷酸钙类　在饲料级磷酸钙中钙盐占95%以上，主要有磷酸氢钙、磷酸二氢钙、脱氟磷酸钙（磷酸三钙）和磷酸一二钙。磷酸二氢钙，又称磷酸一钙或过磷酸钙，纯品为白色结晶粉末，多为一水盐。市售品是以湿式法磷酸液（脱氟精制处理后再使用）或干式法磷酸液作用于磷酸二钙或磷酸三钙制成，常含有少量未反应的碳酸钙及游离磷酸，呈酸性，吸湿性强。磷酸二氢钙含磷22%左右、钙15%左右。

磷酸氢钙，也称磷酸二钙，为白色或灰白色粉末或粒状产品，是一种枸溶性磷酸盐，又分为无水盐和二水盐两种，一般生产中使用的多是后者，其稍溶于水，易溶于酸，不溶于乙醇，能溶于柠檬酸铵溶液。由于其属于一种热敏性物质，结晶水的结合力很弱，在反应或干燥过程中很容易因受热而失去结晶水，变成一水或无水物磷酸氢钙。磷酸氢钙一般是在干式法磷酸液或精制湿式法磷酸液中加入石灰乳或磷酸钙而制成的，市售品中除含有无水磷酸二钙外，还含有少量的磷酸一钙及未反应的磷酸钙。磷酸氢钙是世界上产量最大、使用最普遍的饲料磷酸盐品种，在我国产量占饲料磷酸盐总量的90%以上。磷酸氢钙同磷酸一钙、磷酸三钙相比，具有"质优价廉"的优势，其外观、流动性比磷酸一钙、磷酸三钙好。磷：钙为1：1.29，与动物骨骼中的磷钙比最为接近，同时又能全部溶解于动物胃酸中，生物效价比磷酸三钙约高10%，钙、磷吸收率较骨粉高10%。在鸡饲粮中添加量为2%左右。

脱氟磷酸钙又称磷酸三钙，纯品为白色无臭粉末。饲料用磷酸三钙常由磷酸废液制造，灰色或褐色，并有臭味，分为一水盐和无水盐两种，以后者居多。磷酸三钙经脱氟处理后，称脱氟磷酸钙，为灰白色或茶褐色粉末，含钙29%以上，含磷15%～18%以上，含氟0.12%以下。该产品在国外主要用于家禽饲料，其作为饲料磷源对鸡的生长、成骨作用与磷酸氢钙相似，可以替代其他磷源应用于鸡饲料，从而降低饲料成本。磷酸三钙由于其相对生物学效价较低，国内使用量很少。

磷酸一二钙是磷酸二氢钙与磷酸氢钙的共晶化合物，是一种水溶性磷酸盐与枸溶性磷酸盐相结合的矿物质饲料，其中磷酸二氢钙是水溶性磷酸盐，约占60%。磷酸一二钙是20世纪90年代末期由欧洲科学家研制的一种新磷源，用于取代传统的饲料磷酸盐。随着人类对环境保护的重视程度越来越高，欧美国家在很多厂家大力推广使用粒状产品。粒状产品具有以下优点：第一，产品总磷较高，与传统磷酸氢钙相比可减少添加量，增加饲料配方空间，便于提高饲料品质，降低饲料生产成本。第二，产品水溶性磷含量高，且颗粒在动物胃肠道中停留时间较长，有利于吸收利用。第三，生物学效价较高，动物粪便中残留的磷较少，在提高磷资源利用率的同时有利于环保。第四，粒状产品在使用中不易起粉尘，能减少物料在运输和加工过程中的损失，有利于改善加工环境。第五，产品密度为0.8～0.9 g/cm³，为多棱形晶体，在预混料时具有较好的亲和力，不会产生沉淀或浮顶等不均现象。产品呈微酸性，可改变动物口感，提高动物的采食量。

2. 磷酸钾类　磷酸二氢钾又称磷酸一钾，含磷22%以上，钾28%以上，为无色四方结晶或白色结晶性粉末，水溶性好，易为动物吸收利用，可同时提供磷和钾。适当使用有利于动物体内的电解质平衡，促进动物生长发育和生产性能的提高。磷酸氢二钾也称磷酸二钾，呈白色结晶或无定型粉末。磷酸氢二钾一般含磷13%以上、钾34%以上，应用同磷酸一钾。

3. 磷酸钠类　磷酸二氢钠又称磷酸一钠，均为白色结晶性粉末。无水物含磷约为25%，钠约为19%。因其不含钙，故在钙要求低的饲料中可充当磷源，在调整高钙、低磷配方时，不会改变钙比例。磷酸二氢钠有潮解性，宜保存于干燥处。磷酸氢二钠又称磷酸二钠，呈白色无味的细粒状，无水物一般含磷 $18\%\sim22\%$，钠 $27\%\sim32.5\%$，应用同磷酸一钠。

4. 其他磷酸盐 磷酸铵为饲料级磷酸或湿式处理的脱氟磷酸中和后的产品，含氮 9% 以上，含磷 23% 以上，含氟量不超过磷量的 1%，含砷量不可超过 $25\ mg/kg$，铅等重金属应在 $30\ mg/kg$ 以下。本品作为磷源使用，要求其所提供的氮换算成粗蛋白质后，其量在饲粮中不超过 1.25%。

磷矿石粉为磷矿石粉碎后的产品，常含有超过允许量的氟和其他如砷、铅、汞等杂质。用作饲料时，必须脱氟处理使其合乎允许量标准。

5. 骨粉 骨占动物体重的 $20\%\sim30\%$，骨粉是以骨为原料加工而成的一种矿物质饲料。其中含有丰富的矿物质，主要是羟磷灰石晶体 $[Ca_{10}(PO_4)_6\ (OH)_2]$ 和无水型磷酸氢钙，在其表面吸附了 Ca^{2+}、Mg^{2+}、Na^+、Cl^-、HCO_3^-、F^- 及柠檬酸根等离子。骨粉除了含有钙和磷外，还含有少量粗蛋白质和动物必需的微量元素，如 Co、Cu、Fe、Mn、Si、Zn 等。骨粉中钙磷比例为 $2:1$，是动物体内吸收钙磷的最佳比例。另外，骨粉中钙以羟磷灰石晶体的形式存在，该结晶与胶原纤维结合在一起，当胶原纤维被酶解后，羟磷灰石晶体部分被解离，钙转化为极易被动物吸收的氨基酸钙。因此，骨粉是补充畜禽钙、磷需要的良好来源，被称为钙磷平衡调节剂。骨粉按加工方式不同可分为煮骨粉、蒸制骨粉、脱胶骨粉和焙烧骨粉等。

（三）钠源性饲料

鸡常用的植物性饲料中钠的含量较低，一般不能满足需要。钠是动物不可缺少的重要矿物质元素。缺乏时，会使鸡食欲降低、生长缓慢、羽毛无光泽及饲料利用率降低，有时会出现异食癖，因此应注意由钠源性饲料进行补充。

1. 氯化钠 又称食盐，包括海盐、井盐和岩盐 3 种。精制食盐含氯化钠 99% 以上，粗盐含氯化钠为 95%。纯净的食盐含氯 60.3%、钠 39.7%，此外，尚含有少量的钙、镁、硫等杂质。食用盐为白色细粒，工业用盐为粗粒结晶。

2. 碳酸氢钠 碳酸氢钠又名小苏打，为无色结晶粉末，略具有潮解性，其水溶液因水解而呈弱碱性，受热易分解放出二氧化碳。碳酸氢钠含钠 27% 以上，生物利用率高，是优质的钠源性矿物质饲料之一。碳酸氢钠不仅可以补充钠，还具有缓冲作用，维持体内的电解质平衡和酸碱平衡，促进畜禽对饲料的消化利用，增强机体免疫力和抗应激的能力。种鸡饲粮中添加0.4%的碳酸氢钠能提高受精率，夏季添加0.5%的碳酸氢钠可减缓热应激，防止生产性能的下降。

四、青绿饲料

青绿饲料包括牧草、树叶及植物的藤、蔓、秧、叶等，其营养特点是含水量高（75%～90%），能值低，作为鸡的饲料是维生素的良好来源，并含有未知生长因子和黄色素，适口性好。其干燥后的粗饲料，也能提供一定量的粗蛋白质，尤其是苜蓿草粉、刺槐叶粉的蛋白质含量很高，还含有黄色素，少量使用有促进生长的作用。

五、饲料添加剂

饲料添加剂种类很多，可分为营养性添加剂和非营养性添加剂。营养性添加剂主要包括微量元素、维生素、氨基酸、胆碱等；非营养性添加剂包括抗菌保健剂、生长促进剂、调味剂、防霉剂、中草药制剂等。这些添加剂的用量很少，但作用大，使用时要严格控制用量，同时要注意添加剂间的配伍。如维生素C水溶液呈酸性，具有强还原性，可使维生素B_1、维生素B_2、维生素B_{12}和叶酸降低功效；胆碱、小苏打呈强碱性，可使多种维生素失效。微量元素也不可与维生素直接混合，混合前应先分别用载体稀释，稀释到一定的浓度后再混匀，以发挥各自的作用。

1. 微量元素添加剂　微量元素是动物体必不可少的、需要量极微的营养成分，有铜、铁、锰、锌、碘、硒、钴等矿物质元素，添加的形式主要有氧化物、硫酸盐、有机络合物等。添加时一般按照产品说明剂量加入配合饲料。

2. 维生素添加剂　用于鸡配合饲料的合成维生素制剂有维生素A、维生素D、维生素E、B族维生素等。复合维生素的使用量可适当高于产品指定量，单项维生素一般根据动物需要有针对性地选用。

3. 氨基酸添加剂　此类产品主要有蛋氨酸、赖氨酸、苏氨酸、色氨酸和复合氨基酸等合成制剂，是补充配合饲料中氨基酸平衡的主要原料，应缺多少补多少，不可过分超量。添加时还要注意产品的纯度和生物活性，以及被动物利用的效率。如蛋氨酸的纯度为98.5%以上，而其类似物（羟基蛋氨酸钙盐等）的纯度在 90% 左右。L-赖氨酸盐酸盐的生物活性为 L-赖氨酸的 78.8%，DL-色氨酸的生物活性在鸡上为 50%～60%。计算配方时应注意换算添加量。

4. 抗生素添加剂　是防治鸡疾病的主要药物之一，并有促进生长的作用。但因抗菌药物的长期、大剂量广泛应用引起了一系列食品、环境安全问题，抗生素的合理使用已引起全社会的高度重视。如耐药菌株的成长，使某些抗菌药物的使用效果降低或消失，动物产品中的药物残留及药物对环境的污染等，对动物和人类健康造成威胁。在林下散养优质黑鸡，不建议应用抗生素类添加剂到饲料中。

5. 中草药添加剂　近年来中草药添加剂发展迅速，根据其功效和用途的不同又分为清热剂、祛寒剂、补益剂、促产剂等，在生产中应酌情选用。中草药种类繁多、资源丰富，在鸡保健、助长、防病治病等方面可用单味，亦可十几味配伍，变化自如、应用灵活，且微生物不易产生耐药性，对动物不良反应少，其疗效有时优于抗菌药物，应用越来越广泛。

6. 生态制剂　是由活菌经发酵制成的生物制剂，分单菌制剂和复合菌制剂。促生活菌由健康动物的肠道分离，经人工培养而得。所以具有恢复动物肠道菌群平衡、促进消化酶和维生素合成、防止腐败菌产生毒素、提高饲料利用率、避免药物在动物体内残留和抗药性菌株产生等功效，在国外已被广泛使用。我国的生态制剂还处于应用的开始阶段，现已有乳酸菌、芽孢杆菌、枯草杆菌等制剂应用。

第三节　旧院黑鸡饲料配制

一、饲料配方设计的原则

饲养标准中规定了动物在一定条件（生长阶段、生理状态、生产水平等）下对能量和各种营养物质的需要量，其表达方式或以每日每只鸡所需要的能量和各种营养物质的数量标识，或以各种营养物质在单位质量（常为 kg）中的浓度表示。它是配制鸡平衡饲粮和科学养鸡的重要技术参数。在饲料成分表中所列出的是不同种类饲用原料中各种营养物质的含量。为了保证鸡所采食的饲料含有饲养标准中所规定的全部营养物质量，就必须对饲用原料进行相应的选择和搭配，即配合饲粮。对于旧院黑鸡没有自身的饲养标准和饲料原料营养价值表，可以参考黄羽肉鸡的营养需要和饲料原料营养价值表应用。

饲料配方的设计涉及许多制约因素，配方设计应遵循以下原则。

（一）营养性原则

设计饲料配方的营养水平，必须以饲养标准为基础。旧院黑鸡的饲料配方可以按照黄羽肉鸡的饲养标准设计，也可以参考营养需要的推荐量为基础。对饲养标准或营养需要推荐量，不能把它作为一成不变的绝对标准来执行，要根据鸡的生产性能、饲养技术水平与设备、饲养环境条件、产品效益等适时调整。

坚持能量优先，兼顾能蛋平衡。在营养需要中最重要的指标是能量需要量，只有在优先满足能量需要的基础上，才能考虑蛋白质、氨基酸、矿物质和维生素等养分的需要。能量与其他养分之间的比例应符合营养需要，如果饲料中营养物质之间的比例失调，营养不平衡，必然导致不良后果。饲粮中能量低时，蛋白质的含量需相应地降低。饲粮能量高时，蛋白质的含量也相应地提高。此外，还应考虑氨基酸、矿物质和维生素等养分之间的平衡。

控制饲料粗纤维的含量。旧院黑鸡在育雏期对粗纤维的消化能力很弱，饲料配方中不宜采用粗纤维含量高的饲料；而在生长后期，其生长速度会降低，可适度应用一些粗纤维含量高的饲料原料。但总体设计饲料配方时应注意控制粗纤维的含量为4%以下。

（二）科学性原则

科学的饲料配方必须根据饲养标准来设计鸡不同阶段的营养物质需要量。在选用饲养标准的基础上，可根据饲养实践中生产性能等情况做适当的调整。设计饲料配方应熟悉所在地区的饲料资源现状，根据当地饲料资源的品种、数量以及各种饲料原料的理化特性和饲用价值，尽量做到全年比较均衡地使用各种饲料原料。应选用新鲜无毒、无霉变、质地良好的饲料原料，饲料的体积应尽量和鸡的各阶段消化生理特点相适应。通常情况下，若饲料的体积过大，则能量浓度降低，不仅会导致消化道负担过重，而且会稀释养分，使养分浓度不足。另外，要注意饲料原料的适口性、容积和鸡的采食量，促使鸡能够摄入足够的能量和营养物质。

（三）经济性和市场性原则

经济性即考虑合理的经济效益。饲料原料的成本占整个养殖成本的70%

左右，在追求高品质的同时，必须兼顾饲料成本。配合饲料中适宜的能量水平，是获得单位畜产品最低饲料成本的关键。因此，原料应因地制宜，充分利用当地的饲粮原料，降低成本，兼顾旧院黑鸡生长发育特点，使其产生最大的经济效益。

（四）可行性原则

饲料配制应考虑原材料选用的种类、质量稳定程度、价格及数量，要与市场情况及企业条件相配套。产品的种类与阶段划分应符合养殖业的生产要求，还应考虑加工工艺的可行性。

（五）安全性与合法性原则

按配方设计出的产品应严格符合国家法律法规及条例，如营养指标、感官指标、卫生指标、包装等。黄曲霉毒素和重金属砷、汞等有毒有害物质不能超过规定含量。含毒素的饲料应在脱毒后使用，或控制一定的喂量。尤其违禁药物及对动物和人体有害物质的使用或含量应强制性遵照国家规定。

（六）逐级预混原则

为了提高微量养分在全价饲料中的均匀度，原则上讲，凡是在成品中的用量少于1%的原料，均应先进行预混合处理，否则混合不均匀就可能会造成鸡生产性能不良、整齐度差、饲料转化率低，甚至造成鸡只死亡。

二、饲料配方设计的基本步骤

饲料配方设计有多种方法，但其设计步骤基本类似，一般按以下五个步骤进行：

（一）明确目标

饲料配方设计的第一步是明确目标，不同的目标对配方要求有所差别。目标可以包括整个产业的目标、整个产业中养殖场的目标和养殖场中某批动物的目标等不同层次。主要目标包括以下几个方面：①单位面积收益最大；②每头上市动物收益最大；③使动物达到最佳生产性能；④使整个集团收益最大；⑤对环境的影响最小；⑥生产某种特定品质的畜产品。

随着养殖目标的不同，配方设计也必须做相应的调整，只有这样才能实现各种层次的需求。

（二）确定营养需要量

以旧院黑鸡的营养需要量为基本参考。由于养殖场的情况千差万别，生产性能各异，加上环境条件的不同，因此在利用营养需要量时不应生搬硬套，要根据当地的实际情况进行必要的调整。稳妥的方法是先进行试验，在有了一定的试验基础的情况下再大面积推广。鸡采食量是决定营养供给量的重要因素，虽然对采食量的预测及控制难度较大，但季节的变化及饲料中能量水平、粗纤维含量以及饲料适口性等是影响采食量的主要因素，供给量的确定不能忽略这些方面的影响。在选择鸡的营养需要量时，应综合考虑饲料原料的市场价格、生产目的、生产水平及饲养方式等因素，对某些营养指标进行适当的调整，进而设计出合理有效的饲料配方。

（三）选择饲料原料

选择可利用的原料并确定其养分含量和利用率。原料的选择应是适合旧院黑鸡的习性并考虑其生物学效价，要综合考虑营养价值、抗营养因子含量和组成、适口性等因素，合理选择和搭配。养殖户自配全价饲料，选择的饲料原料要因地制宜，就地取材，充分利用当地盛产、来源有保障、单位营养价格较低（换算成单位蛋白质和能量值的价格）的饲料原料，降低饲料成本，如能量饲料可以选择当地的玉米、小麦、麦麸、米糠、碎米等，蛋白质饲料可以选择豆粕、菜籽粕、棉籽粕等。对于含有毒素或抗营养因子的饲料原料应控制用量，如棉籽粕、菜籽粕等，一般控制在配方中的比例不超过5%。舍饲条件下，维生素和矿物质等都必须以添加剂的形式补充，设计配方时可参考饲养标准进行添加。对于没有条件的养殖户，可直接外购预混料或浓缩料自配。对于自配饲料的养殖户，切忌滥用抗生素，防止药物残留和鸡群产生耐药性等问题。在小麦、大麦等饲粮中还可添加一些非淀粉性多糖酶，提高饲料利用效率。

（四）饲料配方

将以上三步所获取的信息综合处理，选择已知营养成分的饲料原料。通过拟定的饲料配方比例计算配方的营养物质含量；可以用手工计算，也可以用专门的计算机优化配方软件优化，通过多次调整使配方的营养物质含量与饲养标准的营养物质推荐量趋于接近，最终确定饲料配方；再结合生产工艺特性适当调整制作成生产用配方，用于配合饲料生产。

（五）配方质量评定

配合饲料配制出来以后，其配制的饲粮质量如何必须取样进行化学分析，并将分析结果和预期值进行对比。如果所得结果在允许误差范围内，说明达到饲料配制的目的；反之，如果结果在这个范围以外，说明存在问题。可能是出在饲料原料成分变化、加工过程、取样混合或配方，也可能是出在实验室。为此，送往实验室的样品应保存好，供以后参考用。配方的实际饲养效果是评价配制质量的最好尺度，条件好的企业均以实际饲养效果、生产的产品品质作为配方质量的评价手段。

三、选择配合饲料

对于没有饲料配制条件和基础的养殖场，建议针对不同饲养阶段选择购买配合饲料来饲喂，保证鸡摄入营养物质的均衡。配合饲料选择时，也可根据自身条件，选择不同的配合饲料种类。全价配合饲料营养全面，可直接饲喂，不用添加任何其他饲料或营养物质。全价配合饲料中已经包括了鸡需要的能量饲料、蛋白质饲料、矿物质饲料、氨基酸、维生素等添加剂饲料。如果自身可以提供一些玉米、高粱、豆粕等能量和蛋白质饲料的，也可根据情况选择浓缩饲料。浓缩饲料一般是包括蛋白质饲料、矿物质饲料、氨基酸、维生素等添加剂的饲料，按使用说明，只需要额外添加一定比例的能量饲料和少量或不添加蛋白质饲料就能满足鸡的营养需要。预混合饲料，又叫预混料，包括矿物质饲料和各种饲料添加剂的饲料，按使用说明，需要额外添加能量饲料和蛋白质饲料来满足鸡的营养需要。

四、放养鸡的饲料补充

散养阶段鸡只可以采食到一定的野外食物，可以适当降低饲料中蛋白质和能量水平，降低幅度应根据野外饲养环境的不同而加以考虑，主要的放养环境有林地放养、草地放养、庄稼地放养等。一般而言，野外放养鸡运动量加大，耗能量大，但其体脂肪沉积减少，鸡肉结实鲜美，是一种优质肉鸡生产模式。

传统的养鸡模式是野外开放散养加单一原粮饲喂，很少补充蛋白质饲料，造成蛋白质、氨基酸缺乏，致使鸡只生长严重受阻，延长了生长周期，降低了上市体重，经济效益低下，不适宜专业化规模化养鸡产业的发展。为更好地利用放养模式生产优质鸡，需设计好补充饲粮配方，平衡营养需要，更好地发挥鸡生长潜力。

补充日粮的配方设计需以推荐的营养需要为依据，并结合生产实践，考虑放养鸡所采食野食的种类和数量，适当降低推荐营养需要量中部分营养指标的含量。所采食野食种类主要从饲养环境考虑，如在林地散养，鸡可能采食到的野食包括白蚁、蚊虫、树籽等，如在草地散养，可能采食到的野食包括蚊虫、草籽、青草等，如在庄稼地散养，可能采食的野食包括原粮、虫子、青草等。采食野食的量可以根据鸡每天采食补充日粮的质量进行推算，从而也可以确定补充日粮的配方空间。

鸡的营养需要量受遗传、生理状况和饲养管理等因素的影响。能量的需要量随生长阶段、饲养目的和饲养环境等因素而异。放养鸡补充的日粮需要有适当的蛋白能量比，能量需要随日龄增加而增大，因代谢能的改变可影响采食量，蛋白质及氨基酸也需做适当调整，否则会造成蛋白质浪费或不足。同时应考虑必需氨基酸的组成、含量及其利用率，并维持适当平衡，才能最大限度地利用配合饲料。

由于幼龄鸡采食野食能力较弱，建议育雏期采用离地棚养或地面平养模式饲养，以全价饲料为主，并辅以少量的优质青绿饲料，这有助于适应后期的放养式饲养管理。放养鸡补充的精料力求营养全面平衡，蛋白能量比、赖氨酸能量比和蛋氨酸能量比等指标可以参考其推荐营养需要量，并结合实际生产情况进行设定。

放养鸡可以参考报道的土鸡的饲养标准和河北柴鸡放养的饲养标准（表6-2、表6-3），由于放养使鸡运动量增加，能量需要加大，蛋白需要则由于摄食了野食补充了部分蛋白而有所下调。放养鸡饲料的蛋白能量比值应比离地棚养或地面平养模式低0.5~1.5，可视采食情况和生长阶段而定。

放养阶段鸡长期接触土壤，不会缺乏微量元素，因此，一般放养阶段饲料中可以不添加微量元素添加剂。放养鸡采食青绿青草、牧草，含有丰富的维生素；经常接受太阳光紫外线的照射，自身可以合成维生素D，因此，放养阶段不易缺乏维生素，但在青绿饲料供应不足的季节要注意补充维生素。若野外采

表 6-2　土鸡的饲养标准

项目	0~6 周龄	7~14 周龄	15 周龄以上
代谢能（MJ/kg）	11.93	11.92	11.72
粗蛋白质（%）	19.00	16.00	12.00
蛋白能量比（g/MJ）	15.9	13.4	10.2

资料来源：施泽荣《土鸡饲养与疾病》（2002）。

表 6-3　柴鸡放养的饲养标准

项目	0~6 周龄	7~12 周龄	13~20 周龄
代谢能（MJ/kg）	11.92	12.35	12.35
粗蛋白质（%）	18.00	15.00	12.00
蛋白能量比（g/MJ）	15.1	12.1	9.7

资料来源：李英，谷子林《规模化生态放养鸡》（2005）。

食的优质青绿饲料占总采食量的 20%～30%，可以取消维生素和微量元素添加剂的使用。种鸡为了提高精液品质，提高种蛋受精率，维生素需要成倍增加，需要在饲料中额外添加。补饲日粮常用玉米-豆粕型饲粮，易出现维生素 A、维生素 D、维生素 E、维生素 K、核黄素、维生素 B_{12}、泛酸和胆碱等的缺乏，应特别注意补充；同时还必须补充钙、磷、钠、氯、铁、铜、锰、锌、碘和硒等矿物质元素。

五、推荐的典型饲粮配方

根据所选原料种类的不同，每个阶段推荐了 3 个配方，供参考（表 6-4）。

表 6-4　旧院黑鸡参考饲料配方

原料种类	0~6 周龄			7~13 周龄			14 周龄以上		
	配方一	配方二	配方三	配方一	配方二	配方三	配方一	配方二	配方三
玉米（%）	61.50	63.00	55.00	63.60	60.50	64.20	70.00	60.50	64.50
豆粕（%）	26.00	23.00	25.00	21.00	21.00	20.00	14.00	8.50	16.00
鱼粉（60%粗蛋白质）（%）	5.00	7.00	—	4.00	3.00	—	3.00	3.00	—
菜籽粕（%）			3.00						

（续）

原料种类	0～6 周龄			7～13 周龄			14 周龄以上		
	配方一	配方二	配方三	配方一	配方二	配方三	配方一	配方二	配方三
棉籽粕（%）	—	—	3.00	—	—	4.00	—	4.00	—
小麦（%）	—	—	10.00	—	10.00	4.00	—	20.00	8.00
麦麸（%）	—	5.00	—	3.00	—	—	4.50	—	—
米糠（%）	4.00	—	—	3.00	—	4.00	4.50	—	8.00
大豆油（%）	—	—	—	2.00	2.00	—	1.00	1.00	—
磷酸氢钙（%）	1.00	0.50	1.20	1.00	1.00	1.20	0.80	0.80	1.10
碳酸钙（%）	1.20	0.80	1.50	1.10	1.20	1.50	1.00	1.00	1.30
食盐（%）	0.30	0.20	0.30	0.30	0.30	0.30	0.20	0.20	0.30
预混料（%）	1.00	1.00	1.00	1.00	1.00	0.80	1.00	1.00	0.80
营养水平									
代谢能（MJ/kg）	11.88	11.92	12.72	12.34	12.55	11.92	12.30	12.55	12.17
粗蛋白质（%）	19.4	19.5	17.00	17.20	17.0	16.6	14.4	14.6	14.2
钙（%）	1.02	0.89	0.85	0.92	0.90	0.88	0.76	0.78	0.77
非植酸磷（%）	0.44	0.43	0.42	0.41	0.38	0.33	0.35	0.35	0.30
赖氨酸（%）	1.06	1.05	0.82	0.90	0.84	0.80	0.71	0.62	0.66
蛋氨酸＋胱氨酸（%）	0.63	0.64	0.65	0.56	0.56	0.54	0.48	0.50	0.48

（白世平、潘淑勤）

第七章
旧院黑鸡饲养管理

第一节　旧院黑鸡种鸡的饲养管理

一、种鸡育雏期的饲养管理

（一）雏鸡的生理特点和习性

育雏期指从 0～6 周龄的一段时期（冬季可延长至 8 周龄）。这段时期雏鸡的体温调节机能尚不完善，需要人工供暖维持体温。该时期重点在于确保雏鸡的骨骼、体重、免疫系统等早期发育良好，提高雏鸡的存活率，保证鸡群的均匀度。

1. 雏鸡的生理特点

（1）生长发育速度快　雏鸡新陈代谢旺盛，耗氧量大，生长发育迅速。故应保证其日粮中营养物质供给量能够满足其机体需求量，且通风保证空气新鲜。

（2）体温调节机能弱　雏鸡抗寒力弱，4 日龄前的雏鸡体温不恒定，低于成鸡正常体温（40～42 ℃）3 ℃左右，从 4 日龄开始，体温逐渐升高，21 日龄后体温调节机能才能转入正常，42 日龄后才具有较强的抗寒力。故在 0～6 周龄期间，人工供温显得尤为重要。

（3）消化力弱　雏鸡虽代谢旺盛，但其胃肠道容积小，采食量少，需要供给雏鸡容易消化的高能量、高蛋白质和充足的维生素和矿物质，所以在初期应喂给优质、新鲜、粗纤维含量低、易消化的全价料，并且要求少喂多餐。

（4）抗病能力差　雏鸡个体小、抗病力弱，易感染多种疾病，故对雏鸡要更加呵护，严格控制环境，切实做好防疫隔离。

（5）性情胆小，喜群居　雏鸡敏感易惊，故其饲养环境定要保持安静，避免噪声和外界惊吓，做好防兽害工作。雏鸡喜群居，便于大群饲养管理。

（6）羽毛生长更新速度快　4周龄后，雏鸡将经历4次换羽，故应在饲料中添加足量的蛋白质，尤其是含硫氨基酸，以保证雏鸡羽毛的生长。

2. 雏鸡发育特征　雏鸡绒毛为黑黄（白），头、背绒毛多为黑色，颈、腹羽毛多为黄白色（图7-1），属慢羽型。50%的雏鸡皮肤、胫、喙均为灰黑色。健康的雏鸡应精神良好、多活动，对声音反应积极，腹部柔软收缩良好，脐部愈合良好、封闭无渗血痕迹，泄殖腔粉红、洁净，绒毛光亮，色泽鲜明，足有力，

图7-1　健康雏鸡（赵小玲　摄）

头大，眼清澈明亮，喙短而粗，双翼紧贴两侧。触雏时有结实感，胸骨有弹性。

（二）种用雏鸡的饲养方式

根据育雏占地和空间的不同，育雏方式可以分为地面平养、网上平养和叠层笼养。育雏的关键在于保温，故育雏舍建设要求保温性能良好。

1. 地面平养　分更换垫料和厚垫料两种方式。前者垫料厚3～5 cm，垫料经常更换，后者进雏前铺设垫料，整个育雏期不更换垫料，垫料厚度冬季一般是8～10 cm。优质的垫料对雏鸡腹部有保温作用，要求重量轻，颗粒大小适中，干燥、清洁、灰尘少，吸湿性强，柔软、弹性好，价廉，可作肥料，切忌使用霉变的垫料。常用的垫料有稻草、麦秸、刨花、稻壳、锯末等。地面平养的加温方法可采用煤炉、热气管或地下烟道等方法。优点：育苗均匀；缺点：育雏室空间利用率低。

2. 网上平养　网床由网架、网底及四周的围网组成。网架可就地取材，用木、铁、竹等均可。底网和围网可用网眼大小一般不超过1.2 cm见方的铁

丝网、特制的塑料网。网床大小可根据房屋面积及床位安排来决定，一般长200 cm、宽100 cm、高100 cm、底网离地面或炕面50 cm，每床可养雏鸡50～80只。

3. 叠层笼养　种用雏鸡常采用叠层笼养（图7-2）。笼具由公司制作，单笼一般可饲养50～100羽雏鸡，100 m² 的育雏室可以饲养2 000羽以上雏鸡，空间利用效率高。

图7-2　叠层育雏笼（万源市农业局　提供）

（三）种用雏鸡饲养管理技术要点

1. 育雏前的准备　旧院黑鸡种鸡育雏前要做好各项准备，如育雏计划的制订、生产资料的准备、育雏人员的选择及培训，同时要对育雏舍进行检查、维修等工作，确保房屋不能渗漏雨水，墙壁不能有裂缝，水泥地面要平整，无鼠洞且干燥，门窗严密，房屋保温性能好，并能通风换气。平养育雏舍内可间隔成多个小间，便于分群饲养管理和调整鸡群。

（1）育雏设备　育雏前要准备好保温设备、饲槽、饮水器、水桶、料桶、温湿度计、扫帚、清粪工具、消毒用具；另外根据实际情况添置需要的用具。笼养育雏，还应准备专用的育雏笼。育雏笼也可就地取材自制，便于雏鸡采食、饮水和饲养人员管理操作即可。

（2）消毒工作　雏鸡入舍前，鸡舍（图7-3）应空置2周以上，在进雏前1周，对育雏鸡舍墙壁、地面、饲养设备以及鸡舍周围彻底冲洗，鸡舍充分干燥后，采用两种以上的消毒剂交替进行3次以上的喷洒消毒。关闭所有门窗、通风孔，对育雏鸡舍升温，温度达到25 ℃以上时，每立方米用高锰酸钾14 g，福尔马林28 mL，对鸡舍和用具进行熏蒸消毒，先放高锰酸钾在舍内瓷器中，后加入福尔马林，使其产生烟雾状甲醛气体，熏蒸2～4 h后打开门窗通风换气。

（3）试温与用具准备　进雏前2 d进行预先升温，舍内温度应升至33～35 ℃。一旦温度升到规定指标时，打开排风扇至最低档，再加热调整，使之能够保持适温。与此同时，准备足够的开料盘或喂料用塑料布、饮水器。根据育雏数量，备好雏鸡专用全价饲料和必需药品等。

图7-3　空置的育雏舍（赵小玲　摄）

2. 雏鸡入舍前的处理

（1）雌雄鉴别　经过21 d的孵化，雏鸡出壳后做好系谱记录，每个家系分放在一个雏盒，登记健雏、弱雏、残死雏、死胎数，之后采用翻肛的方式对新生雏鸡进行雌雄鉴别，使雏鸡及早分群管理，有利于母雏的生长发育，避免公雏发育快、抢食，对母雏发育造成影响。在种鸡管理中，配种任务往往不需要过多的种公鸡，早期雌雄鉴别亦可公、母分群饲养，在不同阶段根据生长发育情况对公鸡进行选留淘汰，节约饲养成本。雌雄鉴别的最适宜时间为出壳后2～12 h。

雌雄鉴别方法：步骤分为抓雏、握雏、排粪、翻肛、鉴别和放雏。抓雏、握雏常用的方法为团握法（图7-4）。排粪时，左拇指轻压腹部左侧髂骨下缘，借雏鸡呼吸将粪便排入粪缸中。左拇指沿从前排粪的位置移至肛门的左侧，左食指弯曲于雏鸡背侧，与此同时右食指放在拇指沿直线上顶推，接着往下拉到肛门处收拢，左拇指也往里收拢，三指在肛门处会合形成一个小三角区，三指凑拢一挤，肛门即可翻开（图7-5）。若有粪便或渗出物排出，用左手拇指或右手食指抹去，再观察是否有生殖突起，有则为公雏，无则为母雏。若一时难辨，用左手拇指或右手食指触摸，观察生殖隆起充血和弹性程度分辨公母。

图7-4　雏鸡团握法（刘嘉　摄）　　　图7-5　雏鸡团握手势翻肛（刘嘉　摄）

（2）佩戴翅号　种用雏鸡一般需要佩戴翅号，作用在于标记系谱和个体信息。常用的翅号材质为金属，上面打有家系号和鸡号，如"05-532"即第五家系，532号鸡。佩戴翅号时左手握雏，拇指和食指掐住鸡右翅臂骨和桡骨之间的翼膜三角区，右手持折成L形的翅号从下往上刺破翼膜中央，翅号尾尖穿过前端孔中，折叠两次后掐紧，翅圈不能过大或过紧。现在二维码翅号（图7-6）作为一种新型翅号开始逐渐发展起来，它凭借微创有效地降低了对雏鸡的伤害，并且避免了日后传统方式"翻翅号"的繁琐，通过扫描便可得知上面记载的鸡只身份信息。

图7-6　二维码翅号（赵小玲　摄）

（3）疫苗注射　出雏的时候在出雏室为雏鸡以颈下皮肤注射的方式进行马立克氏病疫苗的接种（图7-7），并以滴眼的形式进行新城疫及支气管炎的免疫（图7-8）。

3. 雏鸡舍的环境控制

（1）温度　雏鸡体温比成鸡低1~3℃，且体温调节机制不健全，对温度

图 7-7　雏鸡马立克氏病疫苗的接种　　　　图 7-8　点眼免疫新城疫-支气管
　　　（刘嘉　摄）　　　　　　　　　　　　炎二联苗（刘嘉　摄）

十分敏感，故需通过烟道、暖气片（图 7-9）、红外线灯等措施进行保温培育。雏鸡在入舍之前必须预温，达到雏鸡要求的温度（表 7-1）。温度适宜时，雏鸡在舍内分布均匀，精神饱满，活泼好动，羽毛亮丽，饮水进食适量，叫声轻快。温度过高过低都会对雏鸡造成不利影响。温度过高时雏鸡远离热源，精神萎靡，饮水增加，严重时还会产生脱水现象；温度过低时雏鸡表现为扎堆现象，羽毛蓬松，发抖，不时发出尖叫，扎堆时有可能发生踩踏现象，造成雏鸡死亡。温度调节不仅要根据温度表上的读数，还要随时查看雏鸡行为，以便看鸡施温。

图 7-9　育雏舍暖风炉（刘嘉　摄）

（2）湿度　控制雏鸡的健康成长需要空气中有一定湿度（表 7-1），以相

135

对湿度60%～65%为宜。湿度大小对雏鸡的生长发育关系很大。雏鸡从相对湿度70%的出雏器中孵出，如果随即转入干燥的育雏舍内，将导致雏鸡体内的水分散失过多，对吸收腹中剩余蛋黄不利，雏鸡因缺水而过度饮水又容易引起腹泻，将进一步导致雏鸡脚爪干瘪，发生脱水。所以，最初1周育雏舍内应保持较高的湿度，这对维持雏鸡正常新陈代谢活动、卵黄吸收、避免脱水、促进羽毛生长都是必要的。加湿措施要采取因地制宜，我国南方空气湿度高，不必额外加湿。补湿的时候，可用水盘或水壶放在火炉上烧水让其蒸发，或在墙上喷水，在鸡舍中放加湿装置，或采取带鸡消毒，在加湿的同时亦能净化环境。随着日龄的增长，雏鸡的呼吸量和排粪量也相应增加，育雏舍内容易潮湿。因此，要注意不让水溢出饮水器，加强通风换气。

表7-1　育雏温湿度要求

日龄	温度（℃）	湿度（%）
1	35～36	70
2～3	34～35	70
4～7	33～34	65～70
8～14	30～33	60
15～21	28～30	60
22～28	24～27	自然湿度
29～35	20～24	自然湿度
36～42	18～20	自然湿度

（3）光照　雏鸡光照制度有两个特点，一是保持较长的光照时间是为了延长采食时间，二是光照强度较低可降低其兴奋性，使雏鸡群保持安静。育雏期的光照主要来源于自然光和灯光两个方面。阳光中的紫外线不仅能促进雏鸡的消化，增进健康，还可以帮助合成维生素D_3，有利于钙、磷的吸收和骨骼的生长，防止佝偻病和软脚病的发生，这对于种用雏鸡而言尤其重要。此外，阳光中的紫外光还有杀菌、消毒以及保持室内温暖干燥的作用。适当开窗照进阳光有利于雏鸡的骨骼发育。

光照强度在育雏前期要强一些。出壳后前3 d的幼雏视力弱，较强的光照强度可保证其顺利采食和饮水。前期光照强度为2.5～3 W/m^2，以后逐渐减弱，防止旧院黑鸡过分活动及发生啄癖，保持在 $1\sim1.5\ W/m^2$ 为宜。一般要求进苗后 3 d，每间鸡舍吊两个 $60\sim100\ W$ 灯泡，距离地面 1.5 m，全天 24 h 光照，以光线来刺激雏鸡走动吃料。光照时可以把灯泡吊成两排，这样可以保证光照的均匀度，同时也可以保证鸡舍内的温度均衡。育雏期具体光照流程见表 7-2。

表 7-2 育雏的光照控制

日龄	光照时间（h）	开灯时间	关灯时间	光照强度（lx）
1～3	24	—	—	20
4～5	23	21:00	20:00	20
6～8	23	21:00	20:00	20
9～10	23	21:00	20:00	20
11～13	23	21:00	20:00	20
14～16	21	23:00	20:00	15
17～20	21	23:00	20:00	15
21～28	19	1:00	20:00	15
29～35	15	5:00	20:00	10
36～42	10	6:00	16:00	10

（4）通风　育雏舍的通风换气好坏决定鸡舍内部的环境质量。通风换气的目的是排除育雏舍内的氨气、二氧化硫等有害气体，空气中的病原微生物、尘埃及多余的水分和热量，换入新鲜空气，并调节室内的温度和湿度。随着雏鸡生长速度的加快，粪便量亦每天递增，如果通风不好，鸡舍内的氨气浓度会大幅度增加，导致雏鸡精神萎靡，同时也会滋生病菌，发生疫情。故在不影响舍温的前提下应尽量多通风。

通风的方法多样，常见的有在鸡舍内安装换气扇，可以有效地通风换气；或在喂料时打开门窗换气 $15\sim20$ min，保证温度的情况下进行换气。与此同时，及时更换垫料和进行除粪，可有效保证鸡舍内空气新鲜。各季节的通风时间见表 7-3。

通风时切忌贼风和穿堂风。要避免冷风直接吹到雏鸡身上，应使风通过各种屏障减慢流速，也可以在天花板上开几个排气孔，使浑浊的空气从室顶排出。

表 7 - 3　雏鸡舍的通风管理

日龄	夏季	冬季	备注
2~4	1 次，0.5 h/次	0 次	
5~10	3~5 次，1 h/次	1 次，0.5 h/次	1. 通风前 0.5 h 提高舍温 1~2 ℃；
11~15	3~5 次，2 h/次	2 次，0.5 h/次	2. 根据温度可适当调整通风时间，防
16~20	自然通风	2 次，1 h/次	止温度下降过快；
21~30	自然通风	3 次，1 h/次	3. 避免凉风直吹
30~	自然通风	自然通风	

4. 雏鸡的饲养管理

（1）开食和开饮　雏鸡第一次饮水称为开饮，第一次投料称为开食。适时的开饮、开食是养好雏鸡的第一步。先开饮，再开食。开饮应该选择雏鸡入舍 1~2 h 进行，水温应该尽量与室温相同，防止水温过冷导致雏鸡肠胃疾病而引起下痢。开饮的水中加入 5% 的葡萄糖或者开食盐，或者 0.01% 的高锰酸钾溶液，也可喂饮速补一类的水溶性维生素和微量元素。连续饮水 3~5 d，以增加雏鸡体质，缓解应激。

开食一般在开饮后的 2~3 h 后再进行，在开食时要选取颗粒小、容易消化的全价配合饲料，不限量，自由采食。

（2）饮食和饮水　为了刺激雏鸡的食欲，需要科学投料，适应雏鸡生长发育的需要，不能一次性让雏鸡吃得太饱，可采取少喂勤添的饲养措施，每天投料 6~8 次，20 日龄以前每天每只鸡的饲料量应该是日龄加 2 g，20~42 日龄应该每天每只鸡日龄减 3 g，每次保证雏鸡吃到八分饱为宜。饮水一定要保证水的质量，切记不能有污染，最好使用温开水，尽量减少水里的病毒细菌，同时也能防止雏鸡的应激。水要管够，如果雏鸡缺水，很可能导致脱水现象，造成不必要的损失。

（3）饲养密度　种用雏鸡的发育与饲养密度是否得当有密切的关系，合理的密度能够保证鸡舍的充分利用。密度过大，影响发育，雏鸡挤压抢食，导致体重发育不匀，且易发啄癖；密度过小，则使鸡舍利用率低，增加饲养成本。种用雏鸡的密度一般根据雏鸡日龄大小来定，1~2 周龄时，笼养密度为 60 只/m²，3~4 周龄时密度则为 40 只/m²。

（4）防疫和消毒　种用雏鸡的防疫是一个日常工作，必须按免疫程序接种疫苗，坚持日常清洗消毒工作，主要包括以下内容：①每天清洗水桶和料盘，清除里面的粪便，用高锰酸钾冲洗、晾干；②勤打扫，保持鸡舍干净；③定期除粪，定时通风，保证舍内没有氨气的味道；④饲养人员进入鸡舍前要换衣、消毒，保证不能把外来病菌带入鸡舍；⑤在饲料中适时适量加入一些保健、预防的药物，降低疫情发生的概率；⑥鸡舍要定期消毒。

（5）应激　指鸡群受到异常的刺激（如噪声、打针、扩栏、清粪、停电、转料等）所产生的不良反应，这种不良反应会使鸡群新陈代谢紊乱，生长发育减慢，抵抗力下降，严重时致疾病发生（常见为呼吸道病）。为了有效减少应激的影响，在饲养过程中应该注意以下问题：①在给鸡群打针等工作时最好在温度适宜时（夏天可在早、晚，冬天可在中午进行），动作要轻，并且操作要仔细；②无论什么时候，一旦听到鸡群有异常叫声，都必须立即到现场查明原因，及时处理，以防扎堆压死鸡；③避免鸡群受到噪声的影响；④应激发生前后，要及时投喂抗应激药物（如拜固舒、维生素 C 等）、抗呼吸道疾病药物（如泰农、红霉素、各种草药等），以及抗球虫药物，减少应激的影响。雏鸡保健程序见表 7 - 4。

表 7 - 4　旧院黑鸡育雏期保健药物的使用

使用日龄	药物种类	用药目的
1～5	葡萄糖、复合多维	补充维生素，抗应激
	抗生素	预防并治疗白痢，降低 MG 水平
	芪黄素	
8～12	复合多维、维生素 K₃	断喙后止血，疫后抗应激、预防呼吸道感染
	抗生素	
13～15	益生菌（或中草药）	调节、修复肠道
	芪黄素	
21～22	复合多维、维生素 K₃	免疫后抗应激，为 30 日龄免疫疫苗提供低 MG
	中草药（或益生菌）	水平环境调节肠道
30	复合多维	防应激
	抗生素	免疫应激，控制继发感染
	芪黄素	
35～42	中草药（或益生菌）	调节肠道（配合转料）
	中药保肝	

（6）断喙　笼养易导致雏鸡出现啄癖，啄癖不仅影响其生长发育，且使死亡率增加。断喙的目的是防止鸡只浪费饲料和相互啄羽、啄趾、啄肛，一般在雏鸡7～10日龄采用断喙器来完成，此时精确断喙可以一直保持较理想的喙型。如果雏鸡有啄斗，并有出血现象出现，要立即进行断喙。

断喙方法：断喙时一手握鸡，拇指置于鸡头部后端，轻压头部和咽部，使鸡舌头缩回，以免灼伤舌头，母雏上喙断去1/2，下喙断去1/3，种用公雏只去喙尖。

二、种鸡育成期的饲养管理

（一）种用育成鸡的生理特点及饲养方式

1. 育成鸡的生理特点　育成期指从育雏结束到开产前这段时期（7～18周龄），育成鸡又称青年鸡。育成期管理与育雏期有很强的连贯性，这段时期饲养管理的好坏，决定了旧院黑鸡种鸡性成熟后的体质、产蛋性能和种用价值。育成期的旧院黑鸡身体各部分已经越来越趋于成熟，对环境的适应性逐渐增强，虽然不像雏鸡那么脆弱，但是仍需要细心的照料才能健康成长。青年鸡具有生长发育快、消化能力逐渐增强的特点，采食量与日俱增，骨骼、肌肉和内脏器官等组织处于发育的旺盛时期。同时，性器官迅速发育，性机能逐渐增强，公鸡在6周龄以后，鸡冠迅速成长，啼鸣，母鸡卵泡逐渐增大，至后期性器官的发育更加迅速。此阶段的重点是保证骨骼和肌肉充分发育，并适度限制生殖器官的发育成熟。旧院黑鸡育成鸡外貌特征见图7-10。

图7-10　旧院黑鸡育成鸡（刘嘉　摄）

2. 育成鸡的饲养方式　饲养种用育成鸡的较好方式是笼养，育成笼有全阶梯式、半阶梯式和叠层式。笼养育成鸡饲养密度大，鸡舍利用率高，一般每小笼装 12～20 只，每组育成笼可装 120～140 只，每只鸡占笼内面积 280～320 m²，平均每只鸡可占 3～5 cm 槽位，喂饲时可以同时采食，饮水也有充足的槽位。尽管全阶梯或半阶梯式鸡笼间通风良好，也应加强通风，保持空气新鲜。笼养育成鸡的粪便可以直接落在粪沟里，育成鸡转群后可以集中清粪。

饲养育成鸡要按其营养需要配合饲料。日粮中蛋白质的含量要比雏鸡阶段少，而且随着青年鸡日龄的增长还要逐渐适当降低。青年期的蛋白总体水平保持在 17％左右。在生产实践中，如果蛋白质品质较差，应适当增加数量，以量补质；钙、磷等矿物质的量应保证，且比例要合适；食盐及微量元素锰、锌等也不可少；同时要增加维生素的供给，青绿饲料的加喂量可占日粮的 1/3 左右。

（二）育成鸡的饲养管理

1. 光照控制　种鸡育成期的光照控制至关重要，这关系到后期种母鸡的产蛋性能和种公鸡的性腺发育。根据育种实践，当地摸索出了旧院黑鸡最佳的光照控制方法。具体见表 7-5 和图 7-11。

表 7-5　旧院黑鸡育成期光照控制

鸡舍类型	周龄	光照时间（h）	光照强度（lx）
密闭式鸡舍	7～18	8	5
	19～20	9	5
	21	10	10
	22～23	13	10
开放式鸡舍	7～16	遮光处理，喂食开灯	—
	17～18	遮光处理，喂食开灯	—
	19～21	遮光处理，根据季节补充人工光照，维持光照 10 h	—
	22～24	根据季节补充人工光照，维持光照 13 h	—

2. 限制饲喂　旧院黑鸡种鸡在育成期需要进行限喂，其目的在于控制育成期种鸡生长速度，使其符合品种标准要求；防止种鸡性成熟过早，提高种用价值。主要分限质、限量和限时三种方法，具体见图 7-12。一般旧院黑

图 7-11　开放式鸡舍遮光帘（白世平　摄）

鸡种鸡在育成期采用限量和限质饲喂相结合的方法。育成期所使用的育成料粗蛋白质由育雏期的 19％ 降低至育成期的 16％，能量维持在 11.28 MJ/kg。饲料使用量参考表 7-6。育成阶段需通过称重了解种鸡生长发育情况：一般 0～6 周龄，2 周称重 1 次；7～21 周龄，每周称重 1 次。抽测体重个体为全群的 2％～5％。要求体重在平均重量×（1±10％）范围内的个体数量占全群的 85％ 以上。

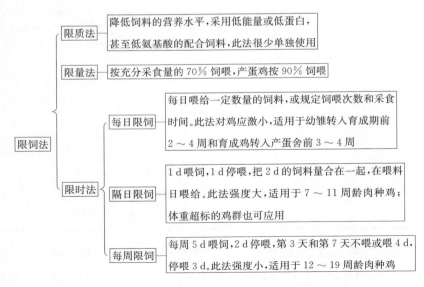

图 7-12　育成鸡限制饲喂方法（白世平）

表7-6 旧院黑鸡育雏、育成期饲料及体重参考值

日龄	公鸡		母鸡	
	饲料用量（g/d）	体重（g）	饲料用量（g/d）	体重（g）
1	自由采食	41.20±3.56	自由采食	41.20±2.74
7	自由采食	62.40±4.28	自由采食	58.60±3.46
14	自由采食	103.40±6.15	自由采食	97.60±5.34
28	自由采食	198.70±16.54	自由采食	191.80±15.66
42	33	368.54±32.68	31	336.80±24.86
49	53	517.30±49.6	51	476.80±36.57
56	53	602.50±49.69	51	598.40±49.82
63	72	864.60±71.3	70	784.80±67.46
70	72	1 067.50±91.78	71	945.20±83.64
77	94	1 132.90±124.56	90	1 054.80±105.68
84	94	1 476.40±216.4	90	1 161.40±172.87
91	94	1 683.64±287.66	90	1 384.68±216.54

3. 选择与淘汰 旧院黑鸡种鸡在出壳、育雏结束和育成结束时应分别进行选择。育雏结束时，公、母鸡幼羽已经发育完毕。育成结束时，成年羽毛已经形成。公、母鸡羽毛黑色带翠绿光泽，少部分鸡颈羽、翅羽为红色，母鸡颈羽为红色镶边的黑羽。成年鸡皮肤分为：白色和乌黑色。胫为黑色，大部分无胫羽，喙为黑色。其他注意事项见表7-7。

表7-7 旧院黑鸡种鸡的选择与淘汰

日龄	选留与淘汰标准
1	淘汰体型小、瘦弱和畸形的个体；公鸡量为母鸡的17%~20%
56	母鸡：个体均匀，体重达到品种标准，体质结实，骨骼发育良好，采食力强，活泼好动 公鸡：体躯魁伟，姿态雄壮，胸肩宽阔，肌肉发达；双目有神，冠大，骨骼坚实，羽毛光润而无杂毛；增重和羽毛生长快
126	低于平均体重10%以下、弱鸡、残次鸡及外貌特征不符合品种要求的淘汰；公鸡按母鸡选留数的11%~12%留下

4. 种鸡保健 育成期的种鸡保健程序见表7-8。

表7-8 旧院黑鸡育成期保健程序

使用日龄	药物种类	用药目的
45	清洗剂	饮水管道消毒
49～51	中药	ILT免疫应激，控制继发感染
60～63	中药（或益生菌）	调节肠道、抗菌，增强体质
70	复合多维	防应激
75	清洗剂	饮水管道消毒
84～91	抗生素（肌内注射） 中药	卵泡发育，预防细菌疾病
95	清洗剂	饮水管道消毒
99～101	抗生素（肌内注射） 中药 中药保肝	免疫应激，控制继发感染

三、种母鸡产蛋期的饲养管理

（一）开产期的饲养管理

1. 产蛋鸡舍的整理及消毒 开产期指种母鸡由生长期向产蛋期转变的过程，一般为18～23周龄。当产蛋种鸡即将性成熟的时候，就应该从育成鸡舍转入产蛋鸡舍，在此之前应该对鸡舍进行整理、清洗和消毒，对供水、供电、通风设施、防雨和保暖措施进行及时的维修，填堵鼠洞，安装好门窗玻璃。在鸡舍最后一次消毒前对供电、供料、供水等设施进行检测和试运行，合格后，进行鸡舍最后一次消毒。

2. 鸡群整理 对种鸡转笼之前进行整理，严格淘汰病、残、弱等不良个体，转群之前对鸡群进行驱虫，根据育成鸡的发病史，全群投药1～2次，疗程3～5 d，进行疾病净化。整理后，鸡群健康一致，体重和体型符合种用要求。

3. 转群 由育成舍转入蛋鸡舍称为转群。为了便于管理，有利于控制全场疾病，提高经济效益，最好实现"全进全出"。转群时间通常为16～18周龄，过早不利于鸡的生长发育，并出现提前产蛋现象，对后期产蛋质量造成影

响，或者鸡只太小钻出笼子，或者由于料槽和饮水乳头高度不宜影响鸡只饮水
吃料。超过20周龄则部分鸡已经开产，抓鸡造成的应激会导致开产母鸡中途
停产，或造成卵黄性腹膜炎致死。转群时应选择天气凉爽的时候进行。

转群的前2 d，应在饲料中添加抗生素或者双倍多维和电解质增强鸡只抗
应激能力，转群当日可适当增加光照和连续供水4～6 h，将余料吃净或者剩余
不多时再转出。抓鸡的时候轻拿轻放，防止在此过程中压死、闷死鸡。

转群后注意密切关注鸡群的动态，此时的鸡可能会排白粪，但2 d后便会
恢复正常。转群后立即给予鸡群饮水和采食，加入适当维生素和抗生素，连续
2～3 d，经过一周的适应，进行喙的修剪、预防注射、更换饲料和补充光照等
措施。

4. 日粮更换　产蛋期的种用母鸡需要提供全面的营养，初产至产蛋高峰
的鸡，日粮需要满足产蛋量逐渐增加的营养，又要维持机体体重和羽毛等的生
长需求。18～19周龄的时候，需将育成鸡饲料逐步更换为产蛋期饲料，或者
在产蛋率达5%的时候进行更换。

5. 补充光照　当18周龄抽检体重未达到品种标准时，则应该在19周龄
或20周龄开始补充光照。若在20周龄时体重仍不达标，可将补光时间增加
1～2周，补光幅度每周增加0.5～1 h，直至增加到16 h。

（二）产蛋期的饲养管理

1. 产蛋种鸡的饲养

（1）饲喂　种鸡产蛋之后，自由采食，不采取限饲措施。产蛋期间需要更
多的钙质饲料，每千只可以加喂3～5 kg大颗粒的贝壳粉或者蛋壳。1/3的贝
壳粉、2/3石粉混合添加到日粮中，对蛋壳质量有较大的提高作用；添加适当
的微量元素可以对蛋壳强度起到有效的提高作用。种鸡能量消耗较快，可在晚
间熄灯之前补饲1～1.5 kg的料。清晨5:00—7:00必须喂足料，保证产蛋时
鸡有足够的体力。育成中后期每周加料5～7 g，临近产蛋高峰母鸡每周加料
2～5 g，产蛋率至60%时加至高峰料量。

（2）饮水　产蛋种鸡的饮水量一般为采食量的2～2.5倍，在产蛋和熄灯
之前各有一次饮水高峰，故要保证充足而清洁的饮水。夏天饮用凉水，有利于
产蛋，但要注意加强水塔（图7-13）或水箱中水的循环，最好直接采用深层
地下水。

图 7 - 13　水塔（刘嘉　摄）

（3）阶段饲养　种鸡产蛋时期一般分为前、中、后三期。产蛋前期是指开始产蛋到产蛋率达到 50% 之前，通常是从 19 周龄初到 27 周龄末。这个时期产蛋率上升较为平缓，以每周 5%～7% 的幅度上升。鸡的体重和蛋重逐渐增加。体重平均每周仍可增长 30～40 g，蛋重每周增加 1.2 g 左右。在产蛋前期应饲喂高能量、高蛋白质和富含维生素、矿物质的日粮，在满足机体自身体重增加的基础上快速提升产蛋率至高峰期，并使之有较长的维持时间。此阶段粗蛋白质摄入量以 15～16 g/（d·只）、能量 1 100 kJ/（d·只）左右为佳。

当鸡群的产蛋率上升到 50% 时，即进入了产蛋高峰期。60% 以上的产蛋率一般可以维持 8～10 周，然后缓慢下降。当产蛋率降到 50% 以下，产蛋高峰期便结束了。

种鸡产蛋率下降到 50% 以下至鸡群淘汰，称为产蛋后期，旧院黑鸡通常是在 31～52 周龄期间。产蛋后期周平均产蛋率下降幅度要比高峰期下降幅度大一些。此阶段的饲养管理在于保证产蛋率缓慢而平稳地下降，适当降低营养水平，粗蛋白质摄入在 13～14 g。

2. 产蛋种鸡的管理

（1）饲养方式　种鸡饲养多采用二阶梯式笼养（图 7 - 14），有利于人工授精技术的操作（图 7 - 15）。

图 7-14 种鸡二阶梯式笼养（万源市农业局 提供）

图 7-15 种鸡人工授精（万源市农业局 提供）

(2) 环境控制 种鸡对环境的变化非常敏感，任何环境变化都会引起应激反应，如抓鸡、注射、停水、停电、噪声、颜色变化等，严重时致死。故饲养员需要固定，保证光照、温度、通风、供电、供水、供料的正常。如果有突发情况，及时进行处理，换料时有 1 周的过渡时间。

夏季减少鸡舍所受的辐射热和反射热，增加通风，避免鸡只中暑。温度过高时，封闭鸡舍采取负压通风湿帘降温（图 7-16）可使舍温降低 5~7 ℃。或者在鸡笼顶部安装喷雾机械，直接对鸡体进行定时喷雾，起到直接降温的效果。

万源市境内气候温差大，日照时数年均 1 474.4 h，年均气温 14.7 ℃。

图 7 - 16　湿帘降温（赵小玲　摄）

全年气候温差大，极端最低气温为－9.4 ℃，极端最高气温为 39.2 ℃，无霜期年均 236 d。春秋季节，在注意通风的同时注意鸡舍的保暖，并定时对鸡舍进行清扫和消毒，防止病原微生物的滋生。冬季必须做好防寒保暖工作，防止贼风，保证舍温在 15 ℃左右，可采用"热风炉"进行鸡舍的保温。

（三）种蛋生产

种蛋要定时收集，每日集蛋 2 次以上，避免种蛋污染。并将脏蛋、特小或特大蛋、畸形蛋和破蛋剔除。

1. 种蛋留用时间　在旧院黑鸡种鸡体重和体况发育正常的条件下，一般 24 周龄或蛋重达 50 g 的时候开始留用种蛋。在收集种蛋前 2 d 开始对同一鸡群进行连续 2 d 的人工授精，第 3 天开始收集种蛋。种蛋在 50～68 g 为宜，蛋重过大或过小及畸形均会影响孵化率。故而饲养种鸡不仅要考虑产蛋量，更要保证种蛋合格率和受精率。

2. 保证种蛋质量

（1）饲喂全价日粮　种鸡饲料不仅要满足能量和蛋白质需求，更需注意影响蛋壳质量的维生素和矿物质的补充，如钙、磷、锰和维生素 D，破蛋率控制在 2% 以内。

（2）及时收集种蛋　饲养人员要有足够的责任心，对种蛋进行妥当的收集和整理。增加捡蛋次数，可以有效降低破蛋率。在收集种蛋期间，避免外界影响造成的炸群，减少免疫次数，降低破蛋率、软蛋率和畸形蛋率。此外，双黄蛋也不利于孵化。

（3）提高初产时种蛋合格率　青年鸡开产体重、开产日龄等指标达标尤为重要，初产蛋重与开产日龄呈正相关，开产日龄越早，初生蛋越轻，故可适当推迟性成熟以保证种蛋重量的合格。

（4）选择合理的鸡笼　一般鸡场都采用浅笼，蛋鸡笼深度一般不超过35 cm。每只鸡占笼底面积为 $384\sim434\ cm^2$。底筛对鸡笼性能有很大影响，底层要承受鸡的体重。底由经纬丝组成，纬线在下相距 5 cm，经线距 2.5 cm，前壁高 40 cm，后网高 35 cm，使底网形成不大于 8°的倾斜，形成滚蛋间隙，蛋从底网滚出。良好的鸡笼可以使破蛋率降低到 2％以下。

（5）提高种蛋受精率　在人工授精之前，严格检测种公鸡的精液质量，选择繁殖力较强的公鸡，及时淘汰不合格的种公鸡。公鸡使用年限可达 2 年，生产上一般用 1 年后淘汰；母鸡使用年限 1 年，一般种蛋生产用300 d，即 43 周龄左右。正常种蛋的受精率应达 90％以上。

（6）种母鸡保健　为保证种鸡健康生产，在蛋鸡的各生产阶段，定期投放中成药物保健，以发挥最大的产蛋潜力，见表7-9。

表7-9　旧院黑鸡产蛋期保健程序

使用周龄	药物种类	用药目的
18～19	驱虫药	驱虫
21	中草药（或益生菌）	调节肠道、抗菌，增强体质、保证预产鸡群健康
22～23（或5％产蛋率）	黄芪多糖 杨树花	预防输卵管疾病
产蛋期	中药 复合多维	预防及控制鸡群腹泻、调解肠胃功能、治疗鸡群输卵管炎症
24～52	清洗剂	饮水管道消毒

四、种公鸡的饲养管理

（一）种公鸡的选择

种公鸡的选择一般进行多次，最终达到既符合品种特征，又具有较强繁殖力的目的。

1. 第一次选择　出壳之后即可进行。选择体格粗壮，活泼好动的个体。

2. 第二次选择　6～8 周龄时进行。选留发育良好、冠髯较大、呈豆冠的个体。淘汰外貌有缺陷，如胸、腿有缺陷，嗉囊大而下垂，体重过轻或者雌雄鉴别有误的个体。选留比例为：笼养公母比 1∶10，自然选择公母比 1∶8。

3. 第三次选择　公鸡转群时进行。17～18 周龄，选留体型、体重符合标准，外貌符合本品种要求，性反射功能强的公鸡。笼养公母比例为（1∶15）～（1∶20）。

4. 第四次选择　25 周龄左右根据精液品质进行选留。选留精液多、乳白色、活力高、密度大，按摩采精时反应优良的公鸡（图 7-17）。笼养时公母比例为（1∶25）～（1∶30），适当预留一些后备公鸡。

图 7-17　合格的种公鸡
（刘嘉　摄）

（二）种公鸡的培育

1. 饲养方式　从雏鸡开始，实施公母分饲；饲养密度较小，留足锻炼空间，以加强其体质。17 周龄之前按照各品系同笼养，17～18 周龄转入单体笼（图 7-18）饲养。光照按每周增加 0.5 h 进行，直至 16 h/d 为止。

2. 营养需要　后备种公鸡的能量水平是代谢能 12MJ/kg。育雏期粗蛋白质 18%～19%，钙 1.1%，有效磷 0.45%；育成期粗蛋白质 12%～14%，钙 1.0%，有效磷 0.45%。

3. 修喙　人工授精的公鸡需要进一步修喙，以减少育雏、育成期的伤亡。

4. 保健　种公鸡除需要使用专用的种公鸡料外，还应在交配季节添加蛋黄、黄芪多糖及复合维生素，加强保健。

图 7 - 18　种公鸡单笼饲养（刘嘉　摄）

第二节　旧院黑鸡商品鸡饲养管理

一、商品鸡育雏期的饲养管理

（一）商品雏鸡的饲养方式

旧院黑鸡商品鸡育雏通常采用地面平养（图 7 - 19），即把雏鸡放于铺有垫料的地面上进行饲养。其优点在于可以大大降低雏鸡胸囊肿大的发生概率，且投资较笼养少。但该种饲养模式占地面积大，雏鸡直接与垫料、粪便接触，不易控制球虫与白痢，使得育雏成活率、饲料转化率均不如笼育。地面平养时，雏鸡活动范围明显增大，雏鸡可以根据其体格灵活选择温度高或低的区域进行活动，从而达到促进生长的目的。旧院黑鸡虽为肉蛋兼用型，但更近于肉用型鸡种，在育雏前期要求有适当的温差，以刺激雏鸡食欲，提高采食量，从而促进生长。

图 7 - 19　地面育雏（刘嘉　摄）

（二）商品雏鸡饲养管理技术要点

1. 育雏前期准备

（1）**育雏设备检修**　检查育雏舍内所有设备、器具，并做好消毒，在进雏前 1～3 d 对鸡舍进行预热和试温；做好饲料、药品、谱系等记录准备。

（2）**清洗及消毒**　雏鸡入舍前，鸡舍应空置 2 周以上，在进雏前 1 周，对育雏鸡舍墙壁、地面、饲养设备以及鸡舍周围彻底冲洗，鸡舍充分干燥后，采用两种以上的消毒剂交替进行 3 次以上的喷洒消毒。关闭所有门窗、通风孔，对育雏鸡舍升温，温度达到 25 ℃ 以上时，每立方米用高锰酸钾 14 g，福尔马林 28 mL，先放高锰酸钾在舍内瓷器中，后加入福尔马林，使其产生烟雾状甲醛气体，对鸡舍和用具进行熏蒸消毒，熏蒸 2～4 h 后打开门窗通风换气。

（3）**垫料准备**　在选择地面育雏的时候，垫料的选择是雏鸡能否健康成长的另一个关键。铺放垫料除了可吸收水分，使鸡粪干燥外，还可防止鸡胸部与坚硬的地面接触而发生囊肿。故而，垫料必须具有干燥、松软和吸水性强的特点。常用的垫料有切短的稻草、锯末、稻壳、刨花和碾碎的玉米穗轴等。雏鸡胸囊肿的发生率与垫料的质地关系密切，据有关材料统计，用刨花做垫料的雏鸡胸囊肿发生率为 7.5%，用细锯末作垫料的胸囊肿发生率为 10%。垫料的湿度和厚度至关重要，过干则灰尘较大，易引起呼吸道疾病；过潮则易引发球虫病、肠道疾病等；过薄易致雏鸡腹部受凉而诱发感冒、腹泻等；过厚则会导致鸡舍粉尘增多，并增加成本。因此，要加强垫料的管理，注意控制垫料的干湿度和厚度，一般要求如下：

① 雏鸡阶段，使用谷壳加禾草最好。方法：先把禾草叶去掉，砍成两截，平整地铺在已经撒有一层薄薄谷壳的地面上。

② 常清理、常更换潮湿结块垫料，一般要求每周更换 1 次，如果鸡舍太潮湿，可以在地面先撒上少量生石灰，再铺垫料。尤其是饮水器周围垫料最易被水浸湿，更应随时清理更换。

③ 在炎热的天气更要重视垫料问题。鸡群热天多饮的水，绝大部分通过粪便排出后存积在垫料中，此时必须加强通风换气。否则，由于高湿引起垫料发酵，产生高热及氨气等，影响鸡群的正常生长。

总之，商品鸡育雏期的管理是整个养殖阶段最重要的环节，雏鸡成活率的高低和健康情况将直接影响养殖户的经济利益。育雏期的前期准备是整个育雏期至关重要的阶段，必须给予足够的重视。在了解雏鸡的生理特点、生活习性和营养需求的基础上，就能自如地做好接雏前的准备工作，为雏鸡创造一个良好的环境，给予周到的护理，使雏鸡能按预期的目标增重，以提高经济效益。

2. 商品雏鸡的饲养

（1）饮水　雏鸡进场后首先确保饮水，以防鸡脱水。训练雏鸡饮水时，用手轻轻抓住鸡只，手指轻轻将头按下，使雏鸡的嘴点水，学会喝水后，其他雏鸡便会效仿其行为。开饮时给以温白开水，任雏鸡自由饮用。给食后也不要把水撤走，无论白天或夜间均保证水的供应，如果雏群长时间断水，就会出现过饮现象，见水喝个没完，轻者可能腹泻，重者可能致命。20日龄后可逐渐给凉水饮用，在给水的同时可加入药物进行疾病预防。

（2）饲喂　雏鸡进场后要及时开食。1～3日龄雏鸡较小，可在房间内放置开食盘，以确保采食。随着鸡日龄增加，可撤除开食盘，改用料筒，以减少饲料损耗。商品鸡饲养时任其自由采食，每天加料4次，投料可刺激鸡的食欲，增加采食量，每次添料不超过料槽深度的1/3，防止刨食造成的浪费。

3. 商品雏鸡的管理

（1）环境控制

温度：第1周以32～35 ℃为好，以后平均每周降低3 ℃，到20～21 ℃保持恒定。地面平养的加温方式有地下烟道加温、煤炉加温、电热或煤气保温伞加温、红外线灯或红外线板（棒）加温等。育雏初期，为防止雏鸡远离热源，需围绕热源周围设置护板（围栏），以限制雏鸡的活动范围。护板高30～45 cm，距热源的距离冬季约75 cm，当雏鸡熟悉热源后，逐渐扩大护围面积，7～10日龄后即可撤除。

湿度：第1周65%～70%，第2周及以后55%～65%。

光照：时间和强度以保证鸡能够进行采食、饮水即可。除了人工照亮之外，阳光中的紫外光还有杀菌、消毒以及保持室内温暖干燥的作用。所以，一般在雏鸡出壳4～5 d后，在无风、温暖的中午可适当开窗，照进阳光，但要避免阳光直射和光照太强（表7-10）。

通风：第1～2周龄可以以保温为主适当注意通风，3周龄开始适当增加通风量和通风时间，4周龄以后（除冬季外），以通风为主，特别是夏季。

（2）合理的密度　保持合理的密度是提高雏鸡成活率和保持健康状况的重

表7-10　旧院黑鸡商品鸡适宜光照时间和强度

项目	周　龄							
	1	2	3	4	5	6	7	8
时间（h/d）	23	23	23	23	23	23	23	23
强度（W/m²）	2.5～3.0	1.5～2.0	1.0～1.5	1.0～1.5	1.0～1.5	1.0～1.5	1.0～1.5	1.0～1.5

要手段。饲养雏鸡的数量应根据育雏室的面积来定，切忌密度过大。密度过大会造成湿度过大，空气污浊，雏鸡活动受到限制，容易发生啄癖，群体应激反应大，鸡只生长不良，死亡率增加。密度过小，则不能充分利用人力和设备条件，会降低鸡舍的周转率和劳动生产率。一般一群以800～1 000只为宜。除此之外还要密切地关注雏鸡的精神状况，一旦发现有严重疾病的雏鸡要立即淘汰，防止疾病的传播造成大面积的死亡。在早晨第一次喂食的同时观察被其他鸡挤出来吃不到食的弱雏，抓出来分为一群，弱雏单独饲养，可以大大地提高雏鸡的成活率。雏鸡的密度大小与鸡舍的构造、育雏的季节、通风条件、饲养管理的技术水平等，都有很大的关系。随着雏鸡日龄的增长，每只鸡所占的地面面积也应相应增加。密度是否合适，取决于能否始终维持鸡舍内适宜的活动环境，应根据鸡舍的结构及其环境调节能力，按季节和鸡只体重来增减饲养密度。

（3）断喙　雏鸡断喙是其生长过程中必须经历的，主要是为了防止啄癖。一般在7～10日龄进行，上喙断去1/2，下喙断去1/3，使得上喙短、下喙长即可。

（4）防疫　商品雏鸡的免疫程序与种用雏鸡类似，出雏时便应进行马立克氏病疫苗的注射，其他时期的免疫程序见表7-11。

表7-11　旧院黑鸡商品鸡免疫程序

日龄	疫苗名称	疫苗用量	免疫方法
1	马立克氏病疫苗 冻干苗	1～1.5羽份	颈部皮下 注射0.2～0.3 mL
7	新支流灭活疫苗或者禽流感 H5＋H9灭活疫苗	0.3 mL	颈部皮下注射
12	法氏囊B87活疫苗	1羽份	滴口2滴

（续）

日龄	疫苗名称	疫苗用量	免疫方法
21	法氏囊 B87 活疫苗	2 羽份	滴口 2 滴
28	禽流感 H5＋H9 灭活疫苗	0.3 mL	肌内注射
70	传染性脑脊髓炎＋鸡痘疫苗	1 羽份	翼下刺种

（5）运动　采用开放式鸡舍饲养商品雏鸡，早日接触日光，到舍外运动，呼吸新鲜空气，促进生长发育。7 日龄后，雏鸡全身覆盖新生羽毛，选择无风晴朗的天气，可将雏鸡放到室外运动场活动 15～30 min。放雏鸡之前，一定要先将窗户打开，逐渐降低室温，待室内外温度相差不大时才能开门将雏鸡放出（图 7-20），以防受凉感冒。随日龄的增长而逐渐延长活动时间。

图 7-20　旧院黑鸡平养方式（唐利军　提供）

二、商品鸡育成期的饲养管理

一般指从雏鸡脱温后到育肥前的青年鸡阶段，是生长发育的重要时期。通常采用舍饲加运动场的半放养方式，饲养好坏直接关系后期育肥效果。

（一）商品鸡育成期的饲养

1. 均衡营养　仔鸡进入青年鸡阶段后，日粮中蛋白质的含量要比雏鸡阶段少，且随着青年鸡日龄的增长逐渐适当降低。青年鸡的蛋白总体水平保持在

17%左右。在生产实践中，如果蛋白质品质较差，应适当增加数量，以量补质；钙、磷等矿物质的量应保证，且比例要合适；食盐及微量元素锰、锌等也不可少，同时要增加维生素的供给，青绿饲料的加喂量可占口粮的1/3左右。

2. 饲喂和饮水　备足饲槽和饮水器。每只青年鸡有6.5 cm以上的饲槽长度或4.5 cm以上的圆形食盘位置，以防止采食位置不足而造成抢食和踩踏现象。饮水器则每只有2 cm以上的位置即可。

(二)　商品鸡育成期的管理

1. 控制饲养密度　保持合理室内密度，增加室外活动空间，有利于青年鸡只生长和骨骼发育。青年鸡的室内饲养密度控制5只/m²以下。在控制舍内密度的同时，还要注意增加室外运动，并要设置舒适的沙浴池，鸡进行沙浴也是一种运动。如有条件放牧，对青年鸡的发育更为有益。总之，要多方设法增加运动量，使青年鸡能够得到充分锻炼（图7-21），对青年公鸡尤为有用。

图7-21　旧院黑鸡中鸡的室外运动场（唐利军　提供）

2. 保持环境卫生　保持舍内空气新鲜，环境清洁干燥。随着青年鸡的生长，采食量增加，呼吸量和排粪量相应增多，舍内空气很容易污浊，必须坚持地面清洁和粪便清除工作，勤换垫料，注意开窗通风换气，并及早训练青年鸡上栖架宿夜。要做好料盘和饮水器的卫生、消毒工作。注意预防并及时驱除羽虱和蛔虫等寄生虫。

3. 减少不良应激 青年鸡的日常饲养管理工作，特别要注意尽可能避免外界不良因素的干扰和刺激。要减少转移鸡，抓鸡时动作不可粗暴，接种疫苗需谨慎进行，转移鸡舍、接种疫苗和驱虫等几种剧烈的强刺激性工作更不能集中同时进行。噪声、特殊颜色的衣服、突然出现的人和物，都可能使鸡惊群。因此不论任何原因引起的惊群现象均应力求避免，为鸡群创造一个安静的生长发育环境。

三、商品鸡育肥期的放养管理

育肥期是指从青年鸡结束到育肥上市阶段，此阶段主要采用放养结合补饲的方式。需采用适宜的饲养管理措施，根据市场需求来确定达到上市饲养日龄、满足体重、肉质风味的要求。

（一）育肥鸡的放养准备

1. 育肥鸡的饲养特点 优质鸡的育肥期饲养管理重点是维持体重的增长，促进体内脂肪的沉积，尤其是肌间脂肪的沉积，增加肌肉的风味，同时保持羽毛色泽鲜艳，冠、髯发育良好，具有显著的性别特征。需降低饲料的蛋白质含量，提高日粮的代谢能。大致配方：玉米55%，麦麸20%，豆粕20%，鱼粉5%。同时，减少鸡群的活动范围和活动时间，保持鸡舍适宜的温湿度以及光照时间，有利于鸡的育肥（图7-22）。

图7-22　旧院黑鸡育肥鸡（万源市农业局　提供）

2. 放养准备　对放养地点进行检查，查看围栏是否有漏洞，如有漏洞应及时进行修补，减少鼠、蛇等天敌侵袭。在放养地搭建鸡舍，以便鸡群在雨天和夜晚歇息。在放养前，灭一次鼠，但应注意使用的药物，以免毒死鸡。

对拟放养的鸡群进行筛选，淘汰病弱、残肢个体，同时准备饲槽、饲料和饮水器。

雏鸡在育雏期即进行调教训练，育雏期在投料时以口哨声或敲击声进行适应性训练。放养开始时强化调教训练，在放养初期，饲养员边吹哨或敲盆边抛撒饲料，让鸡跟随采食；傍晚，再采用相同的方法，进行归巢训练，使鸡产生条件反射形成习惯性行为，通过适应性锻炼，让鸡群适应环境。放养时间根据鸡对放养环境的适应情况逐渐延长。

3. 脱温训练　脱温是为了能让鸡只更快地适应外界的温度和放养环境而进行的针对性训练。雏鸡脱温，一般在 4 周龄之后，白天气温不低于 15 ℃时开始放养，气温低的季节，40~50 日龄开始放养。

4. 公母分群　公鸡争斗性较强，饲料效率高，竞食能力强，体重增加快；而母鸡沉积脂肪能力强，饲料效率差，体重增加慢。公母分群饲养，各自在适当的日龄上市，有利于提高成活率与群体整齐度。

5. 供水　由于野外自然水源很少，鸡放养的活动空间大，必须在鸡活动范围内保证充足、卫生的水源供给，尤其是冬季。冬季饮水要进行防冻处理。按照每 50 只鸡配置 1 个饮水器（直径 20 cm），若使用水槽，每只鸡水位 3~5 cm。

6. 环境控制　鸡有很多天敌，如蛇、黄鼠狼、老鹰等。要定期对放养区的围栏进行检查维护，发现有损坏的及时修补（图 7 - 23）。定期驱逐放养区内的野兽、老鼠等有害动物，保证鸡只的安全，避免不必要的损失。

7. 栖架设置　鸡具有在高处栖息的习惯，所以平面散养鸡舍要设计各种形式的栖架（图 7 - 24）让鸡在夜间休息。栖架可以使鸡少接触或不接触鸡粪，对预防鸡病有很大好处，冬季还可以使鸡少受地面低温影响。

平面散养鸡常用的栖架有两种形式。一种是把栖木钉成梯子的形状靠在墙上，称为立架；另一种是将栖木钉成凳子形状摆在鸡舍内，称为平架。栖架由栖木和支架两部分组成，支架可采用软木或金属结构，栖木则以竹木的结构为宜。栖木的表面要求平整、光滑、无棱角。鸡抓着的上面为弧形，与支架固定的下面为方形，安装要稳固，栖架的长度一般以每只 15 cm 为宜，两根栖木间的距离应不低于 30 cm。

图 7 - 23　旧院黑鸡放牧场地围栏

（万源市农业局　提供）

图 7 - 24　放养鸡舍内栖架

（万源市农业局　提供）

（二）育肥鸡的放养管理

1. 放养密度　放养应坚持"宜稀不宜密"的原则。一般饲养密度最好控制在 3 只/m² 以内为佳，该密度可以保证鸡群获得充分的水源、质量良好的空气，更重要的是可以有效减少雄性个体之间的争斗。可为雄鸡佩戴专用眼镜，以减少啄癖（图7-25）。根据林地、果园、草场、农田等不同饲养环境条件，其放养的适宜规模和密度也有所不同。各种类型的放养场地均应采用全进全出制，一般一年饲养 2 批次，根据土壤对畜禽粪尿（氮元素）承载能力及生态平衡，在不施加化肥的情况下，不同放养场地养殖密度分别为：

图 7 - 25　佩戴眼镜

（赵小玲　摄）

阔叶林（图 7-26）：每年每亩承载能力为 134 只，每年饲养 2 批，每批密度每亩不超过 67 只。

针叶林（图 7-27）：每年每亩的承载能力为 60 只，每年饲养 2 批，每批密度每亩不超过 30 只。

竹林：每年每亩承载能力为 130 只，每年饲养 2 批，每批密度每亩不超过 65 只。

果园：每年每亩承载能力为 88 只，每年饲养 2 批，每批密度每亩不超过 44 只。

图 7 - 26　阔叶林放养（万源市农业局　提供）

图 7 - 27　针叶林放养（万源市农业局　提供）

草地：每年每亩承载能力为 50 只，每年饲养 2 批，每批密度不超过 25 只。

山坡、灌木丛（图 7 - 28）：每年每亩承载能力为 80 只，每年饲养 2 批，每批密度不超过 40 只。

一般情况下，耕地不适宜进行放牧饲养。

2. 放养时间　每天的放养时间应该固定，不能今天中午放养，明天早上放养，这样容易引起鸡的应激，最好实行"早放晚归"。

3. 饲料搭配　旧院黑鸡上市体重较大，生长期长。为获得最大经济效益，由于放养场地可供鸡采食的自然营养物质甚少，需要在饲喂全价配合饲料的基础上搭配补充能量饲料，总体的营养需要量见表 7 - 12。5～8 周龄，建议使用

图 7 - 28　山坡放养（万源市农业局　提供）

中鸡全价配合饲料；9～14 周龄，建议使用大鸡全价配合饲料加 20% 左右的能量饲料，如玉米；15 周龄至上市，建议使用大鸡全价配合饲料加 40% 左右的能量饲料，能量饲料添加的比例随周龄增加而增加。

表 7 - 12　放养期各阶段参考营养需要量

营养指标	5～8 周龄	8 周龄以上
代谢能（MJ/kg）	12.54	12.96
粗蛋白质（%）	19.00	16.00
赖氨酸（%）	0.98	0.85
蛋氨酸（%）	0.40	0.32
钙（%）	0.90	0.80
有效磷（%）	0.40	0.35

饲料存放在干燥的专用存储房内，存放时间不超过 15 d，严禁饲喂发霉、变质和被污染的饲料。

果园内放养时，果园喷过杀虫药和施用过化肥后，需间隔 7 d 以上才可放养，雨天可停 5 d 左右。刚放养时最好用尼龙网或竹篱笆圈定放养范围，以防鸡到处乱窜，采食到喷过杀虫药的果叶和被污染的青草等，鸡场应常备解磷定、阿托品等解毒药物，以防不测。

4. 补饲　因为在放养期是鸡只增重最快的时候，所以绝不能发生空料、空盘现象，要让鸡只自由采食，一般采取喂料与鸡只在牧区自己找食相结合的饲养方式。所以为了鸡只摄入充足、平衡的营养，补饲成为关键的部分。

补充青绿饲料（图7-29）是补饲当中比较重要的部分，因为这个阶段的鸡正处于生长发育的重要阶段，青绿饲料含有大量的维生素和纤维，可以提高鸡只的消化能力，促进生长发育，提高饲料转化率。

图7-29 补饲青绿饲料（万源市农业局 提供）

四、商品鸡产蛋期的放养管理

从开产到产蛋高峰期后的时期，作为商品鸡产蛋期，生产土鸡蛋；产蛋后期可适时淘汰作为肉用老母鸡，老母鸡肉质风味更佳，具有一定的市场需求。一般采用放养结合舍饲的方式进行饲养管理（图7-30）。

图7-30 公、母鸡搭配（万源市农业局 提供）

（一）设置产蛋箱

放养的旧院黑鸡开始产蛋时，常把蛋下在窝外，先发生于少数鸡，接着是越来越多的鸡也喜欢于产蛋箱（窝）外产蛋，增加蛋的破损和污染。通过设置产蛋箱，可改变窝外产蛋的恶习，收到较好的效果。

1. 产蛋箱的设计　一般采用开放式产蛋箱，每箱可供 6～8 只鸡产蛋用，分多层叠于鸡舍一侧。制作材料为木材、竹子、塑料等，产蛋箱尺寸为宽 30 cm、深 35 cm、高 30 cm，兼用种鸡产蛋箱的尺寸较前者都加大 5 cm。底板向后倾斜 6°～8°，后板设有一蛋槽，箱顶呈 45°角，以防止鸡栖息排粪。

2. 产蛋箱的管理　设置产蛋箱应注意以下几方面。

（1）对于初产母鸡，产蛋箱一定要在开产前半个月移入产蛋鸡舍内，放在母鸡很容易发现的地方和容易登上的高度。

（2）产蛋箱不宜放在太亮或太黑、太热或太冷之处，以稍暗和常温为宜。产蛋箱应放在鸡舍中央和有栖木登攀的地方。

（3）按每 5～6 只母鸡准备一个产蛋箱的比例，备足产蛋箱。

（4）产蛋箱内垫草不要太厚或太薄，以 8 cm 厚度为宜。

（5）在产蛋箱内放上几枚鸡蛋（引蛋），以诱导母鸡进入产蛋。

（6）在距产蛋箱较远处，应设公鸡休息用的栖木，可减少公鸡对产蛋母鸡的干扰。

（7）使用带网底的产蛋箱时，有些鸡不愿在箱内产蛋，如在网上铺层垫草，情况就会好转。

（8）在鸡喜欢产窝外蛋的地方，临时放上产蛋箱，待鸡习惯于在箱内产蛋之后，再撤至适宜地点和合适的高度。

（9）鸡舍内黑暗角落是鸡喜欢产窝外蛋的地方，可用网、板把墙角隔开或悬挂灯泡照明。一旦发现窝外蛋，应立即收捡，严防被鸡群争抢啄食。

（10）悬挂式槽、水槽的底部和产蛋箱的过道，都可能成为鸡产窝外蛋的地方，应用木板围起。

（二）放养管理

放养母鸡能否有一个高而稳定的产蛋率，在很大程度上取决于饲养管理，而开产前和产蛋高峰期的饲养管理尤为重要。重视这两个阶段的饲养管理，可获得较好的饲养效果。

1. 改换日粮　改换日粮是指由生长日粮换为产蛋日粮，开产时增加光照时间要与改换日粮相配合，如只增加光照、不改换饲料，易造成生殖系统与整个鸡体发育的不协调；如只改换日粮、不增加光照，又会使鸡体积聚脂肪。故一般在增加光照 1 周后改换饲粮。

2. 调整饲料中的钙水平　产蛋鸡对钙的需要量比生长鸡多 3～4 倍。笼养条件下，产蛋鸡饲料中一般含钙 3％～3.5％，不超过 4％。而放养鸡的产蛋率低于笼养鸡，此外，在放养场地鸡可以获得较多的矿物质。因此，放养鸡的钙补充量低于笼养鸡。根据我们的经验，19 周龄以后，饲料中钙的水平提高到 1.75％，20～21 周龄提高到 3％，对产蛋鸡补钙应当适宜；若投喂过多的钙，不但抑制其食欲，也会影响磷、铁、铜、钴、镁、锌等矿物质的吸收；同时也不能过早补钙，补早了反而不利于钙在骨骼中的沉积。这是因为生长后期如饲料中含钙量少时，小母鸡体内保留钙的能力就较高，此时需要的钙量不多。在实践中可以采用的补钙方法是：当鸡群见第一枚蛋时，或开产前两周在饲料中加少许贝壳粉或碳酸钙颗粒，任开产鸡自由采食，直到鸡群产蛋率达 5％，再将生长饲料改为产蛋饲料。

3. 增加光照　从 21 周龄开始逐渐增加光照。如上所述，增加光照与改换饲料相配合。

（三）补饲

1. 补饲次数　定期抽测鸡群的体重，如果体重符合设定标准，按照正常饲养，即白天让鸡在放养区内自由采食，傍晚补饲 1 次，如果体重达不到标准体重，应增加补饲量，每天补料 2 次（早、晚各 1 次），或仅在晚上延长补料时间，增加补料的数量。

2. 补饲量　一般在开产前日补料量控制在 70 g 以内，以 50～55 g 为宜。放养鸡产蛋期精料补充料的营养推荐量与笼养蛋鸡相同阶段的营养标准比较，能量提高约 5％，蛋白质降低约 1 个百分点，钙有所降低，有效磷保持相对一致的水平，必需氨基酸稍有下降。这是由于放养土鸡活动量较大，能量消耗多；采食的优质牧草较多，氨基酸比例较好；从野外获得的矿物质较笼养多的缘故。根据放养需要配制饲料，满足放养旧院黑鸡产蛋的需求，获得较理想的饲养效果。

旧院黑鸡觅食力较强，觅食的范围较广，产蛋性能较低，一般补料量较少。产蛋期精料补充量的多少，主要决定于产蛋阶段和产蛋率、草地状况和饲养密度。补饲应注意以下方面：

（1）产蛋阶段和产蛋率　产蛋高峰期需要的营养多，饲料的补充量自然增加多。非产蛋高峰期补充饲料量少些。因此，对于不同的鸡群饲料的补充量不能千篇一律。应根据鸡群的具体情况而灵活掌握。

（2）草地状况和饲养密度　生态放养鸡主要依靠其自身在草地采食自然饲料，精料、补充料仅是营养的补充，而采食自然饲料的多少，主要受到草地状况和饲养密度的影响。当草地的可食牧草很多，虫体很多，饲养密度较低，基本可以满足鸡的营养要求时，每天仅少量补充饲料即可。否则，饲养密度较大，草地可供采食的植物性饲料和虫体饲料较少，那么主要营养的提供需人工补料。在这种情况下，必须增加补料量。

（3）注意观察，根据以下情况灵活掌握调整补料量。

一看蛋重增加趋势。初产蛋很小，旧院黑鸡鸡蛋一般只有 35 g 左右，2 个月后蛋增重达到 42～44 g，基本达到土鸡蛋标准。开产后蛋重在不断增加，平均每千克鸡蛋 23～24 个，说明鸡营养适当。每个鸡蛋不足 40 g，这说明鸡蛋的重量小，管理不当，营养不平衡，补料不足。

二看蛋形。旧院黑鸡鸡蛋蛋形圆满，大小端分明。若大端偏小，大小两头没有明显差异，说明营养不良。这样的鸡蛋往往重量小，与补料不足有关。

三看产蛋时间分布。大多数鸡产蛋在中午以前，上午 10 时左右产蛋比较集中，12 时之前产蛋占全天产蛋率的 75% 以上。如果产蛋率不集中，下午产蛋的较多，说明饲料补充不足。

四看产蛋率上升趋势。开产后产蛋上升很快，在 2 个多月、最迟 3 个月达到产蛋高峰期，说明营养和饲料补充得当。如果产蛋率上升较慢、波动较大，甚至出现下降，可能在饲料的补充和饲养管理上出现了问题。

五看鸡体重变化。开产时应在夜间抽测鸡的体重。产蛋一段时间后，如鸡体重不变或变化不大，说明管理恰当，补料适宜。如鸡体过肥，是能量饲料过多的表征，说明能量、蛋白质的比例不当，应当减少能量饲料比例。在放养条件下，除了停产以外，很少出现鸡体过肥现象。如鸡体重下降，说明营养不足，应提高补料质量和增加补料数量，以保持良好的体况。

六看食欲。每天傍晚喂鸡时，鸡很快围聚争食，食欲旺盛，说明鸡对营养的需求量大，可以适当多喂些。若来得慢，不聚拢、不争食抢食，说明食欲差或已觅食吃饱，应少喂些。

七看行为。如果鸡群正常，没有发现相互啄食现象，说明饲料配合合理，营养补充满足。如果出现啄羽、啄肛等异常情况，说明饲料搭配不合理，必需氨基酸比例不合适，或饲料的补充不足，应查明原因，及时治疗。

（赵小玲、胡渠、刘嘉）

第八章
旧院黑鸡疾病防控

第一节　鸡场生物安全

养鸡场的工作不能忽视动物生物安全的管理，注重生物安全是禽场防控疫病的重中之重。近年来，随着旧院黑鸡产业的发展，养殖规模化、集约化程度的提高，养殖所面临的问题也越来越多，风险在加大，其中疾病的发生严重地影响了旧院黑鸡养殖业的生产和发展。面对旧院黑鸡生产规模的不断扩大及日益复杂的疫病，采用疫苗免疫、消毒等常规的疫病防控方法，对疫病的有效防控难以发挥作用。对此，针对新形势下旧院黑鸡疫病的防控，采用动物生物安全的综合防控措施变得尤为重要。

动物生物安全体系是为了切断病原入侵畜禽动物群体并进而繁殖所采取的各种措施，动物生物安全体系是集约化生产养殖的一项先进系统工程，是动物管理策略和动物与人类健康发展的保护措施。动物生物安全的基点是疫病控制和动物与动物产品安全。疫病的预防控制体系是由畜牧业的动物生物安全、免疫预防和药物防治、消灭传染源构成的，这样的体系和传染病的综合性预防控制措施十分相似。但不同的是畜牧业动物生物安全更加注重工程的系统性，并且强调不同部分之间的相互关联性，以及强化对病原的控制、消灭及动物产品的安全性。

一、严格消毒

消毒是生物安全的重要措施，消毒的范围包括周围环境、禽舍、孵化室、育雏室、饲养工具、仓库等，根据不同的环境需要制定合理的消毒程序。平时在鸡舍进出口应设立固定的消毒池、洗手间、更衣室等，场内周围环境的消毒，一般每季度或半年消毒1次，在疾病发生时，可随时消毒。鸡舍应在每批鸡进鸡前和鸡群出售或宰杀后进行彻底消毒，平时应每天对鸡舍内部喷雾消毒1次，每周对外环境消毒1次。孵化室消毒应在孵化前和孵化后进行，育雏室消毒应在进雏前和出雏后进行。

（一）环境消毒

养鸡场周围的运动场、草地、道路和排水沟等易为病原微生物、虫鼠提供生存条件和空间，是造成鸡病流行的主要原因。对环境进行杀虫、灭鼠和消毒可以使鸡场周围的空气和地面得到净化，减少病原的散播，对于控制疫病具有重要意义。

（二）饲养区消毒

鸡舍应按照制订的消毒程序进行严格的消毒杀菌。带鸡消毒时，要选择广谱高效、无毒无害、刺激性小、腐蚀性小的消毒剂对鸡舍内环境和鸡体表面进行喷雾，以杀灭或减少病原微生物，达到预防性消毒的目的。严禁使用具有刺激性气味和毒副作用的消毒药品。舍内不得有氨气味，地面保持清洁，每周消毒1次。饲料槽和饮水槽常有垫料或粪便落入，为病原菌的传播提供了有利的条件。所以，必须每天对饲料槽、水槽或饮水器清洗消毒1次，不能存有污垢。

（三）空舍消毒

鸡只转群、销售、淘汰完毕后，鸡舍成为空舍，这时应对鸡舍彻底消毒。消毒时要细致认真，并按照消毒程序进行，先对鸡舍全面清扫，再用高压水枪冲洗天花板、墙壁和地面，尤其要注意角落、裂缝的冲洗。鸡舍干燥后，再喷雾消毒1次，并用10％石灰水粉刷墙壁，隔1 d后，关闭鸡舍门窗，再用甲醛与高锰酸钾熏蒸消毒，至进鸡前5 d再开窗换气。

（四）孵化室消毒

孵化室应远离家禽饲养区。从进蛋、选蛋、装盘、储蛋、孵化、出雏、雏禽停留室到装运室应呈单向交通线分布，不可逆转。孵化用种蛋必须消毒后才能进入孵化机，蛋盘、蛋架、孵化机和出雏机在每次使用后均应消毒。孵化后的无精蛋、死胚蛋、废蛋及绒毛等应及时集中做无害化处理。

二、勤换垫料

旧院黑鸡采用地面平养时，垫料最好先用消毒液消毒后再在阳光下曝晒。可以适当地加入草木灰尤其是松柏枝灰，垫料中适当地添加草木灰不仅能很好地吸收水分、保持环境干燥，而且还能提供旧院黑鸡生长发育所需的钙和磷，以及一个较为理想的碱性环境，对羽虱也有很好的防治作用。及时清除粪便，勤换垫料，保持干燥不潮湿。在鸡舍内的四周铺上 5 cm 左右厚、1 m 左右宽，干净且比较干燥的河沙，每间隔半月，最长 1 个月换 1 次。目前，采用生物发酵床饲养旧院黑鸡也是较好的方法，可减少更换垫料和防止球虫病的发生。

三、加强空气流通

鸡舍通风的主要目的是排出鸡舍内的有害气体，排出鸡舍内多余的热量和降低鸡舍内湿度，并提供足够的氧气，改善鸡舍的空气质量。对于相对密闭的饲养鸡舍，应勤开排气扇和门窗，加强空气流动，保持鸡舍内空气清新，减少病原菌的滋生，降低对鸡的应激。夏季鸡舍通风的主要目的是为了降温，采用纵向通风模式，要求通风量大，利用风冷效应和湿帘蒸发降温；而冬季鸡舍通风的主要目的是为了换气，采用横向通风模式，要求通风量小，利用最小通风量。一般来说最大通风量是最小通风量的 10 倍左右。

冬季通风主要包括给鸡舍提供氧气，排除舍内有害气体。确保鸡舍内无粉尘，氨气、二氧化碳、硫化氢等有毒有害气体应在标准的范围内，保证鸡舍内空气新鲜，及舍内前后、昼夜、早晚等温度均匀；控制鸡舍的有效温度（温度＋湿度＋风速），确保种鸡发挥最佳的生产性能。冬季使用横向通风的条件和要求：风机安装在侧墙，进风口均匀地安装在鸡舍的两边侧墙上，风机运转利用定时钟来控制，进风口有静压控制开启大小和进气方向，湿冷空气与空气内干热空气混合后向下，鸡群背部的风速低，一般 0.25 m/s。要求鸡舍的密闭性良好，鸡舍必须形成一定的负压，让风从我们需要的地方进风。除进风口之外，密封所有可能漏风的部位，以保证通风方案的正确实施，进风口的风速至少达到 4 m/s，必须保证进风口的风速到达鸡舍的中央。

夏季通风是为了降温。要求鸡舍有最大通风量，使用纵向通风。春秋季通风是为了换气和降温，使用混合通风。通风要保证鸡舍内空气质量良好，鸡舍内昼夜温差和前后温差均匀一致，一般要求温度差小于 2 ℃，防止温度忽高忽低，否则鸡只易感冒。

第二节　旧院黑鸡免疫程序

旧院黑鸡免疫程序见表 8-1。

表 8-1　旧院黑鸡参考免疫程序

日龄	疫苗名称	疫苗用量	免疫方法	备 注
1	马立克氏病冻干苗	1 羽份	颈部皮下注射 0.2 mL	一瓶马立克氏病疫苗兑一瓶专用稀释液，出壳 24 h 内做，稀释后 1 h 内注射完。注射后 15～20 d 内做好消毒灭源工作，防止病毒带入造成免疫失败。经营 3 年以上的鸡场建议使用马立克氏病液氮疫苗。1 000 羽份最好配合盐酸头孢噻呋钠 0.1 g，减小马立克氏病感染的影响，同时可有效防治出壳鸡白痢
7	新支 H120 二联疫苗	1.5 羽份	滴鼻点眼	疫苗冷冻保存，使用时兑专用稀释液此种免疫必做。也可以用新城疫单苗代替，但存在传染性支气管炎暴发的风险
	注射新支流灭活疫苗或者禽流感 H5＋H9 灭活疫苗	0.3 mL	颈部皮下注射	疫苗保鲜冷藏，注意观察免疫反应，此种免疫必须做
12	法氏囊 B87 活疫苗	1 羽份	滴口 2 滴	疫苗冷冻保存，使用时兑专用稀释液。此种免疫必做
21	法氏囊 B87 活疫苗	2 羽份	滴口 2 滴	疫苗冷冻保存，使用时兑专用稀释液。此种免疫必做
27～28	新支 H52 二联疫苗	2 羽份	滴鼻点眼	疫苗冷冻保存，使用时兑专用稀释液。此种免疫必做。也可以用新城疫疫苗代替，但存在传染性支气管炎暴发的风险
	禽流感 H5＋H9 灭活疫苗	0.3 mL	肌内注射	疫苗保鲜冷藏，注意观察免疫反应，此种免疫可以延到 45 日龄左右做
33～35	鸡痘活疫苗	1 羽份	翼膜刺种扎针	疫苗冷冻保存，使用时兑专用稀释液。此种免疫必做

（续）

日龄	疫苗名称	疫苗用量	免疫方法	备 注
45	霍乱灭活疫苗	0.5 mL	肌内注射	疫苗保鲜冷藏，此种免疫是否做视具体情况而定
50~55	新城疫疫苗（LaSota 株）	4 羽份	集中饮水	疫苗冷冻，此种免疫必做
80~85	禽流感 H5N1 灭活疫苗	0.5 mL	肌内注射	疫苗保鲜冷藏，此种免疫必做
90~100	新城疫弱毒活疫苗（LaSota 株）	4~5 羽份	集中饮水	疫苗冷冻，此种免疫必做。有的地区可以考虑做新城疫弱毒活疫苗（克隆 C30 株），但必须在专业人员指导下进行
150	新城疫弱毒活疫苗（LaSota 株）	4~5 羽份	集中饮水	种鸡以后每 2 个月做一次新城疫冻干疫苗（新城疫弱毒活疫苗 Lasota 株），此种免疫必做。种鸡也可以在此时做一次新城疫灭活疫苗，以后 3 个多月做一次新城疫灭活疫苗

第三节　旧院黑鸡常见疾病的防控

一、常见疾病的观察判断

学会正确观察鸡群，及时发现鸡群的异常情况，做到早发现、早治疗，把鸡病扼杀于初始阶段，减少损失。观察鸡群可从"闻、听、看"三方面入手。

（一）闻气味

通风换气良好的鸡舍，消化吸收好的鸡群，鸡舍闻不到氨气味、腥味、臭味。如果有上述气味，说明鸡舍通风换气差、鸡群腹泻或消化不良或有肾炎、饲料中营养物质消化吸收不好，营养损耗大。

（二）听声音

夜深人静时，细听鸡群是否有咳嗽、喘气、怪叫等异常呼吸音。若有，说明鸡群感染了呼吸道疾病。

（三）看外观

1. **看粪便**　正常便又黑又粗，软硬适中，或呈螺丝状，或呈长条状，另外早上鸡粪带白较多或热天中午鸡粪带水较多，都属于正常现象。如果是：①血便（血水），预示盲肠球虫（图8-1）。②白色石灰水样稀粪，预示法氏囊病、肾型传染性支气管炎、痛风。③黄色含玉米粒粪便，预示消化不良；硫黄样粪便，预示盲肠炎；黄绿色带黏液粪便，预示禽流感、鸡新城疫、禽霍乱、鸡伤寒等（图8-2）。

 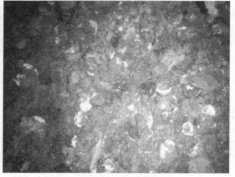

图8-1　西红柿粪便（舒刚　摄）　　　图8-2　绿色粪便（舒刚　摄）

2. **看食欲**　增料或减料，预示可能发病。

3. **看精神及运动状态**

（1）怕冷扎堆、松毛、缩颈低头，可能有法氏囊病。

（2）高度兴奋、奔走、跳跃、转圈，预示农药或驱虫药中毒。

（3）软脚、瘫痪、侧卧于地面，不愿走动，预示马杜拉霉素或盐霉素中毒。

（4）高温天气下，40日龄以上的鸡，呆立，一侧眼闭，大量减料，排恶臭稀粪，可能是坏死性肠炎。

（5）扭头扭颈，观星状，预示鸡新城疫，维生素B_1、维生素E、硒缺乏。

4. **看发育及皮肤着色**　生长发育好的鸡，胸肌丰满，脚粗壮，饱满有光泽，并且冠、喙、眼睑、脚上的黑色素沉积很多，呈深黑色。

5. **看死鸡**　一种是正常死鸡（又称应激死鸡），多在吃料时或其他应激中突然死亡，死的鸡较肥壮，发育良好，不干脚，不干瘦，嗉囊内有许多食物，引起正常死亡有以下原因：①舍内空气质量差，有害气体多，氧气不足，引起心肌缺氧。②维生素添加过量或电解质供给不平衡，机体各器官发育过快或发育不平衡，造成心脏负荷过重。③严重的应激，如突然受到惊吓，造成肝破裂。另一种为异常死亡，主要表现为干脚、消瘦、羽毛松乱。

（四）摸鸡体

一是用手指感觉病鸡背、腋下、鸡腹、脚胫的温度，如果鸡背、翅下、鸡腹明显体温升高，或与其他正常鸡同部位体温手指感觉加以区别，说明鸡有较严重的新城疫、流感、霍乱等热性瘟疫病感染或者其他发热病症，应对病鸡进行解剖等手段查明病因，立即采取防治措施；二是鸡背、腋下、鸡腹明显发冷，说明是鸡患病后期，可能濒临死亡；三是摸嗉囊，如果嗉囊捏之肿胀波动，如软气球，可能是热性病发生、中暑初期、饲料盐分过重、中毒等，如果嗉囊肿胀较硬，说明可能为中暑后期、嗉囊炎、巴氏杆菌病等。

二、常见病毒性疾病

（一）鸡瘟（鸡新城疫）

1. 病原　本病是由新城疫病毒引起多种禽类的一种急性高度接触性传染病，强毒感染易感禽常呈败血症经过。该病被世界动物卫生组织定为 A 类传染病，我国也将其列入一类动物疫病。新城疫病毒（NDV）属于副黏病毒科副黏病毒属，为单股 RNA，该病毒具有血凝性，能吸附于鸡、火鸡、鸭、鹅及某些哺乳动物（豚鼠等）的红细胞表面，引起红细胞凝集（HA），这种血凝现象能被抗 NDV 的抗体所抑制（HI）。

鸡新城疫病毒对外界环境抵抗力较强，对热和光等物理因素的抵抗力较其他病毒稍强，在 pH 2～12 的环境下 1 h 不被破坏。加热至 60 ℃经 30 min，或煮沸 1 min 可死亡；在直射阳光下，病毒经 30 min 死亡；一般的熏制方法不能杀死鸡肉中的病毒，若先在 90～95 ℃热水中煮 40 min 后熏制，可杀死鸡肉中病毒。病毒对消毒药的抵抗力较弱，如 2%～3% 的氢氧化钠溶液、4%～5% 甲醛及甲醛蒸气、1% 来苏儿、5% 漂白粉溶液、3%～5% 碘酊及 70% 酒精等均可在数分钟内杀死病毒。

2. 发病特点　2 周龄后的各种日龄都可感染，冬、春季最严重。免疫的情况下，典型鸡瘟较少发生，非典型鸡瘟经常发生。疫苗接种差（如漏做或剂量不足等）的鸡群易发生。

3. 临床症状

（1）典型　①呼吸困难，常张口呼吸；②倒提鸡只流涎；③排蛋清样粪便；④发病率高、死亡率高；⑤耐过后，鸡只常出现扭头、歪颈、神经症状。

（2）不典型　①呼吸道病持续久而难治；②腹泻较严重，排青色粪或黄白粪带水；③减料；④死亡率不高。

4. 解剖变化

（1）典型　①肠道充满绿色粪便（图8-3）；②十二指肠出血、溃疡；③盲肠扁桃体出血溃疡，直肠出血，输卵管出血（图8-4）。

 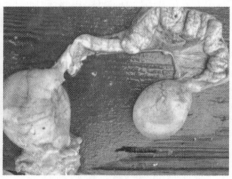

图8-3　肠道充满绿色粪便（舒刚　摄）　图8-4　输卵管肿大、出血（舒刚　摄）

（2）不典型　①喉头黏膜出血；②偶尔可见鸡腺胃黏膜有小点出血（图8-5）。

图8-5　腺胃黏膜点状出血（舒刚　摄）

5. 防控方法

（1）搞好鸡舍消毒及环境卫生。

（2）严格按《肉鸡免疫程序》正确接种新城疫疫苗。

（3）饲喂优质维生素、黄芪多糖等，提高鸡只抵抗力。

6. 治疗措施

（1）35 日龄前　急性型紧急注射抗体，同时用双黄连口服液降温，等鸡群稳定后再做 2 羽份新城疫Ⅳ系低毒疫苗；亚急性型紧急注射 2 羽份新城疫Ⅳ系疫苗，注射疫苗 24 h 后用黄芪多糖加双黄连口服液提高抵抗力和消除呼吸道症状；慢性型多是免疫不均造成的，用新城疫Ⅳ系 2 羽份/只滴眼鼻，增加免疫均匀度。

（2）35 日龄以后　分别用新城疫灭活苗 0.4 mL 和新城疫Ⅳ系 2～3 羽份/只，分两边肌内注射。

（3）肌内注射注意事项　先注射健康鸡，后注射发病鸡，最多注射十只鸡换一枚针头。

（4）周围受威胁的鸡群用新城疫Ⅳ系（2 羽份/只）和新城疫灭活苗（0.3 mL/只）紧急接种。

（二）禽流感（AI）

1. 病原　禽流感（AI）是禽流行性感冒的简称，高致病性禽流感被世界动物卫生组织定为 A 类传染病，我国也将其列入一类动物疫病。流感病毒（AIV）属正黏病毒科流感病毒属 A 的成员，对大多数防腐消毒药和去污剂敏感。禽流感病毒可感染多种家禽和野禽，其感染宿主多样性的特点，使得禽流感防不胜防。禽流感一年四季均可发生，但多暴发于冬、春季节。由 A 型流感病毒的变异株或新亚型引起的流感时，呈流行性或大流行性，发病率很高。

2. 发病特点　各种家禽和野禽均易感，以鸡和火鸡最易感。强毒力株引起鸡大批死亡，低毒力株只引起少数鸡死亡或不发生死亡。病禽是主要传染源，经消化道、呼吸道感染。多发于晚秋、早春以及寒冷的冬季，呈流行性或地方流行性。

3. 临床症状　毒株不同症状差异很大。高毒力株（即高致病性禽流感）感染后，可出现头和面部水肿，鸡冠和肉垂肿大并发绀，脚鳞出血等症状，表现突然发病死亡，死亡率特高，常于 2 d 内鸡群全群覆没。中低毒力株禽流感主要表现为轻度呼吸道症状，产蛋率、受精率和孵化率下降，死亡率很低，该型禽流感是目前我国发生的主要临床类型。

4. 解剖变化　高毒力株禽流感常无明显变化，病程稍长者可见皮肤、冠和内脏器官有不同程度的充血、出血和坏死。低毒力株禽流感主要解剖变化是鸡冠肉髯肿大（图8-6），肠道、泄殖腔出血，肌胃出血，卵泡充血破裂（图8-7）。

图8-6　鸡冠肉髯肿大（唐利军　摄）　　图8-7　卵泡充血破裂（唐利军　摄）

5. 防控方法

（1）控制传染源传入鸡群，严格消毒措施。

（2）加强饲养管理，提高抗病力。

（3）发现疑似高致病性禽流感后，要迅速确诊，立即上报疫情，并果断采取扑杀措施，封锁和消毒疫区，严防人禽交叉传播。

（4）每年定期用灭活苗免疫接种。

6. 治疗方法　治疗上目前尚无特效药物，对于温和型可用抗病毒中药进行辅助治疗：黄芪多糖按0.02%～0.1%拌料投喂，连用5～7 d；或双黄连口服液加上清瘟解毒口服液，都按0.01%～0.05%比例饮水，连用5～7 d。

（三）鸡传染性支气管炎（IB）

1. 病原　鸡传染性支气管炎（IB）是由鸡传染性支气管炎病毒（IBV）引起的鸡的一种急性、高度接触传染性的呼吸道传染病。其特征是病鸡咳嗽、喷嚏和气管发生啰音。在雏鸡还可出现流鼻涕，蛋鸡产蛋量减少和质量低劣，肾病变型肾肿大，有尿酸盐沉积。该病1930年首先在美国发现，目前呈世界性分布。我国大部分地区有本病蔓延。该病被世界动物卫生组织定为 B 类传染病，我国也将其列入二类动物疫病。

鸡传染性支气管炎病毒（IBV），属于冠状病毒科冠状病毒属中的一个代表种。多数呈圆形，直径 80～120 nm。单股 RNA，有囊膜，其上有花瓣状纤突。病毒主要存在于病鸡呼吸道渗出物中，肝、脾、肾和法氏囊中也能发现病毒。在肾和法氏囊内停留的时间可能比在肺和气管中还要长。IBV 没有凝血蛋白，无自然凝血活性，但经 1% 胰蛋白酶（或乙醚）在 37 ℃处理 3 h 后，则能凝集鸡红细胞。IBV 能干扰鸡 NDV 在雏鸡、鸡胚和鸡肾细胞中的增殖，而鸡脑脊髓炎病毒则又能干扰 IBV 在鸡胚内的增殖。病毒能在 9～11 日龄的鸡胚中生长。多数病毒株在 56 ℃下灭活 15 min，－20 ℃能保存 7 年之久。病毒对一般消毒剂敏感，如用 0.01% 高锰酸钾 3 min 内死亡。病毒在室温中能抵抗 1% 盐酸（pH2）、1% 石炭酸和 1% 氢氧化钠（pH12）1 h，鸡新城疫、传染性喉气管炎和鸡痘病毒在室温中不能耐受 pH2 环境，这在鉴别上有一定意义。

2. 发病特点

（1）冬春季寒冷天气多发。

（2）各种日龄鸡群都可感染，尤其是 30 日龄内的雏鸡易发。

（3）鸡舍又冷又闷的鸡群易发（主要是密度大、保温差、换气差）。

（4）传播速度极快，很快传及全群。

3. 临床症状

（1）呼吸型　呼吸困难，伸颈张口、气喘、怪叫，并伴有咳嗽、打喷嚏等症状，流鼻涕，流泪。

（2）肾型　病初也出现上述呼吸症状，但 2～3 d 后呼吸道症状减轻，病鸡羽毛逆立，怕冷扎堆，排白便，死亡快。

4. 解剖变化

（1）呼吸型　气管、支气管充血，有水样或黏稠透明的黄白色液体，堵塞。

（2）肾型　肾肿大、苍白，呈槟榔状花斑，俗称"花斑肾"。成年鸡出现输卵管水肿和积液（图 8-8、图 8-9）。

5. 防控措施

（1）搞好鸡舍消毒及环境卫生。

（2）加强鸡群保温，搞好鸡舍通风换气，控制好密度，清除潮湿垫料。

图 8-8 输卵管水肿出血

图 8-9 输卵管积液（舒刚 摄）

（3）做好 H120 与 H52 疫苗的接种。

6. 治疗措施

（1）用高免肾型 IB 蛋黄液加干扰素肌内注射。

（2）减少饲料中蛋白含量。方法为：每包料加 10 kg 左右玉米粉。

（3）用肾肿解毒药或 0.3%～0.5% 小苏打饮水。

（4）使用利尿、通肾的中草药：金银花 250 g、黄芩 500 g、车前草 750 g、金钱草 500 g、蒲公英 750 g、茯苓 750 g、板蓝根 750 g、甘草 250 g、陈皮 250 g、生石膏 500 g、麻黄 250 g、杏仁 500 g、鱼腥草 500 g，煎水取汁，以上是 3 000 只成鸡一天用量，连用 3 d。

（四）鸡痘

1. 病原 鸡痘是由鸡痘状病毒引起。鸡痘病毒是痘病毒科禽痘病毒属的一种。

2. 发病特点 鸡痘是一种缓慢性扩散的接触性传染病，呈季节性流行，有多种类型。其中危害较大的，主要有眼鼻型鸡痘、皮肤型鸡痘。多于夏秋季节流行，治疗比较困难，死亡率较高。

3. 临床症状 该病自然感染的潜伏期为 4～10 d。病毒在入侵皮肤的上皮细胞内繁殖，引起细胞增生，形成痘疹，最后形成结痂。

4. 解剖变化 根据发病部位不同，本病可分为：皮肤型、眼鼻型、白喉型三种情况。

（1）皮肤型 是最常见的类型，病鸡皮肤无毛处以及羽毛稀少的部位，出现分散或密集融合的痘疹，经数日结成棕黑色痘痂，慢慢脱落痊愈。传染较慢，病程 3 周左右。如群体没有继发感染，则对生产性能影响不大。本病易继发葡萄球菌感染，造成鸡只伤亡。

（2）眼鼻型　主要见于 20～50 日龄的鸡群，病鸡最初眼、鼻流出稀薄液体，逐步变稠，眼内蓄积脓性渗出物，使眼皮胀起，严重者眼皮闭合，使鸡失明，最终营养衰竭死亡。

（3）白喉型（黏膜型）　病鸡咽喉黏膜上出现灰黄色痘疹，很快扩散融合，形成假膜，造成鸡只呼吸困难，最后窒息死亡。

5. 防控方法　每年 4—10 月进行鸡痘疫苗接种，加强蚊虫的杀灭和环境卫生的控制。

6. 治疗措施

（1）对于发病早期的群体，可酌情采取紧急免疫的办法。鸡痘疫苗 2 倍量紧急刺种一次。板清颗粒按照 0.4% 集中拌料 3～5 d。

（2）个别鸡的处理　皮肤型鸡痘：可在患处涂抹紫药水。眼型鸡痘：使用眼药水，洗眼。白喉型鸡痘：用镊子清除气管内的痘痂，口腔、咽部患处可涂抹碘甘油。

（五）鸡马立克氏病（MD）

1. 病原　鸡马立克氏病（MD）是由鸡马立克氏病病毒引起鸡的一种高度接触传染的、最常见的一种鸡淋巴组织增生性传染病，以外周神经、性腺、虹膜、各种脏器、肌肉和皮肤的单核细胞浸润为特征。本病呈世界性分布，自 20 世纪 70 年代广泛使用火鸡疱疹病毒（HVT）疫苗以来，本病的损失已大大下降，但疫苗免疫失败屡有发生。近年来，世界各地相继发现毒力极强的马立克氏病病毒，给本病的防治带来了新的问题。该病被 OIE 定为 B 类传染病，我国也将其列入二类动物疫病。

马立克氏病病毒（MDV）为疱疹病毒科 α-疱疹病毒，线状双股 DNA，是一种细胞结合性病毒。存在鸡体组织内的病毒有两种形式，即病毒粒子无囊膜的裸体病毒和有囊膜的完全病毒。MDV 有三个血清型：①致瘤的 MDV，②不致瘤的 MDV，③火鸡疱疹病毒（HVT）。羽囊上皮细胞中的病毒粒子有囊膜，随角化细胞脱落，成为传染性很强的细胞游离病毒。

从感染鸡羽囊随皮屑排出的游离病毒对外界环境有很强的抵抗力，污染的垫料和羽屑在室温下的传染性可保持4～8个月，但常用化学消毒剂可使病毒失活，5％福尔马林或熏蒸的甲醛蒸气、2％氢氧化钠、3％来苏儿、0.2％过氧乙酸等常用消毒剂可在10 min内杀灭病毒。

2. 发病特点　该病多发生于2月龄以上的鸡，患鸡呈渐进性消瘦，死亡率高。未经免疫或免疫失败的鸡群患病后会给养殖户造成严重的经济损失。病鸡和带毒鸡是传染来源，尤其是这类鸡的羽毛囊上皮内存在大量完整的病毒，随皮肤代谢脱落后污染环境，成为在自然条件下最主要的传染来源。本病主要通过空气传播，经呼吸道进入体内，污染的饲料、饮水和人员也可带毒传播。1日龄雏鸡最易感染，2～18周龄鸡均可发病。母鸡比公鸡更易感。

3. 临床症状　本病是由细胞结合性疱疹病毒引起的传染性肿瘤病，导致外周神经、性腺、虹膜、各种内脏器官、肌肉和皮肤形成肿瘤。病鸡常见消瘦、肢体麻痹，并常有急性死亡。通常分为3个类型：神经型（古典型）、内脏型（急性型）和眼型，各型混合发生也有出现。

（1）神经型　症状最早出现的表现是步态不稳、共济失调。一肢或多肢的麻痹或瘫痪被认为是该病的特征性症状，病鸡一条腿伸向前方而另一条腿伸向后方呈"劈叉式"。翅膀可因麻痹而下垂，颈部因麻痹而低头歪颈，嗉囊因麻痹而扩大并常伴有腹泻。病鸡采食困难，饥饿至脱水而死。发病期由数周到数月，死亡率为10％～15％。

（2）内脏型　多为急性暴发马立克氏病的鸡群。开始表现为大多数鸡严重委顿，白色羽毛鸡的羽毛失去光泽而变为灰色。有些病鸡单侧或双侧肢体麻痹，厌食、消瘦和昏迷，最后衰竭而死。急性死亡数周内停止，也可延至数月，一般死亡率为10％～30％，也有高达70％的。

（3）眼型　可见单眼或双眼发病，视力减退或消失。虹膜失去正常色素，变为同心环状或斑点状以至弥漫性青蓝色到弥散性灰白色混浊不等变化。瞳孔边缘不整齐，严重的只剩一个似针头大小的孔。

4. 解剖变化　皮肤、脚出现肿瘤结节（图8-10），羽毛断裂，肝脏密布肿瘤坏死灶（图8-11）。最常见的是外周神经增粗，呈黄白色或灰白色。肾、卵巢、输卵管也出现肿瘤坏死灶。

5. 防控方法　育雏期间的早期感染也是暴发本病的重要原因，因此，育雏室也应远离其他鸡舍，放入雏鸡前应彻底清扫和消毒。每批鸡出售后空舍7～10 d，进行彻底清洗和消毒后，再饲养下一批鸡。进鸡苗时一定要做好1

日龄雏鸡马立克氏病的免疫注射工作。要加强营养，减少应激，给鸡群添加多种维生素及电解多维。一旦发现病鸡，立即扑杀深埋。鸡舍和用具用季铵盐类喷洒消毒，鸡舍地面环境用3%的烧碱液喷洒消毒。

图8-10　皮肤肿瘤（唐利军　摄）　　　图8-11　肝脏肿瘤（唐利军　摄）

6. 治疗措施　　目前还没有特效药物治疗，鸡群一旦感染此病，将给养殖户造成严重的经济损失。因此加强饲养管理，实行全进全出制，建立生物安全防控体系，严格消毒，防止早期暴露，将传染病杜绝于鸡场外。

（六）鸡白血病

1. 病原　　鸡白血病是由禽白血病/肉瘤病毒群中的病毒引起的禽类多种肿瘤性传染病的统称，在自然条件下以淋巴白血病最为常见，其他如成红细胞白血病、成髓细胞白血病、髓细胞瘤、纤维瘤和纤维肉瘤；肾母细胞瘤、血管瘤、骨石症等出现频率很低。大多数鸡群均感染该病毒，但出现临诊症状的病鸡数量较少，因此我国将该病列入二类动物疫病。

禽白血病/肉瘤病毒群中的病毒（ALV），属反转录病毒科，禽C型反转录病毒群，单股RNA。本群病毒分为A～J共10个亚群，其中以A～E及J亚群比较常见，A、B和J亚群的病毒是现场常见的外源病毒，C和D亚群病毒在现场很少发现，而E亚群病毒则包括无所不在的内源性白血病病毒，无致病力。白血病/肉瘤病毒对脂溶剂和去污剂敏感，对热的抵抗力弱。

2. 发病特点　　病鸡无特异的临诊症状，有的病鸡甚至完全没有症状。禽白血病一般发生在性成熟或即将性成熟的鸡群，呈渐进性发生。母鸡的易感性比公鸡高，多发生在16周龄以上，病死率为5%～6%。该病主要是垂直传播，水平传播仅占次要地位。雏鸡在 2 周龄以内感染这种病毒，发病率和感染率很高，残存母鸡产下的蛋带毒率也很高；4～8 周龄雏鸡感染后发病率和死亡率大大降低，其产下的蛋也不带毒；10 周龄以上的鸡感染后不发病，产下的蛋也不带毒。

3. 临床症状　许多患有肿瘤的病鸡表现不健壮或消瘦，头部苍白，由于肝部肿大而导致患鸡腹部增大，用手指经泄殖腔可触摸到肿大的法氏囊。禽白血病感染率高的鸡群产蛋量很低。

4. 解剖变化　16 周龄以上的病鸡，在许多组织中可见到淋巴瘤，尤其肝、肾、卵巢和法氏囊中最为常见。肿瘤病变呈白色到灰白色，形态可分成结节型、粟粒型、弥漫型，从针头大到鸡蛋大。弥漫型肝脏比正常的大好几倍，灰白色，呈大理石样外观特征，俗称"大肝病"（图 8-12）。脾脏的变化与肝相同（图 8-13），骨髓稀薄。在剖检严重病鸡时，打开腹腔，见各个内脏器官广泛发生病变，甚至互相粘连，无法分开。法氏囊切开后可见到小结节状病灶，但并不十分明显。趾部也有出血点。

 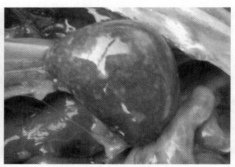

图 8-12　肝脏肿大（舒刚　摄）　　　　图 8-13　脾脏肿大（舒刚　摄）

5. 防控方法　雏鸡对本病的易感性高，感染后长大时发病，故雏鸡和成年鸡要分开饲养。鸡群中的病鸡和可疑鸡，需彻底淘汰。种蛋要从健康鸡场中购买，入孵前要消毒。

6. 治疗措施　本病既无疫苗预防，又无药物治疗，应着重抓好预防工作。

（七）传染性法氏囊病（IBD）

1. 病原　传染性法氏囊病是由传染性法氏囊病病毒引起雏鸡的一种急性、

高度接触性传染病。以腹泻、颤抖、极度虚弱、法氏囊、腿肌和胸肌、腺胃和肌胃交界处出血为特征。雏鸡感染后发病率高、病程短、死亡率高，导致免疫抑制，并可诱发多种疫病或使多种疫苗免疫失败。目前本病在世界上养鸡的国家和地区广泛流行。传染性法氏囊病病毒（IBDV），属于双股双节 RNA 病毒科双股双节 RNA 病毒属，基因组由两个片段的双股 RNA 构成。病毒能在鸡胚上生长繁殖，经尿囊腔接种后 3～5 d 鸡胚死亡，胚胎全身水肿，头部和趾部充血和小点出血，肝有斑驳状坏死。由变异株引起的病变仅见肝坏死和脾肿大，不致死鸡胚。

目前已知 IBDV 有 2 个血清型，即血清Ⅰ型（鸡源性毒株）和血清Ⅱ型（火鸡源性毒株）。血清Ⅰ型毒株中可分为 6 个亚型（包括变异株），这些亚型毒株在抗原性上存在明显的差别，这种毒株之间抗原差异性可能是免疫失败的原因之一。病毒在外界环境中极为稳定，能够在鸡舍内长期存在，且特别耐热。

2. 发病特点　该病发病突然、病程短、死亡率高，且可引起鸡体免疫抑制，是一种急性、接触性传染疾病。发病率高，几乎达 100%，但死亡率低，一般为 5%～15%，是目前养禽业最重要的疾病之一。自然条件下，本病只感染鸡，所有品种的鸡均可感染。本病仅发生于 2 周龄至开产前，3～7 周龄为发病高峰期。病毒主要随病鸡粪便排出，污染饲料、饮水和环境，使同群鸡经消化道、呼吸道和眼结膜等感染；各种用具、人员及昆虫也可以携带病毒，扩散传播；本病还可经蛋传播。

3. 临床症状　雏鸡群突然大批发病，2～3 d 内可波及 60%～70% 的鸡，发病后 3～4 d 死亡达到高峰，7～8 d 后死亡停止。病初精神沉郁，采食量减少，饮水增多，有些自啄肛门，排白色水样稀粪，重者脱水，卧地不起，极度虚弱，最后死亡。耐过雏鸡贫血消瘦，生长缓慢。

4. 解剖变化　法氏囊发生特征性病变，呈黄色胶冻样水肿，质硬，黏膜上覆盖有奶油色纤维素性渗出物，有时法氏囊黏膜严重肿大、出血（图 8-14）。另外，病死鸡表现脱水，腿和胸部肌肉常有出血，颜色暗红（图 8-15）。

5. 防控方法

（1）加强管理　搞好卫生消毒工作，防止从外边把病带入鸡场，一旦发生本病，及时处理病鸡，进行彻底消毒。消毒可用聚维酮碘喷洒。下批进鸡前，鸡舍用烟熏消毒，门前消毒池宜用复合酚溶液，每周换一次，也可用癸甲溴铵，每周换一次。

图 8-14 法氏囊出血（舒刚 摄）

图 8-15 胸肌出血（舒刚 摄）

（2）预防接种　预防接种是预防鸡传染性法氏囊病的一种有效措施。

6. 治疗措施

（1）鸡传染性法氏囊病高免血清注射液。3～7 周龄鸡，每只肌内注射 0.4 mL，个体大的酌加剂量，成鸡注射 0.6 mL，注射一次即可，疗效显著。

（2）鸡传染性法氏囊病高免卵黄抗体注射液，每千克体重 1 mL，肌内注射，有较好的治疗作用。

（3）速效管囊散，每千克体重 0.25 g，混于饲料中或直接口服，服药后 8 h 即可见效，连喂 3 d。治愈率较高。

（4）板蓝根冲剂、扶正解毒散，每只鸡 0.8～1.2 g/d，3 d 为一疗程。

（八）安卡拉病

1. 病原　本病由腺病毒引起，主要引起肾炎、包涵体肝炎、心包积液、产蛋下降综合征等。腺病毒分为Ⅰ、Ⅱ、Ⅲ亚型，Ⅰ亚型不见，Ⅱ亚型见于火鸡出血性肠炎和相关病毒，Ⅲ亚型引起鸡的肾炎、产蛋下降综合征、包涵体肝炎以及心包积水综合征（因其最早暴发于巴基斯坦的安卡拉地区，故又叫安卡拉疾病）。

2. 发病特点　发病的高峰为第 4～6 周，日龄越小，发病率越高，死亡率越高，后备蛋鸡在 5～9 周感染量达到高峰。一般是肾脏首先出血，随后肝脏才出现病变，心包积液发生。发病鸡群前期采食不见下降，鸡群精神不见明显变化，多突然死亡，以中等和偏大鸡为主。

3. 临床症状　发病鸡开始 2～3 d 多表现突然死亡，但死亡率极低，2～

3 d后死亡猛地增加，死亡率上升极快，高峰持续1周左右。死亡严重的多混有其他疾病，霉菌毒素和对肝、肾有损害的抗生素以及免疫抑制病如法氏囊病、传染性贫血病可以加速本病的死亡。

本病肝脏受损严重，肝脏的受损造成白蛋白合成减少，引起胶体渗透压减少，血管通透性增加，引发心包积液，肺脏的缺氧又可以加剧心脏负担，加剧心包积液。

4. 解剖变化　主要表现心包积水，心力衰竭，心包内有10～30 mL液体（图8-16），积水为黄色透明漏出液；肝脏肿大，发黄，有坏死，出血；肺脏瘀血，水肿；肾脏出血，多混有其他疾病感染而表现为腺胃出血，肠道出血。

5. 防控方法　目前有疫苗厂家生产灭活疫苗，可在1日龄或12日龄注射。

6. 治疗措施　总的原则是抗病毒，利水消肿，保肝护肾，防止继发感染。可选用黄芪多糖0.2%拌

图8-16　心脏大量积液（唐利军　舒刚　摄）

料，同时使用卵黄抗体配合抗菌药头孢噻呋防止继发感染，另外要加强饲养管理及环境消毒，提高舍温2～3 ℃，维生素用量增加，采取以上措施后鸡群恢复效果十分理想。由于本病会出现肝肾肿大、心包积液等炎症变化，故用五苓散、八正散，疏肝利尿为主，同时加强管理，减小密度，通风降温。

三、常见细菌性疾病

（一）鸡白痢

1. 病原　病原为鸡白痢沙门氏菌，属沙门氏菌属，是革兰氏阴性小杆菌，菌体两端钝圆，不形成荚膜和芽孢，无鞭毛，不能运动。在麦康凯鉴别培养基上生长良好，24 h后可见细小、透明、圆形和光滑的菌落，培养基不变色，大肠杆菌则为红色菌落，并可抑制革兰氏染色阳性细菌的生长，故可用于分离培养和鉴别。

2. 发病特点 鸡、火鸡易感，在鸡群中对 2～3 周龄的雏鸡危害最大，成年鸡多表现为慢性或隐性感染。病鸡和带菌鸡是主要传染源，传播途径主要是垂直传播，或经消化道和呼吸道传播，一年四季都可发生，无明显的季节性。

3. 临床症状 潜伏期为 4～5 d，多发生 2～3 周龄的雏鸡，表现精神不振，羽毛松乱，打盹，出现软嗉囊，排白色或灰白色糨糊状粪便，粘连于肛门周围，堵塞肛门致使排粪困难，排粪时发出尖叫声，最后因呼吸困难及心力衰竭而死亡，病程一般为 4～5 d。成年鸡感染多无临床症状，少数出现沉郁，厌食、下痢。

图 8-17 肝脏针尖大小坏死点（舒刚 摄）

4. 解剖变化 发病后很快死亡的雏鸡，变化不明显。病程稍长的可见肛门周围有白色粪便，肝脏肿大，充血有出血点或条状出血（图 8-17）；肺充血、出血，常有白色结节。

5. 防控方法 综合性预防措施主要是严格选种，严格检疫，淘汰病鸡或带菌鸡，严格种蛋及环境的消毒。

6. 治疗方法 雏鸡从 1 日龄开始，用头孢噻呋或庆大霉素注射；2～4 日龄使用阿莫西林或恩诺沙星饮水，中药使用杨树花口服液。有条件的根据药敏试验结果选取敏感抗生素。

（二）大肠杆菌病

1. 病原 禽大肠杆菌病是由致病性大肠杆菌引起各种禽类急性或慢性的细菌性传染病。包括急性败血症、气囊炎、肝周炎、心包炎、卵黄性腹膜炎、输卵管炎、滑膜炎、眼炎、关节炎、脐炎、肉芽肿以及肺炎等。最常见的是急性败血症和卵黄性腹膜炎。

大肠杆菌，是中等大小的杆菌，有鞭毛，无芽孢，一般无可见荚膜，革兰氏染色阴性。在血液琼脂平板上，某些致病性菌株形成 β 溶血。在麦康凯和远藤氏琼脂上形成红色菌落。本菌生化试验活泼，常用的化学消毒药数分钟内可将其杀死。

根据大肠杆菌 O 抗原、K 抗原和 H 抗原的不同，本菌可分成不同的血清型。通常以抗原结构式表示某型大肠杆菌，引起禽大肠杆菌病的菌型，常见的有 O85、O19、O16、O119 及 O86 等。

2. 发病特点　其引起的鸡病有 10 多种病型，最重要的是急性败血症，还有雏鸡脐炎与卵黄囊炎、卵黄腹膜炎、气囊炎等。本病发生广泛，不分季节和地域，已经成为鸡的重要传染病之一。

3. 临床症状

（1）急性败血症表现为鸡体温升高，离群呆立，闭眼缩头，饮食废绝，排黄白色粪便，经过 2～5 d 死亡。也有耐过鸡，成为弱鸡。本病发生较多，治疗困难。易与新城疫混合感染。

（2）雏鸡脐炎与卵黄腹膜炎。本病主要发生在出壳后数日。病雏脐孔红肿并破溃。腹部膨胀，皮薄，发红或呈青紫色，常被粪便污染，粪便黏稠、黄白色、腥臭。全身衰弱，闭眼，采食减少，出壳后几天内死亡较多。单纯的气囊炎症状较轻，主要表现为呼吸啰音、咳嗽，伴随有精神不振、采食量略有下降。

（3）卵黄性腹膜炎常见于产蛋母鸡，主要是大肠杆菌侵害卵巢，造成卵泡破裂。个别零星发生。病鸡精神沉郁，食欲废绝，产蛋停止，鸡冠萎缩无光。腹部膨大，很快死亡。

4. 解剖变化

（1）肝脏肿大，表面覆盖一层易剥离的纤维素性渗出膜，病初较薄，透明。随之稍厚，透明度下降。逐步浑浊，最后膜上蓄积大量黄色干酪样渗出物（图 8 - 18）。

心包炎：心包膜浑浊增厚呈灰白色，表面粗糙不光滑，失去透明，细胞内蓄积淡黄色黏液，严重时黏液变稠，心包膜与心脏粘连（图 8 - 19）。

腹膜炎：腹腔中蓄积有淡黄色液体，并有黄色胶冻样凝块充斥于肠道之间。

（2）解剖病死鸡可见残余卵黄囊膨大，充满黄绿色黏稠液体。胆囊扩张，胆汁充盈。肝脏呈土黄色，肿胀质脆。肠道黏膜出血。

（3）解剖可见气囊浑浊增厚，附有多量颗粒样黄色渗出物。气囊炎常与急性败血症同时发病，也常与慢性呼吸道病混合感染。

（4）解剖可见腹腔内有大量凝固的蛋黄，使肠系膜、肠管粘连。

图 8-18　肝周炎（舒刚　摄）　　　　　图 8-19　心包炎（舒刚　摄）

（5）解剖可见输卵管膨胀，管壁很薄，内有大量变干的蛋黄块。

5. 防控方法　主要以加强环境消毒、饮水消毒为主，同时选用中药、益生菌、酸化剂进行定期的保健。

6. 治疗措施　大肠杆菌是当前养鸡业最为棘手的细菌病，造成养鸡业损失重大。如何提高大肠杆菌病的治愈率主要有以下几个方面：①分清病因，找出导致大肠杆菌发病的主要原因；②看清感染情况，是否存在混合感染；③选择敏感药物，通过用药史，结合药敏试验，选择相应的治疗药物。一般可以选用头孢噻呋、安普霉素、新霉素、恩诺沙星、氟苯尼考、多西环素等配合黄连解毒散、白头翁汤等进行治疗。

（三）禽霍乱

1. 病原　禽巴氏杆菌病又名出血性败血症、禽霍乱，是由多杀性巴氏杆菌引起多种禽类发生的一种传染病。急性者表现为败血症和炎性出血等变化，慢性者则表现为皮下、关节以及各脏器的局灶性化脓性炎症。本病分布于世界各地，被世界动物卫生组织定为 B 类传染病，我国也将其列入二类动物疫病。

多杀性巴氏杆菌属于巴氏杆菌属，为两端钝圆、中央微凸的革兰氏阴性短杆菌，多单个存在，不形成芽孢，无鞭毛，新分离的强毒菌株具有荚膜。病料涂片用瑞氏、姬姆萨或美蓝染色呈明显的两极浓染，但其培养物的两极着色现象不明显。

本菌为需氧及兼性厌氧菌，在加有血清或血液的培养基中生长良好，菌落为灰白色、光滑、湿润、隆起、边缘整齐的中等大小菌落，并有荧光性，但不溶血。根据细菌的荚膜抗原将多杀性巴氏杆菌分为 A、B、D、E、F 5 个型，根据菌体抗原将多杀性巴氏杆菌分为 1~16 型，两者结合起来形成更多的血清型。本菌的抵抗力很低，在干燥空气中 2~3 d 死亡，在血液、排泄物和分泌物中能生存 6~10 d，直射阳光下数分钟死亡，一般消毒药在数分钟内均可将其杀死。近年来发现巴氏杆菌对抗菌药物的耐药性也在逐渐增强。

2. 发病特点　各种家禽、野禽均易感，以鸡、火鸡、鸭最易感。病鸡是传染源，经消化道、呼吸道传染。一年四季可发生，夏末秋初发病较多，呈地方流行或散发性。该菌为健康呼吸道常在菌，当饲养管理不当，天气骤变等即可诱发内源性感染。

3. 临床症状　最急性型多发于蛋鸡、肥胖鸡；病鸡无任何症状而突然死亡。急性型表现体温升高达 43~44 ℃，食欲废绝，饮欲增加，剧烈腹泻，粪便灰白、黄白或黄绿色，呼吸困难，张口呼吸，病程 1~3 d，死亡率很高。慢性型多由急性未死转变而来，以慢性呼吸道或消化道炎症出现，颜面肿胀（图 8-20），口鼻流黏液性分泌物，鼻窦肿大，呼吸困难，有的病鸡关节发炎、肿大、跛行，病程可达 1 个月以上。

4. 解剖变化　最急性型无明显剖检解剖变化；急性型特征性解剖变化是肝肿大、质地变脆，表面布满灰白色或黄色针尖大坏死灶，龙骨内膜、心外膜有大小不等的出血点（图 8-21 至图 8-23）；慢性型可见鼻腔和窦内积液，关节面粗糙，内附干酪样物质。

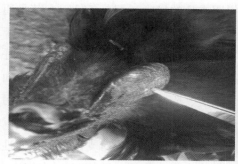

图 8-20　下颌水肿（舒刚　摄）　　　　图 8-21　龙骨黏膜出血（舒刚　摄）

5. 防控方法　平时加强饲养管理，避免应激因素，防止内源性感染，最好经常喂些添加益生素或中药提取物的饲料，鸡舍保持干燥、卫生，并定期消毒，在常发地区每年定期用禽霍乱灭活菌苗或弱毒苗进行免疫接种，一般 40 日龄注射 1 次，70 日龄再加强 1 次。

图 8-22　心脏点状出血（舒刚　摄）　　图 8-23　肝脏布满针尖坏死点（舒刚　摄）

6. 治疗措施　多西环素、土霉素、利高霉素肌内注射均有一定疗效，2 次/d，连用 2 d。恩诺沙星、氟苯尼考、磺胺嘧啶钠拌料或饮水，按预防用量加倍，连用 2～3 d。

（四）慢性呼吸道病

1. 病原　鸡慢性呼吸道病由支原体引起。

2. 发病特点　密集养鸡的常见病，农家散养鸡极少发生。当密集鸡群发生"慢呼"时，将病鸡移至自由松散、空气清新、温度适宜的环境中，稍加治疗或不予治疗，症状都能很快消失，这说明本病的发生与饲养条件，尤其是通风换气条件有密切的关系，即"条件性致病"。所以预防本病的根本措施在于改善饲养管理，在此前提下积极进行药物预防可以更好地保护鸡群。鸡慢性呼吸道病能垂直传播和接触传播，一般鸡群隐性感染率在 50% 以上，有两方面因素能促使发病：一是生存逆境，如天气骤变、阴冷潮湿、过分拥挤、空气污浊及维生素不足等；二是呼吸道感染其他微生物，包括大肠杆菌、鼻炎病菌以及新城疫、传染性支气管炎、喉气管炎病毒等，这些微生物对支原体的致病性都有强化作用，反之支原体对它们的致病性也有强化作用，即相互协同致病。

3. 临床症状　单纯的慢性呼吸道病感染，症状轻微，几乎难以觉察。临床常见混合感染，本病常与大肠杆菌、新城疫、禽流感等多种疾病混合感染。比较典型的症状主要有以下三个方面：

（1）呼吸啰音起初较轻，只能在夜间熄灯后才能听到。随后症状加重，白天在鸡舍外都能听到。表现为咳嗽、打喷嚏。

（2）颜面部症状最初眼睛湿润，眼角有泡沫，按压鼻部，鼻孔流出稀薄液体。随后由于眼鼻分泌物，排泄不畅，使一侧或两侧颜面部肿胀。部分鸡出现眼炎症状。

（3）全身症状最初无明显症状，严重者出现，精神沉郁，减料，排黄白色稀粪，产蛋略有减少，个别病鸡蛋壳颜色变浅，薄壳蛋、沙皮蛋增多。

4. 解剖变化　主要在呼吸器官，其中气囊的变化比较明显，气囊浑浊，增厚，透明度下降，附有黄白色颗粒结节。鼻腔与气管内黏液增多，气管黏膜水肿，气管环充血。

5. 防控方法　加强饲养管理和环境控制，避免从带毒鸡场引种；同时避免育雏期间温差过大，定期进行药物保健。

6. 治疗措施　单独发病，呼吸道症状比较重，未出现继发感染的群体，使用泰乐菌素或替米考星饮水。有混合感染的使用抗生素如阿莫西林、恩诺沙星等，同时使用麻杏石甘口服液饮水。

（五）鸡坏死性肠炎

1. 病原　鸡坏死性肠炎是由魏氏梭菌引起的急性传染病。

2. 发病特点　多见于夏季，病鸡不断出现，迅速死亡，剖检特征为小肠中后段肿胀，黏膜表面覆盖一层麸皮样坏死灶，肠内散发恶臭气味。本病诱发的因素很多：主要有鸡群密度过大，卫生不良，料槽、水槽、垫草不经常清理消毒；饲料霉变或饲料中成分突然变化；球虫、绦虫等寄生虫病破坏肠黏膜造成细菌感染；长期服用抗生素药品，造成肠道菌群失调。

3. 临床症状　病鸡大多数未见明显症状，突然死亡，个别慢性病例可见精神沉郁、拒食、排棕黑色稀粪，但也很快死亡。

4. 解剖变化　可见小肠中后段肿胀明显，外观呈棕黑色，剪开肠段，可闻到恶臭味，内容物稀薄，呈棕黑色，肠壁增厚，变脆。多数病例肠黏膜表面有出血灶，甚至形成腹膜炎（图 8-24 至图 8-27）。

5. 防控方法　加强饮水卫生和垫料卫生，注意防止球虫继发感染，同时避免毒素污染饲料，可在日常饲料中添加大蒜素、牛至油等提取物预防。

6. 治疗措施　制订急性、全群性发病群体的综合治疗方案；改善环境，对饲养设备进行全面清理消毒；使用黏杆菌素、氟苯尼考、安普霉素等敏感抗生素，同时使用杨树口服液、黄连解毒散、白头翁散等配合治疗。

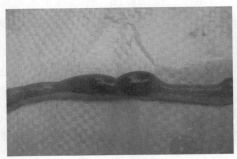

图 8-24 肠道充血（舒刚 摄）

图 8-25 小肠臌气（舒刚 摄）

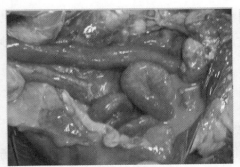

图 8-26 肠道发黑（舒刚 摄）

图 8-27 肠道出血坏死（舒刚 摄）

（六）传染性鼻炎

1. 病原　本病是由副鸡嗜血杆菌引起的鸡的急性呼吸系统疾病。

2. 发病特点　本病发生于各种年龄的鸡，老龄鸡感染较为严重。4 周龄至 3 年的鸡易感，但有个体的差异性，13 周龄和大些的鸡 100% 感染。在较老的鸡中，潜伏期较短，而病程长。本病的发生与一些能使机体抵抗力下降的诱因密切有关，如鸡群拥挤，不同年龄的鸡混群饲养，通风不良，鸡舍内闷热，氨气浓度大，或鸡舍寒冷潮湿，缺乏维生素 A，受寄生虫侵袭等都能促使鸡群严重发病。鸡群接种禽痘疫苗引起的全身反应，也常是传染性鼻炎的诱因。本病多发于冬秋两季，这可能与气候和饲养管理条件有关。

3. 临床症状　主要症状为鼻腔与窦发炎，流鼻涕，脸部肿胀和打喷嚏。

一般常见症状为鼻孔先流出清液，以后转为浆液黏性分泌物，有时打喷嚏，脸肿胀或显示水肿，眼结膜炎、眼睑肿胀（图 8-28）；食欲及饮水减少，或有下痢，体重减轻；病鸡精神沉郁，脸部浮肿，缩头，呆立；仔鸡生长不良，成年母鸡产卵减少，公鸡肉髯常见肿大。如炎症蔓延至下呼吸道，则呼吸困难，病鸡常摇头欲将呼吸道内的黏液排

图 8-28　面部肿胀、结膜炎（舒刚　摄）

出，并有啰音，咽喉亦可积有分泌物的凝块，最后常窒息而死。

4. 解剖变化　主要病变为鼻腔和窦黏膜呈急性卡他性炎，黏膜充血肿胀，表面覆有大量黏液，窦内有渗出物凝块，后成为干酪样坏死物；常见卡他性结膜炎，结膜充血肿胀；脸部及肉髯皮下水肿，严重时可见气管黏膜炎症，偶有肺炎及气囊炎。

5. 防控方法

（1）杜绝引入病鸡和带菌鸡　平时加强鸡群的饲养管理，特别注意鸡舍通风和清洁卫生，使鸡群的饲料营养合理，多喂些富含有维生素 A 的饲料，以提高鸡群的抵抗力。本病发生后，应隔离病鸡，加强消毒和检疫。

（2）疫苗预防　主要为灭活疫苗。有 HPGA 型和 C 型菌单价苗及将 A 型和 C 型等量混合的灭能苗，A 型苗的新城疫病毒混合苗及其与传染性支气管炎病毒混合的疫苗。

6. 治疗措施　一般用复方新诺明或磺胺增效剂与其他磺胺类药物合用，或用 2～3 种磺胺类药物组成的联磺制剂均能取得较明显效果。亦可用多西环素进行治疗，一般 3～4 d 治愈。也可考虑用注射利高霉素的办法，同样可取得满意效果。一般选用链霉素或青霉素、链霉素合并应用。红霉素、土霉素、多西环素及喹诺酮类药物（环丙沙星、恩诺沙星等）也是常用治疗药物。

（七）鸡弧菌性肝炎

1. 病原　鸡弧菌性肝炎又称为鸡弯曲杆菌病，是由空肠弯曲杆菌引起的

细菌性传染病。

2. 发病特点　自然流行仅见于鸡，多见于开产前后的鸡，一般为散发。饲养管理不善、应激反应，鸡患球虫病、大肠杆菌病、支原体病、鸡痘等是本病发生的诱因。

3. 临床症状　本病无特征性症状，发病较慢，病程较长，病鸡精神不振，进行性消瘦，鸡冠萎缩苍白、干燥并常有水泻，排黄色粪便。仔鸡发育受阻，腹围增大，并出现贫血和黄染。

4. 解剖变化　以肝脏肿大、充血、坏死为特征，治宜消除病原。病鸡体瘦、发育不良并且病死鸡血液凝固不全。大约 10% 的病鸡肝脏有特征性的局灶性坏死，肝实质内散发黄色三角形、星形小坏死灶，或布满菜花状大坏死区；有时在肝被膜下还可见到大小、形态不一的出血区（图 8-29、图 8-30）。

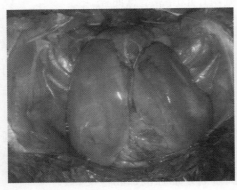 

图 8-29　肝肿大　　　　　图 8-30　肝局部坏死（舒刚　摄）

5. 防控方法　加强饲养管理，严格卫生消毒，减少各种应激因素，做好防制工作，也可在饲料中添加茵陈蒿散预防。

6. 治疗措施　治疗时可选用多西环素、庆大霉素、环丙沙星或恩诺沙星等药物，为防止复发，用药疗程可延至 8～10 d。

四、常见寄生虫疾病

（一）鸡球虫病

1. 病原　为原虫中的艾美耳科艾美耳属的球虫。世界各国已经记载的鸡球虫种类共有 13 种之多，我国已发现 9 种。不同种的球虫，在鸡肠道内寄生部位不一样，其致病力也不相同。柔嫩艾美耳球虫寄生于盲肠，致病力最强；毒害艾美耳球虫寄生于小肠中 1/3 段，致病力强；巨型艾美耳球虫寄生于小肠，以中段为主，有一定的致病作用；堆型艾美耳球虫寄生于十二指肠及小肠前段，有一定的致病作用，严重感染时引起肠壁增厚和肠道出血等病变；和缓艾美耳球虫、哈氏艾美耳球虫寄生在小肠前段，致病力较低，可能引起肠黏膜的卡他性炎症；早熟艾美耳球虫寄生在小肠前 1/3 段，致病力低，一般无肉眼可见的病变。布氏艾美耳球虫寄生于小肠后段，盲肠根部，有一定的致病力，能引起肠道点状出血和卡他性炎症；变位艾美耳球虫寄生于小肠、直肠和盲肠，有一定的致病力，轻度感染时肠道的浆膜和黏膜上出现单个的、包含卵囊的斑块，严重感染时可出现散在的或集中的斑点。

2. 发病特点　鸡球虫病是所有养鸡地区都普遍存在的一种寄生虫病，主要危害雏鸡与青年鸡。病鸡不仅有一定的死亡率，而且较长一段时间生长发育不良、贫血瘦弱。在良好的防制措施下，雏鸡与青年鸡轻微感染无明显症状。

3. 临床症状

（1）急性盲肠球虫病　是雏鸡和低日龄青年鸡最常见的球虫病，由柔嫩艾美耳球虫引起。感染后第 3 天，盲肠粪便变为淡黄色水样，量减少；第 4 天起盲肠排空；第 4 天末至第 6 天盲肠大量出血，病鸡排出带有鲜血的粪便，明显贫血，精神沉郁，闭眼缩头，采食减少，出现死亡高峰期；第 7 天盲肠出血和血便减少；第 8 天基本停止，以后精神、食欲逐步转好。

（2）急性小肠球虫病　多见于青年鸡及初产成年鸡，由毒害艾美耳球虫引起。病鸡在感染后第 4 天，表现粪便带血，颜色暗红，伴有大量黏液症状；第 9～10 天，出血减少并停止，由于受损伤的是小肠，对消化吸收机能影响非常大，并易继发感染细菌病。一部分病鸡在出现血便后 1～2 d 内死亡，其余的鸡，体质衰弱，不能迅速恢复，出血停止后也有零星死亡。产蛋鸡在感染后 5～6 周才能恢复到正常产蛋水平。

（3）慢性小肠球虫病　病原主要有巨型、堆型、布氏艾美耳球虫，这几种球虫往往反复感染，鸡群状况不是很严重，病程持久，因此称为慢性小肠球虫。病鸡不同程度厌食，饮水增多。粪便稀薄，有的呈水样或蛋清样，有的带橘红色，有的呈细条状，这些粪便大多混有未消化的饲料。病程长的鸡，体质明显消瘦，贫血，鸡冠苍白，脚爪褪色，羽毛无光。

（4）混合感染　球虫病极少由单独一种球虫引起，几乎都是几种球虫混合感染。急性盲肠球虫病和急性小肠球虫病，虽然各由一种球虫引起，但也有其他球虫混合感染，治疗时应注意。

4. 解剖变化

（1）剖检可见的病变主要在盲肠，第5～6天，盲肠内充满血液；第6～7天，盲肠内除血液外，还有凝固的血块，及坏死脱落的肠黏膜，同时盲肠变硬；第8～10天，盲肠缩短。

（2）解剖变化，主要是小肠中段显著肿胀，肠管外面有许多小的白斑和红色淤血点，肠腔内蓄积大量血液、血凝块和脱落的肠黏膜，肠壁增厚，肠黏膜因失血颜色变淡（图8-31、图8-32），其他脏器因失血而褪色。

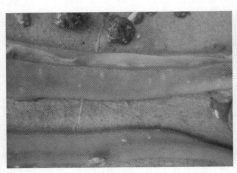 

图8-31　肠道黏膜增厚，白色结节（舒刚　摄）　图8-32　肠道臌气、出血（舒刚　摄）

（3）解剖症状有：①十二指肠苍白，内有水样液体，黏膜有横向延伸的白斑。②小肠中下段有橘黄、橘红色番茄汁样黏液和未消化的饲料。③从十二指肠至小肠中段黏膜上有许多绿豆大小的出血点。这些病变造成消化机能障碍，饲料营养吸收不完全，导致鸡体营养不良。

5. 防控方法　可以在雏鸡阶段使用球虫疫苗，加强垫料卫生，使用尼卡巴嗪、莫能菌素、黄霉素等饲料药物添加剂或中药添加剂预防。

6. 治疗措施　选用磺胺氯吡嗪钠、地克珠利、癸氧喹酯、妥曲珠利等配合维生素 K_3 与鱼肝油等治疗，使用青蒿等中药抗球虫。

（二）鸡虱

1. 病原　由鸡虱子引起。

2. 发病特点　鸡虱主要通过直接接触传播，也可通过公共用具间接传播。

3. 临床症状　鸡由于遭受虱的啃咬刺激，皮肤发痒，而啄痒不安，出现羽毛断落，皮肤损伤，长期得不到很好休息，食欲不振，引起贫血消瘦。严重的可以使幼鸡死亡，生长期的鸡发育受阻，蛋鸡的产蛋量下降。鸡对疾病的抵抗力显著降低，易继发感染其他疾病。

4. 解剖变化　羽毛断落，皮肤损伤，爬满羽虱。

5. 防控方法　为了控制鸡虱的传播，必须对鸡舍、鸡笼，饲喂、饮水用具及环境进行彻底消毒，对新发病的鸡群，要加强隔离检查和灭虱处理，可用5％的氯化钠、0.5％的敌百虫、1％的除虫菊酯、0.05％的蝇毒灵等。

6. 治疗措施

（1）喷雾灭虱　春、秋、冬季中午，可选用无毒灭虱精（用 5 mL 无毒灭虱精加 2.5 L 水混匀）或用溴氰菊酯（灭百可）等，按产品说明配制成稀释液，进行喷雾（将鸡抓起逆向羽毛喷雾）。

（2）沙浴灭虱　成鸡可选用硫黄沙（黄沙 10 份加硫黄粉 0.5～1 份搅拌均匀）或用伊维菌素、阿维菌素等，按产品说明配制成稀释液，再按黄沙 10 份加稀释液 0.5～1 份，搅拌均匀后进行沙浴。

（3）环境灭虱　可选用杀虫菊酯、溴氰菊酯等，按产品说明配制成稀释液，对鸡舍、运动场的地面、墙壁、栖架、垫草、缝隙等进行喷洒，杀灭环境中的鸡虱。必要时隔 15～28 d 重复用药 1 次。

（三）鸡蛔虫病

1. 病原　鸡蛔虫病是一种常见的由禽蛔科线虫寄生于鸡肠道引起的寄生虫病。在大群饲养情况下，雏鸡常由于患蛔虫病而影响生长发育，严重的引起死亡。当剖解死鸡时，小肠内常发现大小如细豆芽样的线虫，堵塞肠道。虫体少则几条，多则数百条。肠黏膜发炎、水肿、充血。成年蛔虫虫体呈黄白色，雄虫长 50～76 mm，雌虫长 60～116 mm。3 月龄以下的雏鸡最易感染。

2. 发病特点　蛔虫可以在鸡体内交配、产卵，虫卵可以在鸡体内生长也可以随粪便被排出体外，地面上的虫卵被鸡啄食后进入体内造成鸡群感染。从吞食虫卵到发育成虫，需要 35～58 d。

3. 临床症状　幼鸡患病表现为食欲减退，生长迟缓，呆立少动，消瘦虚弱，黏膜苍白、羽毛松乱，两翅下垂，胸骨突出，下痢和便秘交替，有时粪便中有带血的黏液，以后逐渐消瘦而死亡。成年鸡一般为轻度感染，严重感染的表现为下痢、日渐消瘦、产蛋下降、蛋壳变薄。

4. 解剖变化　肠壁增厚，可见大量虫体（图8-33）。

5. 防控方法　做好鸡舍内外的清洁卫生工作，经常清除鸡粪及残余饲料，小面积地面可以用火焰喷雾处理。料槽等用具经常清洗并且用开水消毒。蛔虫卵在50℃以上很快死亡，粪便经堆沤发酵可以杀死虫卵，蛔虫卵在阴湿地方可以生存6个月。鸡群每年进行1～2次服药驱虫。

图8-33　肠道大量虫体（舒刚　摄）

6. 治疗措施　生南瓜子，每只鸡每次1 g拌料喂，2次/d，连喂3 d。烟草切碎15 g，文火炒焦研碎，按2%比例拌入饲料，2次/d，连喂3～7 d。左旋咪唑以每千克体重20 mg喂服，丙硫苯咪唑按每千克体重10～20 mg喂服，芬苯达唑按每千克体重20 mg喂服，伊维菌素按每千克体重0.1 mg喂服。

（四）鸡绦虫病

1. 病原　鸡绦虫病是由多种绦虫寄生在鸡小肠里引起的一类寄生虫病。绦虫病呈世界性分布，放养鸡的地方几乎都存在绦虫病。鸡在放养过程中，因接触到绦虫的中间宿主而感染绦虫病，对养鸡业危害较大，我国各地均有绦虫病的报道。该病临床上主要引起病鸡生长缓慢，产蛋下降，严重者可造成死亡。各种年龄的家禽都可感染，其他如火鸡、贵妃鸡、珍珠鸡、孔雀等也能感染，但5～45日龄的雏鸡易感性最强，而且死亡率最高。绦虫可以长期在鸡体内生存，尤其是环境潮湿、卫生条件差、饲养管理不当均易引起绦虫病的发生。

2. 发病特点　鸡绦虫病是由多种绦虫寄生于鸡小肠中引起的一类寄生虫病。鸡吞食了含绦虫幼虫的中间宿主而发病。

3. 临床症状　鸡感染绦虫后表现为消瘦、贫血、鸡冠苍白、精神萎靡、翅下垂、粪便稀薄或混有血样黏液，产蛋量显著减少，雏鸡因体弱消瘦或伴发其他疾病而死亡。

4. 解剖变化　在本病例中，将病鸡剖检后发现小肠中存在大量乳白色分节的虫体；肠黏膜肥厚，有出血点；肠管内有多量恶臭黏液。因此以诊断发病鸡为绦虫感染引起的寄生虫病（图8-34）。

5. 防控方法　应定期给鸡场的雏鸡驱虫，建议在60日龄和120日龄各进行一次预防性驱虫。丙硫苯咪唑对赖利绦虫等有效，可按每千克体重15 mg的剂量使用，小群鸡驱虫时，可将药物制成丸剂逐一投喂，大群鸡则可混料一次投服。鸡舍要保持干燥，及时清除粪便。有绦虫病流行的鸡场，每年应进行2～

图8-34　肠道中充满绦虫成虫（唐利军　摄）

3次的定期驱虫。鸡舍、运动场中的污物、杂物要彻底清理，保持运动场平整、干燥，防止或减少中间宿主的滋生和隐藏。

6. 治疗措施　丙硫苯咪唑按每千克体重100 mg或吡喹酮按每千克体重10 mg，拌入饲料中，一次内服。48 h内虫体可全部排出。氯硝柳胺按每千克体重3 mg，配成0.1％水溶液供病鸡饮服。中草药槟榔煎剂，槟榔对绦虫有较强的麻痹作用，使虫体失去吸附肠壁的能力，同时它能促进胃肠蠕动而产生腹泻，有利于将麻痹的虫体排出。250 g的鸡每只给槟榔煎剂2～3 mL，以小胶管投药。1周后可再投1次。

五、其他疾病

（一）痛风

痛风是一种尿酸血症，是血液中蓄积大量尿酸，在内脏、骨关节等发生尿酸盐沉积。本病主要发生于肉鸡。引起发病的原因是饲料配合不当，如饲料中蛋白质含量过高，含钙过多、维生素A缺乏等；或磺胺类药物用量过大，疗程过长等引起。

1. 症状　发病缓慢，食欲减退，鸡冠发白，粪便稀薄，便中含有大量白色尿酸盐，呈淀粉样。有些病鸡呈关节型痛风，关节肿大，肿大处有白色尿酸盐蓄积，跛行明显；内脏型痛风，剖检可见胸膜、腹膜、肠系膜和内脏表面都覆盖一层白色似薄膜状的尿酸盐。

2. 防治　鸡群中发生痛风时，必须找出原因，加以消除。饲料中适当减少蛋白质的用量，尤其是动物性蛋白质。增加多维素以及青饲料的用量。供给充足的饮水，一般可以控制发病死亡。

（二）脂肪肝综合征

鸡的脂肪肝综合征又称为脂肝病，是鸡体内脂肪代谢障碍，大量脂肪沉积于肝脏，导致肝脏脂肪变性的一种疾病。主要发生于笼养产蛋母鸡，以及某些品种的肉鸡。主要是由于日粮中碳水化合物饲料过多，而某些营养成分又不足引起。

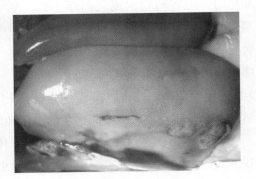

图 8-35　肝脏肿大、发黄（舒刚　摄）

1. 症状　营养良好的鸡群产蛋下降或停止产蛋。个别体况肥胖的母鸡，常因肝包膜破裂，造成内出血死亡。剖检：肝脏肿大，肝包膜破裂，肝脏表面和腹腔中有凝血块。肝脏呈土黄色，质地很脆（图 8-35）。肝脏表面有小出血点。腹腔和肠的表面有脂肪组织沉积。

2. 防治　调节饲料营养含量，降低脂肪含量，控制肥胖，并注意蛋氨酸、胆碱、维生素 B_{12}、维生素 E 的补充。

（三）曲霉菌病

1. 病原　本病是由真菌中的曲霉菌引起的一种真菌病。

2. 发病特点　幼禽易感性最高，特别是 20 日龄以内的雏禽呈急性暴发和群发性发生，而在成年家禽中只是散发。被曲霉菌污染的垫料和发霉的饲料在适宜的湿度和温度下，可大量滋生曲霉菌，霉菌孢子被吸入经呼吸道而感染，食入发霉饲料亦可感染。

3. 临床症状　雏鸡开始减食或不食，精神不振，不爱走动，翅膀下垂，羽毛松乱，呆立一隅，闭目、嗜睡状，对外界反应淡漠，接着就出现呼吸困难，呼吸次数增加，喘气，病鸡头颈直伸，张口呼吸，如将雏鸡放于耳旁，可听到沙哑的水泡声响，有时摇头，甩鼻，打喷嚏，有时发出咯咯声。少数病鸡还从眼、鼻流出分泌物。后期还可出现下痢症状。最后倒地，头向后弯曲，昏睡死亡。病程在1周左右。如不及时采取措施，或发病严重时，死亡率可达50%以上。慢性多见于成年或青年鸡，主要表现为生长缓慢，发育不良，羽毛松乱、无光，喜呆立，逐渐消瘦、贫血，严重时呼吸困难，最后死亡。产蛋禽则产蛋减少，甚至停产，病程数周或数月。

4. 解剖变化　病理变化主要在肺和气囊上，肺脏可见散在的粟粒大至绿豆大小的黄白色或灰白色的结节，质地较硬，有时气囊壁上可见大小不等的干酪样结节或斑块。随着病程的发展，气囊壁明显增厚，干酪样斑块增多、增大，有的融合在一起。后期病例可见在干酪样斑块上以及气囊壁上形成灰绿色霉菌斑。严重病例的腹腔、浆膜、肝或其他部位表面有结节或圆形灰绿色斑块。

5. 防控方法　育雏阶段的饲养管理及卫生条件不良是引起本病暴发的主要原因。尽早移走污染霉变的饲料与垫料，清扫禽舍，喷洒1∶2 000的硫酸铜溶液，换上不发霉的垫料。严重病例扑杀淘汰，轻症者可用1∶2 000或1∶3 000的硫酸铜溶液饮水，连用3～4 d，可以减少新病例的发生，有效地控制本病的继续蔓延。

6. 治疗措施　制霉菌素片：每千克饲料拌入50万U，喂服5～7 d，健康雏禽减半，重症者加倍应用。硫酸铜：按1∶3 000倍稀释，进行全群饮水，连用3 d，可在一定程度上控制本病的发生和发展。

（四）白色念珠菌病

1. 病原　本病是由白色念珠菌引起的禽类上消化道的一种霉菌病。

2. 发病特点　该病多不会发生大规模死亡，正因如此，很多养殖户都没有足够的重视。然而，本病能造成严重的免疫抑制，促使免疫应答水平降低，造成鸡只体质瘦弱，抗病力差，一旦条件不适则引发呼吸道、大肠杆菌、病毒等疾病，并导致鸡只瘦弱，产蛋下降，从而给养殖户带来巨大的经济损失。本病是一种内源性的条件性疾病，当菌群失调或宿主抵抗力较弱，以及饲养管理不善和饲养环境差时，就会发生本病。

本病以幼龄禽多发，成年禽亦有发生。该病发生以夏秋炎热多雨季节为甚。病禽和带菌禽是主要传染源。病原通过分泌物、排泄物污染饲料、饮水，经消化道感染。

3. 临床症状　病鸡精神不振，食量减少或停食，消瘦，羽毛松乱。有的鸡在眼睑、口角出现痂皮样病变，开始为基底潮红，散在大小不一的灰白色丘疹样，继而扩大蔓延融合成片，高出皮肤表面凹凸不平。病鸡嗉囊胀满，但明显松软，挤压时有痛感，并有酸臭气体自口中排出。有的病鸡下痢，粪便呈灰白色。一般1周左右死亡。

4. 解剖变化　该病的特征是在上消化道黏膜发生白色假膜和溃疡。主要集中在上消化道，可见喙缘结痂，口腔和食管有干酪样假膜和溃疡。嗉囊内容物有酸臭味，嗉囊皱褶变粗，黏膜明显增厚，被覆一层灰白色斑块状假膜，呈典型"毛巾样"，易刮落（图8-36）。假膜下可见坏死和溃疡。少数病禽病变可波及腺胃，引起胃黏膜肿胀、出血和

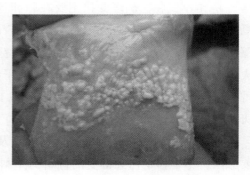

图8-36　嗉囊内的菌落（舒刚　摄）

溃疡。有的报道在腺胃和肌胃交界处形成一条出血带，肌胃角质膜下有数量不等的小出血斑。其他器官无明显变化。

5. 预防方法　加强饲养管理，减少应激因素对禽群的干扰，做好防病工作，提高禽群抗病能力。特别应注意的是防止饲料霉变，不用发霉变质饲料。搞好禽舍和饮水的卫生消毒工作，不同日龄鸡只不要混养等项工作是预防本病的重要措施。

6. 治疗措施　本病一旦发生，单纯的治疗往往效果不佳。常用（1∶2 000）～（1∶3 000）硫酸铜溶液或在饮水中添加0.07%的硫酸铜连服1周，对大群防制有一定效果。在治疗的同时应改善饲养管理条件、加强卫生措施，可达到满意效果。

（五）滑液囊支原体病

1. 病原　本病的病原是滑液囊支原体。

2. 发病特点　该病主要通过健康鸡和病鸡接触的水平传播，呼吸道是主

要的水平传播途径，气管是主要的靶组织，经蛋的垂直传播危害更大。一群雏鸡中有 10%～20% 经蛋感染的鸡，则在很短的时间内可传遍整群鸡。经蛋传染的最高峰在种群感染后的 1～2 个月，病原潜伏在鸡体内数天到数个月，一旦鸡群受到不良因素的刺激，则很快发病。另外，鸡群接触被病原体污染的饲料、衣物、动物和饲养器具而被感染。

3. 临床症状　一种急慢性传染病，病程长，病鸡精神差，羽毛粗乱，消瘦，喜卧，死亡率低，关节肿大，滑液囊和腱鞘发炎症状明显，严重影响鸡的生产能力。该病可分为关节型和呼吸型，也有二者兼而有之的。

（1）关节型　感染初期，病鸡精神尚好，饮食正常。病程稍长，则精神不振，独处，喜卧，常待在料槽和水槽边，食欲下降，生长停滞，消瘦，脱水，鸡冠苍白，严重时鸡冠萎缩，呈紫红色。典型症状是跗关节和趾关节肿胀、跛行，甚至变形。慢性病例可见胸部龙骨出现硬结，进而软化为胸囊肿。成年鸡症状轻微，仅关节肿胀，体重减轻。

（2）呼吸型　表现为打喷嚏、咳嗽、流鼻涕，常在接种活疫苗或遭受其他应激如断喙、大风降温后出现呼吸道症状。排绿色粪便。

4. 解剖变化

（1）关节型　常出现腱鞘炎、滑膜炎和骨关节炎。病初水肿，有渗出物，呈黄色或灰色，清亮，有黏性，随病程发展，渐次混浊，最终呈干酪状（图 8-37）。严重病例甚至在头顶和颈上方出现干酪物。受影响的关节呈橘黄色，有时关节软骨出现糜烂，内脏器官一般不见特征性病变。

图 8-37　关节出现干酪物（舒刚　摄）

（2）呼吸型　气管内有黏液，由于单核细胞浸润和网状细胞增多，而出现肝脾肿大，肝呈斑驳状玫瑰绿色，肾脏也可能肿胀，变白。淋巴细胞变性，可能导致胸腺和法氏囊萎缩，有时出现心包炎、心外膜炎和心内膜炎。

5. 预防方法　常用的药物有泰乐菌素、泰妙菌素、多西环素、红霉素、土霉素、林可霉素、链霉素、恩诺沙星等，拌料、饮水均可。多西环素、泰妙菌素等喷雾用药，也有较好效果。

6. 治疗措施　加强管理，提供适宜的饲养环境，减少应激，可以降低该病的发生概率。实行全进全出的饲养模式，增加批间隔，加强消毒和检疫，淘汰病鸡，也能降低该病发生概率，减少经济损失。

（舒刚、胡渠）

第九章
旧院黑鸡产品加工

第一节　旧院黑鸡的屠宰加工

鸡的屠宰是鸡肉产品加工与利用的基础，为了获得优质的原料肉，保证肉制品的质量，旧院黑鸡的屠宰必须采用科学的工艺过程。

一、宰前的检验和选择

为了确保旧院黑鸡鸡肉制品的卫生，防止人禽共患疾病对人的传染，保证各类鸡肉制品的质量，待宰鸡只必须经过严格的宰前检验和选择。

（一）宰前的活鸡检验

宰前检验就是对活鸡进行检疫，它是鸡屠宰加工过程中的一个重要环节。为了将病鸡从鸡群中剔除，防止疫病的扩散，提高产品的卫生质量，除了在鸡的收购、运输和入场等环节中要进行严格的检疫外，在鸡的屠宰前也应做好检疫工作。

鸡的宰前检验通常采用群体检查和个体检查相结合的方法进行，必要时还要进行实验室检验。群体检查着重观察其精神、食欲、反应以及羽毛、粪便等有无异常情况，当检查时发现可疑病鸡，应立即对其进行个体检查。个体检查主要是检查冠、髯的颜色，温度是否正常，体表皮肤、口腔黏膜和泄殖腔黏膜的色泽是否有异常情况。此外，还应对分泌物、嗉囊积食情况等进行检查。在进行个体检查时，对无法确定者，应做病理剖检或微生学检验。

经检验确认为健康的鸡只，才能进行收购或送往屠宰车间屠宰。对检验中

发现的患病个体应根据疫病的性质、病情的轻重，按"商品卫生检验规程"分别加以处理。

（二）宰前的鸡只选择

为了保证加工制品的质量，原料鸡在屠宰前应适当进行挑选。在选择时，除了首先应选择经过严格宰前检验的健康个体外，还要选择个体大、肌肉发达、肥度适中的个体。此外，老龄公、母鸡和蛋用品种鸡的肉质较差，生产上一般不能用于肉制品的加工。

二、宰前的准备

（一）宰前休息

如从各地收购旧院黑鸡，经长途运输后，鸡只应激反应大，鸡体处于紧张和疲劳状态，其抵抗力下降。为了使鸡在屠宰过程中放血完全和提高肉的品质，在宰前应根据运输路途的远近，给予适当的休息，待其消除疲劳、恢复精神状态后再进行屠宰。经长途运输后的鸡只，通常应休息 1 d 以上才能进行宰杀放血。

（二）宰前断食

鸡在屠宰前应断食 10～20 h。断食的主要作用在于减少胃肠内容物，防止净膛时将肠管弄破而造成对鸡体的严重污染。断食还可促使放血完全，提高肉质。此外，宰前断食还能节约饲料和劳动力，降低经营成本。为了保证断食期间鸡体正常的生理机能，促使体内粪便的排出，降低血液的黏度，在断食过程中应供给充足的饮水。

三、屠宰加工工艺

（一）工艺流程

吊挂→击晕放血→脱毛→净膛→冷却。

（二）加工工艺及操作要点

1. 吊挂　将断食后的鸡双脚倒挂于吊钩上，在抓鸡吊挂时尽量避免碰伤鸡体。

2. 击晕放血　在鸡的屠宰线上有一专门的通电水池，它能将经过的鸡击晕。然后，刀片自动从鸡的耳后颈动脉处切开放血。放血的滴血时间一般为2～3 min。旧院黑鸡屠宰工艺滴血车间现场见图 9-1。

图 9-1　旧院黑鸡屠宰滴血车间现场

（万源市巴山食品有限公司　提供）

3. 脱毛　鸡在脱毛前需用热水浸烫，浸烫时的水温和时间对屠体质量影响很大。在浸烫时，若水温过高、浸烫时间过长，脱毛时皮肤易出现损伤；若浸烫水温过低，时间不足，则脱毛效果不好。通常鸡采用 60～65 ℃热水浸烫1～2 min。脱毛可采用自动脱毛机打毛，它是利用多排橡皮指高速旋转而将鸡体上的羽毛打掉。

4. 净膛　脱毛后的鸡体经过冲洗，去头机将头、气管、嗉囊除去，去爪机从跗关节处割去后爪部，然后由机械手伸入胸腹腔掏出所有内脏，并用真空吸肺枪将肺吸出，最后由人工操作割去肛门。旧院黑鸡净膛车间现场见图 9-2。

5. 冷却　将净膛后的鸡体冲洗干净后，采用空气冷却（冷风机出风口温度－8～－6 ℃）或冷水冷却（水冷机的水温 1～4 ℃）迅速降低屠体的温度至4 ℃，从而提高屠宰后全净膛鸡的食用品质、卫生质量和贮藏性能。通常在净膛后应在 4 ℃或者更低的温度下冷却，降温需要在宰杀后 1～2 h 内完成。空气冷却法需要较多的空间，能耗较高，冷却降温速度较慢，但节约水资源；冷水冷却占地少，降温速度快，但冷却水容易污染屠体。

图 9-2　旧院黑鸡屠宰净膛车间现场图

（万源市巴山食品有限公司　提供）

上述屠宰方法主要为大中型家禽屠宰加工企业所采用，其生产效率高，卫生质量控制好，屠宰后的鸡体耐贮藏。

四、宰后的检验

鸡在屠宰加工之前，多数患病个体已被剔出，但有一些症状不太明显的病鸡可能会被宰杀而流入市场，从而危害消费者的健康。因此，鸡的宰后检验是宰前检查的重要补充。它对于保证产品的卫生质量具有重要的意义。鸡的宰后检验主要进行肉尸和内脏的检验，必要时可进行病理切片检查和细菌学检查。肉尸检查主要观察鸡体的皮肤、肌肉、脂肪、胸膜及腹膜等有无异常现象；内脏检查主要看肝脏、心脏、肾脏、肠胃等脏器的大小、颜色和组织状态是否正常。根据检验结果，依照《肉品卫生检验试行规程》对产品进行相应处理，对不符合食品卫生要求的个体及副产物一律不能用于肉品加工。

第二节　旧院黑鸡鸡肉的保鲜和
分割冷鲜肉的加工

一、鸡肉的保鲜技术

旧院黑鸡肉质细嫩、滋味鲜美，具有独特的营养价值。然而，新鲜鸡肉的水分含量高，易于腐败变质，因此，采用合理的保鲜技术进行贮藏和保鲜鸡肉是保证其食用品质和安全性的重要前提。从欧美等发达国家经验来看，禁止活鸡交易、消费经过贮藏保鲜处理的家禽产品是大势所趋，也是预防禽流感等禽类疾病传播的迫切要求。

（一）冷藏保鲜

冷藏保鲜是应用最广泛的传统保鲜方法，它是将食品的温度降低至接近冰点但不冻结的一种保鲜方法。通常鸡肉的冷藏温度控制在 0～4 ℃。在不结冰的前提下，冷藏温度越低（−0.5～0 ℃），鸡肉的保质期越长。例如，在 0 ℃条件下，分割鸡肉保持一级鲜度的时间可以长达 20 d 左右。目前，市场上的冷鲜鸡多数是利用冰水或冷水冷却、低温物流将屠宰后的鸡进行冷藏保鲜，能够较好地维持新鲜状态。冷鲜鸡虽具有味道鲜美、安全卫生和营养价值高等优点，但因物流过程温度的波动等原因，一般整鸡的保鲜期不超过 7 d。

冷鲜鸡的安全优质必须经过一系列严格的加工工艺来保证，但现有的这些关于冷鲜鸡生产和经营卫生规范的标准不够系统和具体，且存在差异。例如，关于冷鲜鸡的保质期，上海出台的食品安全地方标准《冷鲜鸡生产经营卫生规范》（DB 31/2022—2014）规定，冷鲜鸡的保质期最长不得超过 6 d，而在浙江的《冷鲜禽加工经营卫生规范》（DB 33/3003—2014）中没有制定具体的产品保质期。又如作为冷鲜鸡质量把控的重要指标——温度，上海和浙江的地方标准都规定储存、销售和运输过程中的温度应保持在 0～4 ℃范围内。但对于屠宰冷却后的温度要求不同，上海地方标准规定采用适当的冷却方法，使鸡胴体中心温度在屠宰后 1 h 内冷却至 0～4 ℃。而浙江地方标准规定，在宰杀后 1 h内，禽胴体的中心温度快速冷却至 7 ℃以下。

（二）微冻保鲜

微冻保鲜是指在生物体冰点（冻结点）和冰点以下 1～2 ℃的温度带轻度冷冻贮藏，也叫部分冷冻和过冷却冷藏。动物性食品的微冻贮藏温度因其种类、微冻方式、工艺条件差异而有所不同。大部分水产品微冻温度在−3 ℃，禽畜产品微冻温度范围在−3～−2 ℃。与传统冷冻贮藏（−18 ℃低温冷冻贮藏）不同，微冻保鲜可降低冻结过程中产生的冰结晶对食品的破坏作用，烹调或加工时无须解冻，可减少解冻时汁液的流失和保持食品原有的风味特性。目前，在食品保鲜中尤其是水产品中得到广泛应用，随着研究的深入，现已逐渐应用于畜禽肉及果蔬保鲜中。

由于微冻保鲜技术对温度控制的精确度要求较高，微冻温度易受家禽的形状和大小等影响，而且相关设备没有同步发展等原因，阻碍了微冻保鲜技术在鸡肉贮藏保鲜中的应用与推广。

（三）防腐剂保鲜

用于肉类贮藏保鲜的防腐剂主要包括化学防腐剂和天然防腐剂两大类。

1. 化学防腐剂　主要指各种有机酸及其盐类。肉类保鲜中使用的有机酸包括乙酸、甲酸、柠檬酸、乳酸及其钠盐、抗坏血酸、山梨酸及其钾盐、磷酸盐等。许多研究已经证明，上述这些有机酸单独或配合使用，对延长肉的保存期均有良好效果，其中使用最多的是乙酸、山梨酸及其钠盐和乳酸钠。乙酸浓度从 1.5％开始就有明显的抑菌效果，在 3％范围以内，乙酸不会影响肉的颜色，因为在这种浓度下，由于乙酸的抑菌作用，减缓了微生物的生长，避免了霉斑引起的肉色变黑变绿；当浓度超过 3％时，对肉色有不良作用，这是由酸本身造成的。国外研究表明，用 0.6％乙酸加 0.046％蚁酸混合液浸渍鲜肉 10 s，不单细菌数大为减少，并能保持其风味，对色泽几乎无影响；如单独使用 3％乙酸处理，可抑菌，但对色泽有不良影响；而采用 3％乙酸加 3％抗坏血酸处理时，因抗坏血酸的护色作用，肉色可保持很好。乳酸钠防腐的机理有两个：一是乳酸钠的添加可减低产品的水分活性，从而阻止微生物的生长；二是乳酸根离子有抑菌功能团。山梨酸钾在肉制品中的应用很广，抑菌作用主要在于它能与微生物酶系统中的巯基结合，达到抑制微生物增殖和防腐的目的，山梨酸钾在鲜肉保鲜中可单独作用，也可和磷酸盐、乙酸结合使用。

2. 天然防腐剂　一方面具有抑菌防腐的功效，另一方面在食品安全上有保证，可更好地满足消费者的需求。目前，国内外在这方面的研究和应用较为活跃，天然防腐剂将是今后食品贮藏保鲜技术发展的方向。许多植物香辛料中含有杀菌、抑菌成分，提取后作为防腐剂，既安全又有效。大蒜中的蒜辣素和蒜氨酸，肉豆蔻所含的肉豆蔻挥发油，肉桂中的挥发油以及丁香中的丁香油等，均具有良好的杀菌、抗菌作用。茶叶中提取的茶多酚有抑制脂质氧化、抑制腐败微生物生长繁殖的作用。乳酸链球菌素（Nisin）对肉类保鲜是一种新型的技术，Nisin 是由某些乳酸链球菌合成的一种多肽抗生素，但 Nisin 为窄谱抗菌剂，它仅对革兰氏阳性菌（如大肠杆菌）有很好的抑制效果，而对酵母、霉菌和革兰氏阴性菌无作用。另外，海藻糖、甘露聚糖、壳聚糖、溶菌酶等天然防腐剂也可以用于鸡肉的贮藏和保鲜。在肉类贮藏保鲜中通常采用复合保鲜剂处理，例如，采用 Nisin、茶多酚、香辛料提取物、维生素 C 等组成的复合天然保鲜剂对冷却鸡肉进行浸渍处理，然后在 4 ℃条件下冷藏，鸡肉的保鲜期可以达到 21 d。

（四）真空包装保鲜

真空包装技术广泛应用于食品保藏中，它是采用非透气性材料，将包装内的空气抽出降低氧含量，从而控制肉中肌红蛋白和脂肪氧化及好氧性微生物的生长繁殖。采用真空包装冷却肉在 0～4 ℃条件下可储存 21～28 d。国外的鲜肉真空包装方法有以下三种，货架期可达 21 d。

方法一：分割的鲜肉用收缩薄膜的包装袋包装，再抽真空热封口，最后用热水使包装袋收缩。

方法二：采用热成型真空包装机和高阻隔性塑料薄膜包装，单块鲜肉放入热成型的塑料盒内，然后加盖膜抽真空热封。

方法三：使用真空贴体包装，在欧洲较为流行。真空包装与保鲜剂处理联合使用，对肉类的保鲜效果比单独真空包装的保鲜效果更好。

（五）气调包装保鲜

气调包装技术是在密封材料中放入食品，抽掉空气，用选择好的气体代替包装内的气体环境，以抑制微生物的生长，从而延长食品货架期。肉类的气调包装通常与低温冷藏保鲜相结合。气调包装常用的气体主要为 CO_2、O_2 和 N_2。CO_2 可抑制细菌和真菌的生长，尤其是细菌繁殖的早期；O_2 的作用是维持氧合肌红蛋白，使肉色鲜艳，并能抑制厌氧细菌；N_2 是一种惰性填充气体，它不影响肉的色泽，能防止氧化酸败、霉菌的生长和寄生虫害。在肉类保鲜中，CO_2 和 N_2 是两种主要的气体，一定量的 O_2 存在有利于延长肉类保质期，因此，必须选择适当的比例进行混合。在欧洲鲜肉气调保鲜的气体比例一般为两种：①O_2：CO_2：N_2＝70：20：10；②O_2：CO_2＝75：25。

气调包装技术对包装材料要求严格，目前在气调包装中经常使用的材料主要有聚酯（PET）、聚偏二氯乙烯（PVDC）、乙烯-乙烯醇（EVOH）以及各种复合膜等。鸡肉的气调包装也通常与其他保鲜方法相结合使用。

（六）辐射（辐照）保鲜

辐射保鲜技术是利用放射性同位素产生的射线来杀灭食品中的微生物钝化酶的活性，从而延长食品保藏期的一种方法。肉类辐射保鲜技术的研究已有40多年的历史，国际原子能机构已经确认，采用低剂量照射食品是安全的，因此，辐射保鲜技术在国际上已广泛应用于食品工业，尤其是该技术对各类生鲜食品的保鲜具有良好的效果。

鸡肉的保鲜需要综合应用以上多种防腐保鲜措施，发挥各自的优势，以达到最佳保鲜效果。随着研究的不断深入，其中，生物保鲜技术（天然防腐剂保鲜）、新型包装保鲜技术及辐照保鲜技术将被广泛应用。尤其是生物保鲜技术，运用微生物生态学的观点，不添加化学合成防腐剂，通过微生物自身产生的细菌素等抑菌物质，实现对腐败和病原微生物的控制，从而达到保鲜的目的。这种保鲜方式不仅可以大大提高鸡肉的安全性，改变鸡肉的消费方式，也可以增加鸡肉的市场竞争力，实现鸡肉现代化和标准化生产，对提高我国肉食生产的技术水平具有重要的示范和指导意义。

二、分割冷鲜鸡肉的加工

冷加工是保鲜和保藏鸡肉的一种有效方法，它主要利用人工制冷的方法使净膛后的鸡胴体（或分割鸡肉）降温并使其在一定的低温下贮藏的过程。冷却鸡肉的生产主要是为居民提供卫生、方便的鲜食鸡肉。冷却肉是以畜禽的鲜肉为原料，经冷却后按胴体不同部位肌肉的特点进行分割、剔骨，再经特定包装和快速冷却并在0～4℃下贮存的冷加工肉。由于冷却肉最大限度保持了肉类原有的风味、色泽及营养，产品卫生质量好，小包装冷却肉已成为欧美等国家鲜肉消费的主要品种。冷却肉一般在超市中销售，消费者购买方便、节省时间。近年来，我国也正在各地大中城市发展冷却肉的生产，相信在不久的将来，冷却肉生产将逐渐取代我国目前肉类流通中边宰杀、边切割、边销售的传统方式。

（一）工艺流程

原料鸡肉的选择→鸡体的冷却→分割与剔骨→包装→快速冷却→装箱→冷藏。

（二）加工工艺及操作要点

1. 原料鸡的选择　由于冷却肉的加工及冷藏温度较高，用于加工的原料肉除了兽医卫检合格外，还应特别注意尽量减少原料鸡体的污染，保证原料肉的新鲜与优质。凡活鸡的体表粪污较多，屠宰时放血不全、开膛时弄破肠管者均不能作为加工冷却肉的原料；若屠宰场的卫生条件差，清洗及消毒不严，宰杀后的个体均不能用于生产冷却肉。

2. 鸡体的冷却　将宰杀洗净后的鸡体迅速转入冰水或冷水浴中快速降温，以抑制肉中微生物和酶的活动，防止剔骨时肉类温度过高而引起肉质的严重下降。生产中要求鸡腿部或鸡胸部中心温度最好应在 20 min 以内降至 4 ℃ 左右。这种方法对于提高鸡肉的品质、卫生质量和延长产品的保鲜期具有明显的优势。

3. 分割与剔骨　鸡体在冷却之后先去掉翅膀和脚爪，然后将头颈斩掉，再将腿分割下来。鸡的翅膀、脚爪和头颈可用于加工酱卤小食品，也可用于冷冻加工销售，鸡的头、颈还可当成副产物进行综合利用。分割后鸡胴体如果不需要剔骨操作，可直接进入包装工序。

如果分割的鸡腿和躯体需要剔骨处理，应马上送至分割剔骨车间进行剔骨整理，剔骨后的鸡肉主要分成腿肉和胸肉两类。分割剔骨一般为手工操作，持续时间长，其间易受到污染而影响成品的质量。为此，在剔骨操作时应注意以下几个问题：

第一，车间为全封闭式结构，室内温度为 7～9 ℃，相对湿度为 60%～70%；定期对分割剔骨车间进行清洗和消毒处理。

第二，剔骨操作要迅速，防止肉块堆积升温。

第三，使用刀具应坚持每天清洗和消毒，工作人员应严格执行各种卫生管理制度。

4. 包装　鸡胴体可以整只进行真空包装。剔骨后的鸡肉应按种类和规格在 7 ℃ 左右的包装室（最好为无菌室）进行分装，一般每袋重量 0.5 kg 或 1 kg。目前，冷却肉的包装材料主要使用具有高阻隔性的复合薄膜（制袋）或复合片材（制托盘），其包装形式可采用真空包装，也可采用氮气、二氧化碳、氧气等进行气调包装。为了提高冷却肉的保质期，可先将分割肉用一定浓度的天然保鲜剂（如 Nisin 等）处理，以达到降低微生物数量、抑制微生物生长繁殖和酶的活力的作用，然后将肉块晾干后包装。

5. 快速冷却　为了保证成品的质量，应尽快将包装好的产品降温。分割鸡肉可放于镀锌铁盘内，然后将铁盘送入快速冷却间的货架上，使肉中心温度尽快降至 0～4 ℃。

6. 装箱　对于整只真空包装的鸡胴体，可直接进行冷藏，也可采用简易的保温泡沫箱装填（图 9-3），并在箱内放入适量冰袋，以便于短时间保持低温和短距离运输。对于小包装分割肉需要将其分类并用纸箱定量包装。在装箱时必须剔除密封性不合格的产品。在箱的外面应标明肉的种类、数量、生产日期、包装方式、保藏条件等内容，另外，在纸箱内外应分别放置、粘贴兽医卫检合格标签。

图 9-3　冷鲜旧院黑鸡简易保鲜包装（万源市巴山食品有限公司　提供）

7. 冷藏　将包装好的成品迅速转入 0～4 ℃的冷库，按品字形堆码贮藏，以利于空气流通，防止产品升温影响其保持期。采用泡沫箱加冰袋包装的冷鲜鸡必须尽快销售，产品的保质期为通常只有 1～2 d。小包装冷却肉在 0～4 ℃下的保质期通常为 7～10 d，所以加工出的产品应尽快投放市场销售。此外，为了确保冷却肉的质量，在运输和销售小包装冷却肉时必须在 0～4 ℃的冷链中流通。

第三节　旧院黑鸡肉制品的加工

我国传统的鸡肉制品加工历史悠久，种类繁多，风味独特，深受国内外消费者喜爱。随着人民生活水平的不断提高，鸡肉制品的需求量日益增加，与此同时，人们对鸡肉产品的种类、内在质量等也有了很多新的要求。因此，为了满足现代社会人们对鸡肉食品的多种需求，鸡肉制品的加工应不断改进生产技术，增加产品种类，提高产品质量，使我国鸡肉产品的加工逐渐向科学化、专业化和商品化的方向发展。

一、腌腊鸡肉制品

腌腊制品的生产主要是利用了食盐的防腐作用、硝酸盐（或亚硝酸盐）的发色作用以及自然发酵对肉制品风味的改善作用，经过加工的产品，不仅具有一定的防腐能力和良好的色泽，而且具有独特的腊香风味，所以这类产品在全国有大量的生产。由于在腌制过程中部分微生物对食盐的抵抗力很强，因此，若无专门的降温设施，这类产品一般只能在低温季节生产，否则加工出的产品很易在中途发生变质。

（一）元宝鸡

元宝鸡是四川省著名的传统特产，主产于成都市及周边地区。元宝鸡造型美观，形似元宝状，其皮色黄亮，肌肉红艳，食之甘香醇厚，别有风味，深受各地消费者欢迎。

1. 配料 全净膛鸡 100 kg，食盐 7 kg，白砂糖 2 kg，白酒 0.5 kg，花椒 0.2 kg，八角 0.2 kg，山柰 0.15 kg，桂皮 0.1 kg，小茴香 0.1 kg，硝酸钠 0.03 kg。将上述配料中的食盐和植物香辛料炒干后与白砂糖一起充分磨细，经 80～100 目筛网过筛后备用。

2. 工艺流程 原料鸡的选择→宰杀与整理→擦盐腌制→定型→上色→晾挂发酵。

3. 加工工艺

（1）原料鸡的选择 选择当年育肥的体重在 1.8 kg 以上的健康活鸡为原料最佳。

（2）宰杀与整理 原料鸡经 12～16 h 断食后，采用口腔刺杀法放血（用解剖刀伸入口腔咽喉部左侧，割断颈静脉和桥状静脉的联合处，然后用刀在上颌裂缝的中央、眼的内侧斜刺延脑，以便于拔毛），然后在 65～68 ℃热水中浸烫拔毛，拔毛后用清水清洗鸡体，在泄殖腔正中处剪 3～4 cm 的直口，从此取出所有内脏器官，并在鸡背上开一个 1 cm 长的小口，最后用清水反复浸泡清洗，1 h 后沥干备用。

(3) 擦盐腌制

① 擦盐：先将硝酸钠用少许清水溶化后均匀涂抹于鸡体内外，再将白酒在鸡体腔内外涂抹，待鸡体表水分稍干后将粉碎磨细后的混合香料均匀涂擦于体腔内外。在擦盐时，鸡的口腔、胸部、腿部、肛门及杀口等部位应适当多用盐，擦盐应用力适度，以防擦破皮肤而影响成品的外观。

② 造型：将鸡双腿交叉用麻绳扎紧，从腹下开口处拉向腹内，将麻绳头从背部开口拉出；把鸡头扳弯，从右翅下拉向背部开口，并用脚部引出的麻绳将鸡下颌与鼻穿好，嘴插入表皮下；将双翅反扭向背部，从鼻孔引出的麻绳将鸡体平衡吊挂，这样即为一元宝形鸡坯。

③ 腌制：将造型后的鸡坯叠放于缸内，腌制 24 h 后翻缸一次，然后继续在缸中腌制 24 h 即可出缸。

(4) 定型　出缸之后，用清水洗掉鸡坯外的积盐和香辛料，然后将鸡坯放入沸水中浸烫 30 s，待其表皮蛋白质变性凝固后，元宝鸡的造型即可固定下来。

(5) 上色　先取适量冰糖（或白砂糖、红糖），加少量水进行熬制，当糖在加热过程中变成棕红色时，即可用熬制好的糖色对鸡体表涂抹上色。

(6) 晾挂发酵　上色后的鸡坯应悬挂于阴凉通风处晾干，在晾干过程中应防止太阳直接照晒而使成品滴油。通常经过 15～20 d 的晾挂发酵，鸡坯皮肤黄亮，外观油润，肌肉呈玫瑰红色。晾挂发酵完成后的鸡坯即为成品，这时可以进行包装销售，也可继续晾至食用时为止。在晾挂期间，若遇阴雨天气，应及时将产品转入烘房进行干燥。

元宝鸡通常采用不再加任何调料的方法蒸熟食用，这样可以充分保证该产品特有的风味。

(二) 风鸡

风鸡是我国南方许多地区在冬季加工的一种鸡肉制品，这种产品具有造型美观、肉质细嫩、滋味鲜美、气味芳香等特点，所以深受广大消费者喜爱。风鸡在南方各地生产较多，其中以长沙南风鸡、成都风鸡最为著名，下面就风鸡的一般加工方法做一介绍。

1. 配料　去内脏鸡坯 100 kg，食盐 6.2 kg，白砂糖 3 kg，五香粉 0.1 kg，硝酸钠 0.03 kg。

2. 工艺流程　原料鸡的选择→宰杀净膛→腌制→晾干。

3. 加工工艺

（1）原料鸡的选择　选择体重为 1.5～2 kg 的健康鸡为加工原料，若加工的是带毛凤鸡，通常应选择羽毛鲜艳，有较长尾羽的公鸡。

（2）宰杀净膛　采用颈部宰杀或口腔刺杀法放血，放血应完全。加工去毛凤鸡应在宰杀后用热水浸烫拔毛；带毛凤鸡的加工不用烫毛处理，并应在宰杀过程中避免对羽毛的污染。放血完毕，从鸡的腹下开一小口，小心取出所有内脏器官，在整理时必须将肺、软硬喉管取净，并用洁净的纱布或毛巾将体腔内血水等擦干。在清洁体腔时不能用生水冲洗，也不能将羽毛弄湿、弄脏，否则加工出的成品很易发生变质。

（3）腌制　硝酸钠用少许凉开水溶化后均匀涂抹于体腔内（外）。将食盐炒干，待冷却后与其余辅料混匀磨细备用，先将部分混合辅料均匀涂擦于鸡的胸腹腔内，鸡的口腔、杀口处也要适量涂擦，鸡的喉颈部也应适量塞入腌制材料。最后将 2～3 块木炭放入体腔内，以吸收腌制过程中渗出的血水。擦盐后的带毛鸡坯应逐只摆放腌制；若为去毛鸡坯，可堆放于缸中腌制。鸡坯在擦盐后通常需腌制 2～4 d。

（4）晾干　鸡坯用麻绳穿鼻，悬挂于阴凉通风处自然晾干，经 15 d 左右晾挂即为成品。带毛凤鸡在食用前通常先用干法拔去羽毛，再用热水浸泡清洗，然后采用蒸熟或小火煮熟的办法食用。

（三）腊鸡片

腊鸡片是广州著名的腌腊鸡肉制品，具有营养丰富、口味鲜美、携带方便等特点。

1. 配料　鲜鸡肉片 100 kg，食盐 2 kg，酱油 5 kg，黄酒 1.5 kg，白糖 3 kg，硝酸钠 0.03 kg。

2. 工艺流程　选料宰杀→切片→腌制→烘干→包装。

3. 加工工艺

（1）选料宰杀　选胸腿肌肉发达的体重为 2 kg 左右的健康鸡，经宰杀放血、净膛后清洗干净备用。

（2）切片　将鸡坯的胸肌和腿肌带皮分割下来，并根据肌肉的部位和大小，分别切成圆形或椭圆形肉片。

旧院黑鸡

（3）腌制　先将肉片放入容器中，加入各种配料（硝酸钠用少量水溶化后加入），充分搅拌混匀后，腌制约 4 h。为了腌制均匀，使各种辅料被肉片充分吸收，腌制期间应翻动肉片 2～3 次。

（4）烘干　把腌好的肉片取出，平铺于竹筛或不锈钢筛网上。然后转入 55 ℃的烘房中烘干。经 12～15 h 烘制。肉片呈金黄色。表面干硬即为成品。腌好的肉片也可在白天放于阳光下曝晒，晚上入烘房烘制，连续曝晒和烘制 4 d 即为成品。

（5）包装　为了延长腊鸡片的保质期，可将产品用塑料袋真空包装后贮藏。

（四）咸鸡胗（肝）

该产品为乌黑扁平状，是大众喜爱的鸡内脏食品，具有质干清脆、鲜香可口的特点，是下酒、佐餐之佳品。

1. 配料　鸡胗（或肝）100 kg，食盐 4.6～5 kg，硝酸钠 0.03 kg。

2. 工艺流程　选料→整理清洗→腌制→晾挂整形。

3. 加工工艺

（1）选料　选取健康鸡的胗（或肝）为加工原料。

（2）整理清洗　先将鸡胗外面的油脂剥离，清水洗净后用刀从鸡胗正中线纵向剖开，去掉其中的积食后清洗干净，撕下内壁的鸡内金，然后将整理好的鸡胗浸泡清洗干净。在整理鸡肝时应将胆囊摘除，然后洗涤沥干水分。

（3）腌制　将食盐炒干磨细，再与硝盐（磨细）充分混合均匀备用。先将混合盐逐一涂擦鸡胗（或鸡肝），然后堆放于缸中腌制 6 d。为了使原料腌制均匀，其间应翻动 2～3 次。

（4）晾挂整形　腌制完成后出缸，一般每 10 只鸡胗（或鸡肝）用细麻绳穿成一串，然后放在阳光下曝晒 2 d。在晒制时每天需用手按压使其形状逐渐固定，最后的成品为扁平形状。晒制后的产品应转到阴凉、通风、干燥的库房中逐渐晾干。当产品表面颜色变黑发亮，质地发硬板结时即为成品。

（五）鸡肉香肠

1. 配料　鸡肉 30 kg，猪瘦肉 40 kg，猪肥膘 15 kg，食盐 2.1 kg，白糖 5 kg，无色酱油 4 kg，白酒 2 kg，硝酸钠 0.03 kg。

2. 工艺流程　原料肉整理→制馅→灌肠→打结、排气→烘烤。

3. 加工工艺

（1）原料肉整理　先将原料肉洗净，鸡肉去骨、去皮，猪肉切成条状，然后将鸡肉、猪瘦肉分别切成 1 cm³ 左右的肉丁（也可用绞肉机绞碎至同样大小），猪肥膘切成 0.5～0.7 cm³ 的肉丁（可用切丁机进行）。

（2）制馅　将上述三种肉丁与所有辅料混合搅拌均匀。

（3）灌肠　先将加工好的肠衣洗净，用灌肠机在肠衣中灌入肉馅。在灌肠时应使肠体松紧适度，防止将肠管胀破。

（4）打结、排气　根据所用肠衣的粗细不同，一般每 15～20 cm 用绳线结扎一次，然后用放气针在肠体上刺孔排气。排气是为了防止成品中的脂肪过早发生氧化酸败。

（5）烘烤　为了使香肠尽快干燥，灌好的产品应转入 50～55 ℃ 的烘房中进行烘干。在干燥、气温低的季节生产时，可将产品置于通风处自然晾干。

二、旅游休闲鸡肉制品

由于中国许多传统鸡肉制品的加工受季节限制，其成熟周期较长，产品成本较高且食用不方便。近年来由于人们生活水平的提高，消费者的需求不断改变，方便即食的旅游休闲鸡肉制品越来越受到市场的欢迎。

（一）鸡肉干

1. 配料　鸡肉 100 kg，食盐 2.6 kg，酱油 2 kg，八角 0.2 kg，山奈 0.1 kg，草果 0.1 kg，小茴香 0.05 kg，桂皮 0.05 kg，老姜 1 kg，白糖 1 kg，白酒 1 kg，味精 0.1 kg，辣椒粉 1.2 kg，花椒粉 0.4 kg，胡椒粉 0.1 kg，芝麻 0.5 kg，植物油 3 kg。

2. 工艺流程　原料预处理→预煮→切坯→复煮→脱水→冷却→包装→灭菌→冷却→装袋。

3. 加工工艺

（1）原料预处理　选择新鲜鸡胸肉或腿肉，将原料肉剔骨、筋腱、脂肪及肌膜，清洗干净，沥干后备用。

（2）预煮　预煮的目的是通过煮制进一步除去肉中血水，并使肉块变硬以便切坯。预煮时以水淹没肉面为原则，一般不加任何辅料，但有时为了去除异味，可加 1%～2% 的鲜姜。预煮时水温保持在 90 ℃ 以上，并及时撇去汤面上的血沫及污物。预煮时间随肉块大小而异，以切面无血水为宜。通常预煮 10 min 左右，捞出肉块，预煮鸡肉的汤汁过滤后待用。

（3）切坯　当肉块冷却后，可根据工艺要求切成条、片、丁等形状，切坯要求大小均匀，产品规格一致。

（4）复煮　复煮是将切好的肉坯放在调味汤中煮制，其目的是进一步熟化和入味。复煮汤料配制时，取肉坯重 20%～40% 的经过滤后的预煮汤，将配方中不溶解的辅料（植物香辛料）装袋入锅煮沸后，加入其他辅料及肉坯，用大火煮制 5 min 左右后，改为小火熬煮。用小火熬煮 0.5～1 h，待卤汁基本收干，即可起锅。复煮过程中采用小火熬煮，可以防止大火加热使辅料中香味成分大量挥发，成品香味不浓；另外，小火加热还能减轻肌纤维的硬化，保证肉干的口感良好。

（5）脱水　先将肉切条后用 2/3 的辅料（其中白酒、白糖、味精后放）与肉条拌匀，腌制 10～20 min 后，投入 135～150 ℃ 的油锅中油炸。炸到肉条呈褐色且明显干燥后捞出，将油滤净，再将酒、白糖、味精和剩余的辅料混入，搅拌均匀即可。

（6）冷却、包装　脱水后的肉干应在干净的室内摊晾，必要时可用排风扇辅助降温，但不宜在冷库中冷却，否则产品易吸水返潮。冷却的肉干尽量选用阻气、阻湿性能好的复合材料进行真空包装。

（7）灭菌、冷却、装袋　真空包装的肉干在 121 ℃ 条件下灭菌 20～30 min（根据装量的多少调整灭菌时间），然后冷却降温至室温，待真空包装袋外表面水分完全干燥后，将其装入外包装袋进行密封，最后将产品装入纸箱即为成品。

（二）鸡肉脯

1. 配料　鸡肉 100 kg，食盐 2.5 kg，无色酱油 1 kg，白糖 2 kg，白酒 2.5 kg，五香粉 0.05 kg，白胡椒粉 0.1 kg，硝酸钠 0.02 kg。

2. 工艺流程　原料肉整理及冷冻→切片→调味、铺盘→烘干→切形→烤制→包装。

3. 加工工艺

（1）原料肉整理及冷冻　将鸡体的胸肉、腿肉去掉骨骼、鸡皮及粗大的结缔组织，然后将鸡肉转入低温下冷冻，直至肉块中心温度降到－3 ℃左右为止。

（2）切片 将冷冻后的原料肉顺着肌纤维方向切片，切片的厚度 2～3 mm，切好的鸡肉片进行自然解冻。

（3）调味、铺盘 将上述各种配料混匀后拌入鸡肉片内，充分混合均匀，并放入容器中腌制 2～3 h，然后将鸡肉片平铺于不锈钢筛网盘上，铺盘时应使肉片间没有缝隙，以便使干燥后的肉片间相互粘连。

（4）烘干 将铺好的肉片放入 50～60 ℃的烘房中烘烤 3～5 h，当肉片中含水量在 25%左右时，取出肉片。

（5）切形 烘干后的肉片由于相互粘连形成了一大块，为了便于烤制和成品包装，应将其切成 6～8 cm 长、4～8 cm 宽的长方形或正方形肉片。

（6）烤制 先将烤炉预热至 280～320 ℃，然后将肉片放入烤炉中烤制 3～5 min，当肉片出油，色泽变深，香气明显时取出肉片，并趁热用压平机将其压平。

（7）包装 烤制后的肉片在冷却后，用塑料袋进行真空包装。经过严格包装后的成品，在常温下一般可保存 4 个月左右。

（三）鸡肉早餐肠

1. 配料 鸡肉 90 kg，鸡皮 8 kg，鸡腹脂 2 kg，大豆分离蛋白 1 kg，淀粉 2 kg，食盐 1.9 kg，白砂糖 1.5 kg，味精 0.1 kg，白胡椒 0.1 kg，复合磷酸盐 0.3 kg，亚硝酸钠 0.01 kg，红曲色素 0.001 kg，异抗坏血酸钠 0.01 kg，卡拉胶 0. kg，冰水 16 kg。

2. 工艺流程 原料肉预处理→腌制→斩拌→灌装→热加工→冷却→包装。

3. 加工工艺

（1）原料处理 将分割出的鸡胸肉、鸡腿肉，绞碎。取出鸡腹脂，鸡皮绞碎成浆。

（2）腌制 按比例向鸡肉中添加品质改良剂，混匀后，置于 0～4 ℃腌制 12 h 以上。

（3）斩拌 将绞制（3 mm）过的原料肉放入斩拌机中，按顺序添加盐、糖、亚硝酸盐、异维生素 C 钠、红曲色素，斩拌 1 min；添加 2/3 冰水、大豆分离蛋白粉，斩拌 3 min 左右，肉料温度控制在 5 ℃以内；添加绞制过的脂肪、鸡皮、卡拉胶等，肉料温度控制在 6 ℃以内；添加剩余冰水，所有香料、调味品、淀粉进行斩拌混合均匀，肉料温度控制在 8 ℃以内。

（4）灌装　鸡肉早餐肠使用胶原蛋白肠衣，采用真空灌肠机定量灌装。

（5）热加工与冷却　在全自动烟熏炉完成产品的烟熏、蒸煮与冷却降温。热加工的具体程序为：40 ℃干燥肠衣 2 min，50 ℃干燥 5 min，60 ℃烟熏 12 min，80 ℃蒸煮 35 min。热加工完成后启动冷水喷淋系统快速降温至 20 ℃以下，然后将产品转移至冷却间快速降温至 0～4 ℃。

（6）包装　将降温后的产品转入洁净的包装室内装袋，每袋装 100 g 左右，抽真空密封包装。产品装箱后置于 0～4 ℃成品冷库贮藏。

（四）方便药膳鸡汤

方便药膳鸡汤采用冻干工艺生产，成品体积小，重量轻，携带方便，可加入 200 mL 左右的开水复原成方便即食鸡汤，成品尤其适于外出旅游等场合饮用。用冻干浓缩鸡汤调制方便鸡汤，可以节省大量时间，而且产品营养美味，符合时代的发展潮流，该类产品具有广阔的市场前景。

1. 配料　鸡胴体 100 kg，自来水 400 kg，食盐 1.2 kg，当归 1.6 kg，黄芪 0.9 kg，党参 1.5 kg。

2. 工艺流程　鸡胴体清洗→预煮→熬煮→收集汤汁→分离鸡油→滤液浓缩→调配→装模→冷冻干燥→气调包装。

3. 加工工艺要点

（1）将鸡胴体用冷水清洗后，放入冷水煮沸 1 min，捞出后用冷水清洗，除尽血沫污物，沥干备用。

（2）鸡汤熬制时先用大火，其目的是为了迅速提高冷水的温度，原料中的营养在水温逐渐提高时，由外而内逐渐受温度的作用，营养物质大量溢出到汤内。鸡汤熬煮后期改为小火，目的是为了使原料内部的营养成分能完全溢出，蛋白质在慢火中可继续水解，溶于水中，如果继续使用旺火，则蛋白质内部凝固，不易溢出。鸡汤后期熬煮的温度为 90 ℃左右，总的熬煮时间为 4 h。

（3）将熬煮的汤汁收集于不锈钢容器中冷却，用干净纱布过滤，留下滤液备用。

（4）将收集好的药膳鸡汤放入 0～4 ℃低温环境澄清 24 h，分离上层黏稠鸡油。

（5）将除去油脂的鸡汤滤液采用常压蒸煮浓缩，浓缩至固形物含量为32%左右即可。

（6）调配时的配方：浓缩鸡汤 100 kg，食盐 0.6 kg，蔗糖 0.7 kg，明胶 0.9 kg，鸡油 2 kg。

（7）将调配好的鸡汤装入 50 mL 的圆柱形模具，进行冷冻干燥。

（8）将干燥后的产品迅速转入包装车间，并进行冲氮气包装。

三、酱卤鸡肉制品

酱卤制品是我国传统肉制品中的一大类熟肉制品，它主要经过调味和煮制而成，其成品可直接食用。这类产品肉质酥润，香味浓郁，滋味鲜美，但不耐贮藏。用鸡肉生产的酱卤制品种类繁多，在全国各地几乎都有自己的地方名产或特产，如河南的道口烧鸡、山东的德州扒鸡、天津的五香酱鸡等都是全国著名的产品。生产这类食品应加强包装，尽量延长成品的保质期。

（一）烧鸡

有名的烧鸡是道口烧鸡，产于河南省滑县道口镇，加工历史已有 300 余年，是我国传统酱卤鸡肉制品中具有代表性的产品。其特点是：造型美观，肉色黄中带红，抖动时骨肉即可分离，其肉质细嫩，鲜香可口，咸中带甜，肥而不腻。

1. 配料　全净膛鸡 100～125 kg，食盐 2.7 kg，砂仁 15 g，豆蔻 15 g，丁香 3 g，草果 30 g，肉桂 90 g，白芷 90 g，良姜 90 g，陈皮 30 g，硝酸钠 15 g，老卤适量。

2. 工艺流程　选料→宰杀→净膛→造型→油炸→煮制。

3. 加工工艺

（1）选料　选体重为 1.5 kg 左右的健康活鸡为佳。

（2）宰杀、净膛　采用颈部宰杀法放血，然后用热水浸烫拔毛，清洗后经腹下开膛并取出所有内脏器官，最后用清水洗净后斩去脚爪。

（3）造型　将鸡坯放在加工台上，腹部向上，左手稳住鸡体，右手持刀将鸡的胸骨中间切断，并用手按折。然后用竹棍或高粱秆把胸腹腔撑开，把两只腿交叉插入腹下的开口处。再将鸡的头颈扳至背部，两翅交叉插入口腔，形成两头稍尖的半圆形造型，最后用清水冲洗晾干水分备用。

（4）油炸　先在鸡坯表面均匀涂抹一层蜂蜜水溶液（水与蜂蜜之比为6∶4），然后把鸡坯放入 150～160 ℃ 的花生油（或菜籽油、鸡油）中炸制0.5 min 左右，待鸡体表呈浅黄色时即可捞出。

（5）煮制　将炸好的鸡坯依次平放在锅内，放入适量多次使用过的陈年老汤和上述配料，用竹篦压住鸡体，然后加水至上层鸡坯淹没为止。煮制时先用大火煮开，然后用小火焖煮 3～5 h 即可出锅。出锅时要小心从锅中逐只取出，不得损坏鸡体的造型和完整性。

（二）扒鸡

扒鸡以德州扒鸡最为著名，产于山东省德州市，至今有 100 年左右的加工历史，是我国著名的地方特产。产品特点是：皮色黄中透红、肉质粉白柔嫩，香味浓郁，油而不腻，一抖即可使骨肉分离，食后余味无穷。

1. 配料　全净膛鸡 100 只，食盐 1.7 kg，酱油 2 kg，生姜 130 g，白芷70 g，草果 25 g，丁香 15 g，肉蔻 25 g，砂仁 6 g，小茴香 25 g，八角 50 g，山奈 30 g，陈皮 20 g，桂皮 40 g，花椒 20 g，草蔻 25 g。

2. 工艺流程　选料→宰杀净膛与整形→上色油炸→煮制→出锅。

3. 加工工艺

（1）选料　选体重为 1～1.2 kg 的健康活鸡，尤以中秋节以后的原料鸡最佳，因为这种鸡的肉质肥嫩、味道鲜美，用其加工出的扒鸡质量最好。

（2）宰杀净膛与整形　其方法与道口烧鸡的处理方法相同。

（3）上色油炸　将造型后的鸡坯外表均匀涂抹一层糖色（用白糖加适量水熬制成棕红色），然后将鸡体逐只放入油锅内炸制 1～2 min，当鸡体金黄透红时即可捞起沥干。

（4）煮制　将炸好的鸡坯在锅内整齐排放（锅底放一铁箅，防止焦煳），加入上述配料及适量老汤，鸡坯的最上层压上铁箅，再加水淹没鸡体。先用大火烧开，然后改用小火焖煮。煮制的时间应根据鸡的年龄灵活掌握，仔鸡的煮制时间一般为 6～8 h，老龄鸡通常要焖煮 8～10 h。在煮制过程中，鸡肉的体积会收缩变小，锅表面会出现一层较厚的油层，这有助于成品在加热时肉质熟烂，并可有效阻止产品在加热过程中香味的散失，使成品口味极佳。

（5）出锅　因扒鸡焖煮的时间很长，容易使产品掉头和破皮，所以在出锅操作时要非常小心。出锅前先用大火将汤汁烧沸，取出铁箅，借助肉汤的浮力，用钩子钩住鸡头，漏勺端鸡尾，轻轻提出，以保持鸡体的完整。扒鸡的出品率仅为活鸡的 50% 左右。

（三）酱鸡

天津市生产的五香酱鸡，是具有 70 多年加工历史的名牌产品，具有入口即烂，清香鲜美，酱香和五香味浓郁的特点。

1. 配料　全净膛鸡 100 kg，食盐 2.5 kg，酱油 5 kg，大葱 0.1 kg，八角 0.15 kg，肉蔻 0.1 kg，桂皮 0.2 kg，花椒 0.3 kg。

2. 工艺流程　选料→宰杀净膛→整形→酱煮。

3. 加工工艺

（1）选料及宰杀净膛　选体重在 1 kg 以上的健壮肥嫩活鸡，经宰杀放血和煺毛后清洗干净，然后在鸡脖子右侧、鸡翅膀前开一小口，取出嗉囊，再在鸡的腹部开一小口，取出所有内脏器官，最后用清水反复冲洗鸡体。

（2）整形　将洗净的鸡体沥干水分，置于加工台上，把双翅和双腿一一摆正、用细绳线将鸡身捆好，使造型美观。

（3）酱煮　把整形后的鸡坯放入煮沸的酱卤老汤之中（若无老汤，可放于沸水中煮制），然后加入上述各种香辛料和辅料，用小火酱煮 3 h 左右，即可从锅中取出成为成品。煮鸡的汤汁经反复使用和熬煮，便成了加工五香酱鸡的酱卤老汤，酱煮时加入适量老汤可以显著改善成品的风味。

四、熏烤鸡肉制品

熏烤制品一般指以熏烤为主要加工方法而生产出的一类肉制品，它包括熏制品和烤制品两大类。熏制和烤制分别为两种不同的加工方法。熏制是利用木柴不完全燃烧时产生的烟气对肉品进行烟熏，以改变成品风味、提高产品贮藏性能的一种加工方法；烤制则利用适当高温处理肉品，以使产品快速成熟、表层水分迅速蒸发并产生适度焦化，从而使成品香脆可口和形成特殊的风味。我国传统的熏烤鸡肉制品种类繁多，风味独特，深受全国各地消费者的普遍欢迎。

（一）熏鸡

以沟帮子熏鸡为例，是辽宁省北镇市著名的地方特产，其加工历史已近百年。该产品呈枣红色，肉质细嫩，香味浓郁，具有独特的熏烟清香风味。

1. 配料　全净膛鸡 75 kg，食盐 2.5 kg，香油 0.25 kg，白糖 0.5 kg，味精 50 g，胡椒粉 15 g，五香粉 10 g，香辣粉 12 g，陈皮 35 g，桂皮 40 g，砂仁 15 g，白蔻 13 g，山奈 20 g，肉蔻 25 g，肉桂 35 g，白芷 35 g，丁香 25 g。

2. 工艺流程　选料→宰杀净膛及整理→造型→煮制→烟熏。

3. 加工工艺

（1）选料　选用当年的健壮嫩公鸡作为加工原料最佳，因为用其加工出的产品肉嫩味鲜。

（2）宰杀净膛及整理　采用常规方法宰杀，煺毛后从腹下开一 4～5 cm 小口，并从此取出内脏，然后用清水洗净。用刀背将鸡两侧大腿与躯体连接处的骨头节敲断，并敲打各部位肌肉使其松软，以便于煮制时辅料的渗透、扩散和吸收，保证成品具有良好的风味。

（3）造型　先用剪刀将鸡的胸部软骨剪断，再把鸡的双腿交叉插入腹部开口内，然后将鸡头扳向背部，两翅交叉插入口腔，使鸡坯成为两头稍尖的造型。当鸡体煮制以后，胸肉丰满突起，外形饱满美观。

（4）煮制　先将老汤烧沸，取适量老汤浸泡配料约 1 h，然后将鸡坯入锅，加适量水淹没鸡体进行烧煮。在煮制时应注意控制火候，通常以中火煮制为好，因火力太小时肉不易酥烂，火力太大时鸡皮易破裂。烧煮时间一般为 1～1.5 h。煮制完成后，应小心取出鸡体以保持其造型完整。

（5）烟熏　先将鸡体表涂抹一层芝麻油和适量白糖，随后送入烟熏室熏制 10～15 min，当鸡的表皮呈红黄色时即可停止烟熏，熏制后通常还需在鸡体表面涂抹一层芝麻油，以增加成品的风味和保藏性。

（二）叫化鸡

有名的常熟叫化鸡，又名煨鸡，是江苏省常熟市的著名特产，其加工历史已有 100 多年之久。其特点是：保持鸡体的原形，皮色光亮呈金黄色，皮酥肉嫩，浓香扑鼻。

1. 配料　全净膛鸡 100 kg，食盐 5 kg，白糖 2.3 kg，黄酒 1.6 kg，酱油 2.5 kg，味精 0.1 kg，葱 1 kg，八角 0.2 kg，丁香 0.3 kg，生姜 0.3 kg，虾仁 2.5 kg，鸡肫 8 kg，猪肉 10 kg，熟火腿 2.5 kg，香菇 2 kg。

2. 工艺流程　选料→宰杀净膛→腌制→预制填料→包扎裹泥→烤制。

3. 加工工艺

（1）选料　选肥度适中、体重为 1.75 kg 左右的当年育肥母鸡。

（2）宰杀净膛　活鸡宰杀后煺毛，斩去脚爪，从右翅下开口净膛，用清水冲洗干净并沥干水分，然后用刀拍断鸡骨（不能破皮）。

（3）腌制　将鸡坯放入容器中加适量黄酒、酱油、食盐腌制 1 h 后取出，再用适量八角和丁香粉涂擦鸡体。

（4）预制填料　先将熟猪油置炒锅内，用大火烧热，放入葱段、姜末，炒香后投放虾仁、肉丁、火腿丁、鸡胗丁、香菇丁等配料进行炒制，在炒制过程中还要将酒、酱油等其余调味品加入锅内，当填料炒香时即可出锅，待冷凉后使用。

（5）包扎裹泥　将炒制后的填料从鸡腋下开口处填入体腔内，把鸡头扳弯并塞进刀口内。在每一鸡坯外面均匀涂抹食盐 10～15 g，在左右腋下放 1 粒丁香，然后用鲜猪皮或猪网油将鸡体包紧，并在其外包一层豆腐皮，最后用浸泡过的干荷叶把鸡包裹成长方形外形，并用绳线扎紧。将酒甏甏头泥碾细，加清水及食盐适量搅拌成泥泞状，然后将泥均匀地涂抹于包扎好的鸡体外面，涂抹时泥的厚度约 2 cm。涂泥之后，泥面用水抹光，并包上一层纸以待烤制。

（6）烤制　将包扎裹泥的鸡坯放入烤炉或煨鸡箱内，先用大火烤制 40 min 左右，使泥快速烘干。然后改用小火烤制，并每隔 20 min 翻动一次，共需翻动 4 次。最后用微火烤 1 h 左右即可停止烤制。烤制时间一般为 4～5 h。烤后的成品，先除去干泥，剪断绳线，去掉荷叶、肉皮，即可食用（可浇淋适量芝麻油，撒上葱丝调味）。

（三）盐焗鸡

盐焗鸡是广东省著名的地方美食，它盛产于广东东江一带。该产品肉质细嫩，皮脆骨酥，滋味醇香，风味独特，深受百姓喜爱。

1. 配料　全净膛鸡 10 kg，食盐 20 kg，葱 0.2 kg，八角 0.03 kg，花生油 0.2 kg。

2. 工艺流程　选料→宰杀整理→填料裹鸡→盐焗。

3. 加工工艺

（1）选料　选体重为 1.25 kg 左右的鸡为原料，尤以胸肌发达的当年育肥

母鸡为最好。

（2）宰杀整理　活鸡按常规方法宰杀放血、煺毛、净膛，经洗净后斩掉脚爪，沥干水分后备用。

（3）填料裹鸡　每只鸡坯先用食盐 20～30 g，涂擦其体腔内部，然后在每一鸡坯体腔内放入姜片 2～3 块、葱白 1 根、八角 1 粒。填料之后，将鸡头扳弯使其紧贴鸡的背部，用涂抹过花生油的牛皮纸一张把鸡坯包裹并用绳线扎紧。

（4）盐焗　先将食盐放入大铁锅内，加火使盐炒干、烧热，然后取出一半食盐放入瓦罐内，把包裹好的鸡坯放入，接着再将余下的食盐加到罐中，使鸡坯埋在食盐中，最后盖严罐盖，用小火加热 20～30 min，即可将焗熟的鸡体取出，待冷却后剥去牛皮纸则为成品。在食用前，通常还要用煎熟的花生油、芝麻油、炒盐、姜粉、味精等混合配制食用时的佐料，然后将其浇淋于鸡体的表面或切割后的肉块之上。

五、油炸鸡肉制品

油炸是加工肉制品的常用方法之一，它主要利用加热后的油脂处理肉类，使肉制品的色、香、味得到明显改善。油炸后的肉制品色泽金黄，具有香、脆、松、酥四大特点。

（一）香酥鸡

1. 配料　全净膛鸡 100 kg，食盐 5 kg，大葱 1.2 kg，生姜 1 kg，桂皮 1.2 kg，小茴香 1.8 kg，植物油 50 kg。

2. 工艺流程　选料→宰杀净膛→擦盐腌制→蒸制→油炸。

3. 加工工艺

（1）选料及宰杀净膛　按常规方法进行。

（2）擦盐腌制　将净膛后的鸡洗净、沥干水分，然后用食盐、小茴香分别涂擦鸡体内外。擦盐时应重点涂抹胸腔、腹腔、口腔、胸肌及腿肌等部位。涂抹均匀后，放入缸中腌制 12 h。腌制期间应翻动鸡体一次，以使鸡体腌制均匀。

（3）蒸制　将腌制好的鸡坯放入合适的容器中，鸡背朝上，然后放入大葱、鲜姜、桂皮、黄酒等调味品，最后放在蒸锅内蒸制 3～4 h 取出。

（4）炸制　把蒸熟后的鸡坯投入热油锅中炸制，当鸡坯表皮酥脆、皮色金黄时，将鸡体取出，待冷却后即为成品。

（二）油淋鸡

1. 配料　全净膛鸡 100 kg，蜂糖适量。
2. 工艺流程　选料、宰杀与整理→烫皮→打糖→烘干→油淋。
3. 加工工艺

（1）选料、宰杀与整理　选体重为 1 kg 左右的肥嫩母鸡，经宰杀放血后从右翅下开口取内脏，然后斩去翅尖和脚爪，洗净后沥干水分。

（2）烫皮　取适当长度的木棍或秸秆，从右翅开口处插入胸腔支撑鸡的胸骨部，然后将鸡坯投入沸水中浸烫约 30 s，使鸡体表皮收缩。烫皮后应晾干水汽。

（3）打糖　将蜂糖加适量水稀释，然后用糖水均匀涂抹于鸡体的表面，以便使油淋后的产品形成金黄光亮的外观。

（4）烘干　将打糖后的鸡坯送入 55 ℃ 左右烘房或烘箱进行适当干燥，当鸡体表皮出现皱纹时即可取出。

（5）油淋　先将鸡坯用铁钩钩牢，反复用铁勺舀出烧热至 100～120 ℃ 的植物油，并浇淋鸡体。浇油时应先浇淋鸡胸、鸡腿，再淋鸡背、鸡头；肌肉较厚的部位应多浇淋热油。经 6～10 min 处理，鸡体呈油亮的金黄色，表皮出现皱纹，说明鸡体已经油淋成熟。油淋鸡在食用时还需要根据个人口味加入芝麻油、酱油、姜、葱等进行调味处理。

（三）脆皮鸡

1. 配料　全净膛鸡 100 kg，食盐 2.7 kg，干淀粉 6 kg，蜂糖 2.3 kg，水50 kg。
2. 工艺流程　选料、宰杀与整理→挂糊、晾干→淋油。
3. 加工工艺

（1）选料、宰杀与整理　按常规方法进行。

（2）挂糊、晾干　将整理好的鸡坯在通风处晾干水汽（大约需 1 h）。把食盐、干淀粉、蜂糖和水充分混合、搅拌，使其最终呈浓稠的糯糊状。先用糊状混合物将鸡体涂抹均匀，然后悬挂于通风处晾挂，经 2 h 左右，鸡体表的淀粉糊即可晾干。

（3）油淋　将晾干的鸡坯放于漏勺中，然后用烧开的热油（油温 120 ℃左右）反复在鸡体上浇淋，直至鸡体呈金黄色为止。

（四）脆炸鸡

1. 工艺流程　原料的选择与整理→腌制→浸汁与滚粉→油炸→成品。

2. 配方　鸡和腌制液配比为 1∶1.5。

（1）腌制液配方　水 100 kg，糖 2 kg，姜 1 kg，葱 3 kg，丁香 0.5 kg，香菇 0.5 kg，花椒 0.5 kg，八角 0.5 kg，盐 13 kg，黄酒 5 kg。

（2）浸汁配方　水 50 kg，蔗糖 6 kg，鲜辣粉 1.2 kg，味精 0.2 kg，面粉 25 kg，奶粉 6 kg，鸡蛋 10 kg，精炼油 12.5 kg。

3. 加工工艺

（1）原料的选择与整理　选用 50 日龄、体重 1.5 kg 左右的肉用仔鸡，经放血、浸烫、脱毛、腹下开膛取出全部内脏后，洗净备用。将宰杀冲净的鸡胴体分割成小块，分割顺序为：从关节处切分大小腿→下两翅→横切下胸肉→沿中线均分胸背肉，最终均分成 9 块。

（2）腌制　首先按腌制液配方准确称取各种香辛料，用纱布包好，加热煮沸，冷却至室温加入黄酒，搅匀入腌制缸备用。再把分割好的鸡块放入腌缸中，用压盖将其压入液面以下。腌制最好在 20 ℃的条件下进行；不同部位的分割鸡块腌制时间也不同：鸡翅为 10～15 min，腿和胸肉腌 15～20 min，腌制时间可随腌制温度适当调整。腌制好后，捞出搁于瓷盘中待用。

（3）浸汁与滚粉　首先配制浸汁和滚粉。按配方准确称取各种配料，鸡蛋去壳打匀，油炼熟，然后将所有配料倒入容器中搅匀呈稀糊状，即为浸汁，待用。配制滚粉（参考配比为淀粉∶面包渣∶芝麻为 5∶4∶1）时按照比例称取各组分，面包（或馒头）经烘箱烘干，用搅磨机搅成粉粒，芝麻经水洗、烘烤、磨碎，混合备用。然后将腌制好的鸡块放入浸汁中浸蘸，再用漏勺取出沥干液汁，逐一放入滚粉中揉搓，使鸡块表面均匀涂满约 2 mm 厚的滚粉，分放在平盘中待炸。

（4）油炸　将棕榈油或精炼植物油倒入压力油炸锅内，待温度升至 150 ℃时，将鸡块放入炸锅，盖上炸锅盖，当压力达 0.1 MPa 时，维持 4～6 min，鸡块呈金黄色时即可出锅。出锅的炸鸡块，应放在具有保温设备中保存销售，以保持炸鸡外脆里嫩的特点及处在最佳的风味状态。

六、调理鸡肉制品

调理食品是指以农产、畜禽、水产品等为主要原料，经前处理及配制加工后，采用速冻工艺，并在冻结状态下（产品中心温度在−18 ℃以下）贮存、运输和销售的包装食品。

（一）速冻无骨鸡柳

无骨鸡柳是一种采用鲜鸡胸肉为原料，经过滚揉、腌渍、上浆、裹屑、油炸（或不油炸）、速冻、包装的鸡肉快餐食品。根据消费者的需求，口味分为香辣、原味、孜然和咖喱等，食用时采用170 ℃的油温油炸2～3 min即可。由于其食用方便，外表金黄色，香酥可口，所以一直受到消费者的喜爱。

1. 工艺流程 鸡大胸肉（冻品）→解冻→切条→加香辛料、冰水→真空滚揉→腌渍→上浆→裹屑→油炸或不油炸→速冻→包装→金属或异物探测→入库。

2. 配料 鸡胸肉100 kg，白砂糖0.6 kg，I+G 0.03 kg，鸡肉香精0.3 kg，冰水20 kg，复合磷酸盐0.2 kg，白胡椒粉0.16 kg，香辛料0.8 kg，食盐1.6 kg，味精0.3 kg，蒜粉0.05 kg。

其他不同风味可在这个风味的基础上做一下调整：香辣味加辣椒粉1 kg，孜然味加孜然粉1.5 kg，咖喱味加入咖喱粉0.5 kg，小麦粉、浆粉、裹屑适量。

3. 加工工艺

（1）选料、解冻、切条 经兽医卫检合格的新鲜鸡大胸肉，脂肪含量10%以下。将冻鸡大胸肉拆去外包装纸箱及内包装塑料袋，放在解冻室不锈钢案板上自然解冻至肉中心温度2 ℃即可。将胸肉沿肌纤维方向切割成条状，每条重为7～9 g。

（2）真空滚揉、腌渍 将鸡大胸肉、香辛料和冰水放入滚揉机，抽真空，真空度9×10^4 Pa，正转20 min，反转20 min，共40 min。在0～4 ℃的冷藏间静止放置12 h腌渍，以利于肌肉对盐水的充分吸收入味。

（3）上浆 将切好的鸡肉块放在上浆机的传送带上，给鸡肉块均匀地上浆。浆液采用专用的浆液，配比为粉：水=1：1.6，在打浆机中，打浆时间

3 min，浆液黏度均匀。

（4）裹屑　采用市售专用的裹屑，在不锈钢盘中，先放入适量的裹屑，而后鸡胸肉条沥去部分腌渍液放入裹粉中，手工对上浆后的鸡肉条均匀地上屑后轻轻按压，裹屑均匀，最后放入塑料网筐中，轻轻抖动，抖去表面的附屑，或采用专用上屑机进行裹屑操作。

（5）油炸　首先，油炸机预热到 185 ℃，使裹好的鸡肉块依次通过油层，采用起酥油或棕榈油，油炸时间 25～30 s。也可以不采用油炸步骤，根据加工的条件来调整工艺。

（6）速冻　将无骨鸡柳平铺在不锈钢盘上，注意不要积压和重叠，放进速冻机中速冻。速冻机温度－35 ℃，时间 30 min，要求速冻后的中心温度在－8 ℃以下。

（7）包装　将速冻后的无骨鸡柳放入塑料包装袋中，利用封口机密封，打印生产日期。

（8）金属或异物探测　包装后一般进行金属或异物探测，确保食品质量与安全。

（9）入库　及时置于－18 ℃冷库中保存，产品从包装至入库时间不得超过 30 min。

（二）速冻鸡肉丸

1. 工艺流程　原料肉解冻→预处理→制馅（打浆）→成型→熟制（油炸或水煮）→冷却→速冻→品检和包装→卫检→冷藏。

2. 配料　食盐 8.44 kg，丸子改良剂 1.5 kg，味精 1.25 kg，冰鸡蛋液 18.75 kg，玉米淀粉 31.25 kg，猪肥膘 12.5 kg，白砂糖 1.88 kg，生姜 3.75 kg，鸡肉香精 1.25 kg，冰水 125 kg，鸡皮 12.5 kg，丸子胶 1.25 kg，大葱 11.25 kg，白胡椒粉 0.47。

3. 加工工艺

（1）原料肉的选择　选择来自非疫区的经兽医卫检合格的新鲜（冻）鸡大胸肉、鸡皮和适量的猪肥膘作为原料肉。鸡肉的含脂率低，加入适量含脂率高的猪肉、鸡皮可提高产品口感和嫩度。

（2）预处理　选择品质优良的新鲜大葱，剥去老皮去枯青叶，生姜去皮，洗净用 ϕ8～10 mm 孔板绞肉机粗绞后备用；鸡胸肉、鸡皮、猪肥膘稍解冻后切成条块状，用 ϕ12～20 mm 孔板绞肉机绞制。原料经绞制后立即斩拌或放在 0～4 ℃的环境中备用。

（3）制馅（打浆） 准确按配方称量粗绞后的肉料，倒入斩拌机里，斩拌成泥状，然后按先后顺序添加丸子改良剂、食盐、调味料、丸子胶和适量的冰水，高速斩拌成黏稠的细馅，最后加入淀粉和剩余的冰水，充分斩拌均匀，在整个斩拌过程中，肉馅的温度要始终控制在 10 ℃以下。

（4）成型 手工或用肉丸成型机，调节好肉丸成型机的速度，使丸子饱满溜圆，将成型机出来的鸡肉丸立即放入 80～85 ℃的热水槽中浸煮 3～5 min 成型。或者成型机出来的鸡肉丸随即放入滚热的油锅里油炸，炸至外壳呈漂亮的浅棕色或黄褐色为度。肉丸从油锅里捞出，适当冷却后入沸水锅中煮熟。

（5）熟制（油炸或水煮） 成型后在 90～95 ℃的热水中煮 5～10 min 即可。为保证煮熟并达到杀菌的效果，要使鸡肉丸中心温度达 72 ℃，并维持 1 min 以上。煮熟时间不宜过长，否则会导致肉丸出油而影响风味和口感。

（6）预冷（冷却） 肉丸煮熟后立即进入预冷室预冷，预冷温度要求 0～4 ℃，冷却至肉丸中心温度 8 ℃以下。预冷室空气需用清洁的空气机强制冷却，冬季可自然冷却后再将肉丸进入预冷室预冷，可节约一些能耗。

（7）速冻 将冷却后的肉丸转入速冻库冷冻，速冻间库温－25 ℃以下，时间 24 h，使肉丸中心温度迅速降至－18 ℃以下出速冻库。

（8）品检和包装 对肉丸的重量、形状、色泽、味道等指标进行检验，检验合格的产品用薄膜小袋包装，然后再装箱。

（9）卫检、冷藏 卫生指标要求细菌总数小于 5 000 cfu/g，大肠菌群为阴性，无致病菌。合格产品在－18 ℃以下，贮存期为 12 个月左右。

七、罐头鸡肉制品

（一）咖喱鸡罐头

1. 工艺流程 原料处理→配料与调制→装罐→排气及密封→杀菌及冷却→成品。

2. 配料 鸡肉 100 kg，精盐 0.15 kg，黄酒 0.15 kg，面粉 0.45 kg，咖喱酱适量。其中咖喱酱配方为：精制植物油 20 kg，姜黄粉 0.5 kg，洋葱末 4 kg，砂糖 2.25 kg，炒面粉 8.5 kg，红辣椒粉 0.05 kg，蒜末 3.5 kg，清水 100 kg，

咖喱粉 3.75 kg，食盐 3.7 kg，味精 0.575 kg，生姜末 2.5 kg。

3. 加工工艺

（1）原料处理　将处理后的鸡身和鸡腿切成 4 cm×4 cm 的方块，分别放置；颈和翅膀油炸后，再斩成不超过 4 cm 的小段。面粉炒至淡黄色过筛。咖喱粉、胡椒粉、红辣椒粉及姜黄粉均需过筛，筛孔为 224～250 目。

（2）配料及调味　①配料：鸡块先与黄酒、精盐拌匀，再加入面粉拌匀，翅膀和头、颈、鸡身、鸡腿分别拌料。将精制植物油（或鸡油）加热至 180～210 ℃，油炸 45～90 s，至鸡肉表面呈淡黄色取出。鸡肉得率 80%，鸡腿得率 85%，颈和翅得率 90%。②调制：将油加热至 180～210 ℃ 时取出，依次冲入盛装洋葱末、蒜末、生姜末的桶内，搅拌煎熬至有香味。将炒面粉、精盐、砂糖先用水调成面浆过筛。用水在配料中扣除。然后将油炸的洋葱末、蒜末、生姜末和植物油的混合物倒入夹层锅，加入清水，一边将姜黄粉、红辣椒粉、咖喱粉、味精逐步加入，搅拌均匀，再煮沸后加入面粉，迅速搅拌，浓缩 2～3 min，防止面粉结团，控制的量为 145～150 kg。

（3）装罐　罐号 781，净重 312 g，鸡肉 190 g，咖喱酱 122 g。

（4）排气及密封　排气密封时中心温度不应低于 65 ℃，真空度 50.7～56 kPa。

（5）杀菌及冷却　杀菌公式（排气）：15′～60′-反压冷却/121 ℃（反压 150 kPa）；或杀菌公式（抽气）：20′～60′-反压冷却/121 ℃（反压 150 kPa）。

（二）红烧鸡罐头

1. 工艺流程　原料处理→配料→调味→切块→装罐→排气及密封→杀菌→冷却。

2. 配料　鸡肉 100 kg，砂糖 2 kg，大葱 0.4 kg，香料水 2 kg，胡椒粉 0.05 kg，酱油 7 kg，清水 20 kg，味精 0.15 kg，黄酒 2 kg，精盐 0.8 kg，生姜 0.4 kg。其中香料水配方：水 10 kg，桂皮 0.6 kg，八角 0.1 kg。

3. 加工工艺

（1）原料处理　选择健康无病的鸡为原料，宰杀、放血、煺毛，去内脏，洗净。经处理后的鸡肉调味预煮。鸡肫剥除肫油，剖开取下黄皮，用水清洗后备用；腹腔油、鸡肫油熬成熔化油备用。

（2）香料水的配制　按照比例把配料加入水中熬煮 2 h 以上，过滤制成香料水。

（3）调味　鸡肉与配料在夹层锅中焖煮调味，嫩鸡煮 12～18 min，老鸡煮 30～40 min，每次调味所得汤汁供装罐用，得率 70%～75%。

（4）切块　经调味的鸡肉切成 5 cm 左右的方块，颈切成 4 cm 长的段，翅膀、腿肉和颈分别放置，以备搭配装罐。

（5）装罐　罐号 354，净重 227 g，其中鸡肉 160 g、汤汁 57 g、鸡油 10 g；罐号 2102，净重 397 g，其中鸡肉 270 g、汤汁 112 g、鸡油 15 g。

（6）排气及密封　排气密封的中心温度不低于 65 ℃，抽气密封真空度 53～60 kPa。

（7）杀菌及冷却　净重 227 g 杀菌式（抽气）：15′～70′-反压冷却/118 ℃（反压 117.6～137.2 kPa）；净重 397 g 杀菌式（抽气）：15′～18′-反压冷却/118 ℃（反压 117.6～137.2 kPa）。

（三）软包装鸡腿

1. 工艺流程　原料选择与处理→腌制上色油炸→真空包装→常温杀菌→冷却。

2. 腌制配料　鸡大腿 100 kg，食盐 10 kg，白酒 0.8 kg，葡萄糖 0.5 kg，白糖 2 kg，味精 0.1 kg，抗坏血酸钠 2 g，亚硝酸钠 10 g，复合磷酸盐 0.2 kg，香辛料 0.1 kg。其中复合磷酸盐配比：焦磷酸钠 21.8%，三聚磷酸钠 45.6%，六偏磷酸钠 32.6%。其中香辛料配方：花椒 0.1 kg，八角 0.5 kg，丁香 0.02 kg，白芷 0.05 kg，砂仁 0.02 kg，桂皮 0.05 kg，陈皮 0.06 kg，生姜 0.15 kg，葱 0.2 kg。

3. 加工工艺

（1）原料处理　冻鸡大腿的解冻。解冻应在 0～4 ℃条件下自然解冻 18～20 h 为好。然后用水漂洗，沥干水分后称重。

（2）腌制　腌制的目的在于增加咸味，改善产品风味，同时延长产品贮存期。腌制采用浸泡法。香辛料按照比例称好后，用纱布包好，放入适量水中煮沸后熬制 30 min 备用。配制腌制液时，先将三种磷酸盐按比例称好，加少量热水溶解，必要时可在火上加热促其溶解，然后依次在其中边加热边加入白糖、葡萄糖、亚硝酸钠、抗坏血酸钠及食盐，搅拌均匀后，倒入煮好的香辛料液中，冷却，最后加入白酒和味精。腌制时，把鸡大腿逐个放入腌制容器内，然后倒入配好的腌制液，并压上适当重物，使鸡大腿全部浸泡在腌制液中。腌制室温度 4～6 ℃，腌制 8 h，腌制期间，适当翻动 2～3 次，使其腌制均匀。腌制结束后，用清水冲洗表面，以降低表层食盐含量。

（3）上色　此工序将烫皮和上色同步进行，白糖与水的比例为 3∶100。先将白糖在锅中熔化，当变色达稀糖化时喷入少量开水，按比例倒入开水锅中，浸烫皮料即准备好。将腌好的鸡大腿放入煮沸的浸烫皮料 1～2 min，至表皮微黄绷紧，捞出晾干，待油炸。

（4）油炸　待油炸锅中油温升至 150～160 ℃时，将鸡大腿放入炸篮中，盖上炸锅盖维持 3～4 min，当鸡大腿炸成金黄色时出锅。

（5）真空包装　油炸后的鸡大腿在无菌室晾凉后，真空包装。

（6）常温杀菌　由于包装时都是手工操作，产品仍有污染的可能，因此真空包装后，应进行二次杀菌。为了不影响产品的风味，采用常温杀菌，同时还可使鸡大腿达到熟制的目的。将真空包装好的鸡大腿放入开水锅中，水温85～90 ℃，杀菌 30 min，于冷水中冷却即可。

八、其他鸡肉制品

（一）鸡肉松

1. 配料　全净膛鸡 100 kg，食盐 2.6 kg，白糖 2 kg，味精 0.1 kg，黄酒 2.5 kg，生姜 1.5 kg，八角 0.2 kg，桂皮 0.1 kg，山奈 0.15 kg，丁香 0.05 kg，花椒 0.1 kg。

2. 工艺流程　原料整理→煮制→炒松→擦松→包装。

3. 加工工艺

（1）原料整理　将屠宰净膛后的鸡体斩去头颈、翅膀和脚爪，洗净后备用。

（2）煮制　将鸡放入锅内，加入适量清水，用大火预煮 20 min 左右。煮制过程中应不断撇去汤上浮沫及油污。然后将锅盖严，用小火焖煮 3 h 左右，当鸡体煮熟以后，把鸡体捞出，去掉鸡皮、筋腱，剔去骨骼，将撕下的肌肉放入原汤内继续煮制。在煮制时加入食盐、黄酒和白糖，并将植物香辛料用纱布包裹后放入汤内，经 2～3 h 煮制后，撇净汤上油滴，即可停止煮制。煮制完成前 5～10 min 加入味精。

（3）炒松　将煮好的肌肉冷却 6～8 h，然后放入洁净的锅内以备炒制。炒松时先用中等火力炒压肉块，使肌纤维散开，然后用微火加热轻轻进行翻炒，使肉松不断炒干。当炒至肌纤维松散，颜色呈金黄色时，停止炒制。

（4）擦松　擦松主要是保证肉松成品更疏散、蓬松。擦松可使用擦松机，也可采用手工搓揉。擦松后可用振动筛将长短不一的纤维分成不同的等级。

（5）包装　肉松的吸水性很强，为了保证产品的质量，应加强对它的包装。肉松通常使用塑料袋进行真空包装。

（二）馅鸡

1. 配料　全净膛鸡 100 kg，食盐 4.6 kg，淀粉 2 kg，胡椒 0.15 kg，鲜猪肉 35 kg，鸡蛋 5 kg，清水适量。

2. 工艺流程　选料宰杀及净膛→腌制→填料→煮制。

3. 加工方法

（1）选料宰杀及净膛　选体重为 1 kg 左右的健壮活鸡（最好为母鸡），经口腔刺杀，浸烫拔毛，然后从鸡的右翅膀根处的脖子侧面切开一小口，取出嗉囊，再从腹下开口，取出所有内脏器官，最后用水冲洗干净。

（2）腌制　将鸡体放入浓度为 5% 左右的食盐溶液中，在低温下浸腌制 2～3 d，使鸡肉浸透盐分。腌制后将鸡体取出，用清水清洗一次。

（3）填料　将猪肉切片，加入食盐混匀，在低温下腌制 2～3 d，然后加入胡椒粉、淀粉、鸡蛋和水，并搅拌均匀制成馅料。将拌好的馅料灌入鸡腹内，用绳线将鸡体上的刀口缝严，再用干净白布包裹严实，最后用绳线将鸡体捆扎牢实，以避免白布散开。

（4）煮制　将捆紧的鸡坯放入沸水中，维持水温 80～85 ℃进行煮制。经 2～3 h 煮制，将鸡坯出锅冷却，除去绳线和白布即为成品。

（三）糟鸡

1. 配料　全净膛鸡 100 kg，香糟 3 kg，黄酒 2.5 kg，食盐 2 kg，酱油 2 kg，白酒 5 kg，大葱 1.5 kg，生姜 0.3 kg，花椒 0.05 kg。

2. 工艺流程　原料鸡的选择→宰杀与净膛→浸漂→煮制→冷却→糟制。

3. 加工工艺

（1）原料鸡的选择、宰杀与净膛　按常规方法进行。

（2）浸漂　将净膛后的鸡体用清水洗净，然后放于清水中浸漂大约 1 h。

（3）煮制　将鸡体放入水中，用大火煮沸，撇净汤上浮沫，然后加入葱 0.5 kg，生姜 0.1 kg，黄酒 0.5 kg，用中火煮制 40～50 min 后出锅。

（4）冷却　先在每只鸡体上撒上适量的食盐，将鸡体从正中剖成两半，斩掉鸡的头、脚和翅膀，然后将它们一并放入消毒过的容器中冷却。

（5）糟制　先将煮鸡的汤汁撇净浮油，再加入余下的各种辅助材料（除香糟、黄酒、白酒外），倒入容器中冷却。汤汁冷却后，将其倒入糟缸内，放入冷却后的鸡块，在每两层鸡块上撒上一些白酒。最后在缸口上盖上一只盛有带汁香糟（将香糟、黄酒及部分冷却原汤混匀即可）的双层布袋，并将布袋与缸口捆扎紧实，以使袋内汁液滤入缸中。当糟液滤净之后，立即将糟缸盖紧，经 5～8 h 糟制即为成品。

第四节　旧院黑鸡鸡蛋的贮藏保鲜

鸡蛋属于鲜活商品，具有怕高温、怕潮湿、怕冷冻、怕异味、怕撞压等特性，如果贮藏保鲜方法不当就会产生次劣蛋，降低或失去蛋的食用价值。近年来，随着养鸡业的发展，我国鸡蛋的产量和人均占有量都有了大幅度的增加，这在客观上要求我们必须搞好鸡蛋的贮藏保鲜。尤其在炎热的夏季，鲜蛋最易受湿、热的影响而发生变质。为此，在产蛋季节，必须有妥善贮藏鲜蛋的方法。

一、鸡蛋在贮藏中的变化

（一）物理和化学变化

1. 重量的变化　重量的变化是由于蛋内水分通过蛋壳上的气孔向外蒸发的结果。因此，蛋重量的变化与贮藏条件有关。贮藏中的温度、湿度、空气流速、贮藏时间以及蛋壳气孔的大小、数量的多少、蛋壳膜的透气程度等都会影响蛋中水分的蒸发量，若贮藏条件不佳，会使蛋中的水分大量蒸发，重量减轻。在各种因素中，起主要作用的是温度和湿度，它们对蛋重的影响见下表 9-1、表 9-2。

表9-1　相同湿度不同温度引起的蛋重变化

保管时的温度（℃）	每昼夜蛋的重量损失（g）
9	0.001
18	0.001
22	0.04
37	0.05

表9-2　相同温度不同湿度引起的蛋重变化

空气的相对湿度（%）	每昼夜蛋的重量损失（g）
90	0.007 5
70	0.018 3
50	0.025 8

由表9-1和表9-2可知：温度越高，失重越大。如果温度超过20℃时，蛋的失重会大幅度增加，在22℃情况下，其重量损失为9℃时的40倍。湿度越低，蛋的失重越大。从表中也可看到温度变化对蛋重的影响要比湿度变化的影响大。

空气的流动打破了蛋周围因蛋内水分蒸发而形成的饱和水蒸气层的平衡，使蛋内水分不断蒸发。因此，贮藏环境的空气流速对蛋重损失也有影响。空气流速越大，蛋重损失越多。

2. 气室高度的变化　随着蛋重量的减少，蛋内容物体积缩小，气室容积增大。气室的大小常用气室高度来衡量。刚产下的蛋其气室高度为3 mm左右，随着存放时间的延长，气室高度逐渐增大。所以根据气室的大小可以判断蛋的新鲜程度。在温度28℃、相对湿度82%的条件下，存放不同时间的气室高度变化见表9-3：

表9-3　不同贮存时间下气室高度变化

项目	时间（d）			
	25	50	75	100
气室高度（原高度1.5）（mm）	6	9	11.5	13.5

3. 蛋内水分的变化　在贮藏中，蛋白中的水分一方面通过蛋壳气孔向外蒸发，另一方面又向蛋黄内渗透，使蛋黄的含水量逐渐增加。在自然状态下，

蛋黄水分增加的速度与浓蛋白的水样化、蛋的 pH 变化、蛋黄膜强度的变化有间接关系，而蛋白的水分向蛋黄内渗透的数量、速度与贮藏温度、时间有直接关系。贮存时间越久，渗透到蛋黄中水分也越多。

4. pH 变化　蛋在保存期间，蛋内容物的 pH 不断发生变化，尤其是蛋白的 pH 变化较大。新鲜蛋白呈弱碱性，pH 为 7.5～7.6，由于蛋内二氧化碳的不断蒸发，pH 最高可达到 9 左右。新鲜蛋黄的 pH 为 6 左右，随着保藏时间的延长和蛋内化学成分的变化，pH 可逐渐增大到 7。

5. 蛋白层的变化　在鲜蛋的贮存中，由于浓蛋白的变稀，蛋白层的组成比例将发生显著变化：浓蛋白逐渐减少，稀薄蛋白逐渐增加。随着浓蛋白的变稀，浓蛋白的高度也降低，而且温度越高，这种变化越快。在 10 ℃下，贮存时间长短与浓蛋白高度变化见表 9-4。

表 9-4　贮存时间与浓蛋白高度变化

贮存时间 (d)	0	10	20	30	60	90
浓蛋白高度 (mm)	10	7.3	6.4	5.7	4.9	4.4

随着浓蛋白的减少，将降低溶菌酶的杀菌作用，蛋的耐贮性也大大降低。降低贮藏温度是防止浓蛋白减少的有效措施。

6. 系带的变化　系带在组成上与浓蛋白相似，所以在浓蛋白水样化的同时，系带也随之变化，甚至在最后消失。

7. 蛋黄膜的变化　随着贮藏时间的不断延长，蛋黄膜的弹性降低，强度减少。严重时还会造成蛋黄膜的破裂，形成散蛋黄。

8. 蛋内容物成分的变化　新鲜蛋在 0 ℃下贮藏 4 个月，蛋白成分中卵类黏蛋白和卵球蛋白的含量比例增加，而卵伴白蛋白和溶菌酶的含量减少；贮藏 12 个月的蛋，蛋白中的卵类黏蛋白和卵球蛋白的含量比例仍在继续增长，而卵伴白蛋白和溶菌酶的含量不再减少。在 0 ℃下贮藏 12 个月的鸡蛋，卵黄球蛋白和磷脂蛋白的含量减少，而低磷脂蛋白的含量增加；蛋黄中的脂肪在酶作用下会使蛋黄中游离脂肪酸的含量逐渐增加（表 9-5）。此外，在贮藏中，蛋白质的分解还会使蛋中的含氨量增加，蛋黄中卵黄磷蛋白、磷脂体及甘油磷酸的分解使可溶性磷酸的含量增加。

表9-5 鸡蛋保存期间游离脂肪酸变化

保存期限	蛋黄中游离脂肪酸（%）	油脂中游离脂肪酸（%）	油脂的酸价
刚产下的蛋	0.59	1.72	3.42
3个月的蛋	—	3.12	6.21
一年后的蛋	—	5.12	10.25
腐败蛋	—	17.30	34.40

（二）生理学变化

鲜蛋在保存期间，在较高的温度（25℃以上）下会引起胚盘的生理学变化，受精卵的胚盘周围产生网状的血丝，这种蛋称为胚胎发育蛋；未受精卵的胚胎有膨大现象，这种蛋称为热伤蛋（夏季易出现）。它们常引起蛋的质量和贮藏性降低。

胚胎发育蛋因发育程度不同，可分为血圈蛋、血筋蛋和血环蛋。

（1）血圈蛋 受精卵因受热而开始发育。照蛋时蛋黄部位呈现小血圈。

（2）血筋蛋 由血圈继续发育形成。照蛋时蛋黄呈现网状血丝或树枝状血管。

（3）血环蛋 由胚胎发育后死亡形成。蛋壳发暗，手摸有光滑感。照蛋时可见蛋内有血丝或血环。蛋黄透光度增强，蛋黄周围有阴影。

低温保藏是防止生理学变化的重要措施。

（三）微生物学变化

微生物变化主要是由于蛋内感染了微生物并在适宜的环境下引起的。微生物侵入蛋内的途径有两种：一是母鸡生病时，蛋在体内可能感染微生物；二是外界微生物接触蛋壳，通过气孔进入蛋内，使内容物发生变化。

蛋内常发现的微生物主要有细菌和霉菌，并且多为好气性的。蛋内发现的细菌有大肠杆菌、枯草杆菌、普通变形杆菌、荧光杆菌、各种葡萄球菌等。发现的霉菌有曲霉属、青霉属、毛霉属和白霉菌等。由于细菌、霉菌侵入蛋内进行生长、繁殖，分解破坏了蛋内的营养物质，致使鸡蛋最后成为细菌老黑蛋和霉菌老黑蛋。

细菌发育的主要条件是适宜的温度，而霉菌发育除了适宜的温度外，必须

有适宜的湿度。温度和湿度对霉菌发育的影响见表9-6。

表9-6 蛋内出现霉菌的天数 (d)

温度（℃）	相对湿度（%）			
	100	98	95	90
0	14	19	24	77
5	10	11	12	26

二、鲜蛋贮藏的基本原则

由于鲜蛋在贮藏过程中会发生前述各种变化，促使蛋内容物分解，质量降低。究其原因有二：一是由于微生物和酶的作用引起的，二是由于贮藏环境所引起的，而微生物和酶的作用也受蛋贮藏环境的影响，归根到底它也是环境因素造成的。因此，要保持蛋的新鲜就必须采用科学的贮藏方法，使蛋的各种变化减慢。

根据鲜蛋本身的结构、成分和理化性质，在贮藏中应把握以下几个基本的原则：

（1）保证鲜蛋良好的清洁状态，防止微生物污染。

（2）设法堵塞蛋壳气孔，防止微生物进入蛋内，尽量减少蛋内水分的蒸发，维持蛋内一定的 CO_2 浓度，抑制蛋内酶的活性，以保持鲜蛋原有的理化特性。

（3）使蛋内和蛋壳上的微生物停止生长繁殖。

（4）将鲜蛋贮藏在适当的低温场所，抑制微生物的活动，抑制酶的活力，延缓蛋内化学反应的速度。

（5）用于贮藏的蛋应尽量新鲜。

（6）贮藏鲜蛋所用的药剂对人体应无毒、无害，且价格低廉，贮存效果良好。

三、鸡蛋的贮藏方法

鲜蛋的贮藏有多种方法，包括冷藏法、浸泡法、涂膜法、气调法和民间贮藏法五大类。在这些方法中，前三种方法适于大批量贮藏，目前在我国各地广泛应用。

（一）冷藏法

1. 冷藏法贮蛋的原理　冷藏法贮蛋就是利用冷库中的低温抑制微生物的生长繁殖和蛋内酶的活性，延缓蛋内化学变化以达到一定时期内蛋的保鲜。在冷藏时，如果库温低于蛋内容物的冰点（－2～－1 ℃），蛋会发生膨胀而破裂，造成蛋液渗出。因此对蛋的冷藏温度一定不能太低，一般以不低于－2 ℃为宜。

冷藏法贮蛋时，蛋内各种成分变化很小，蛋壳的质地和色泽几乎无变化，同时这种方法操作简单、管理方便、贮藏效果较好，一般贮藏 6 个月以上仍能保持鲜蛋的品质。所以鲜蛋冷藏是目前世界上广泛采用的一种有效贮藏方法。

2. 冷藏贮蛋的方法

（1）冷藏前的准备工作　准备工作主要包括冷库消毒、严格选蛋和鲜蛋预冷。

① 冷库消毒：鲜蛋入库前，库内首先要进行清扫、消毒和通风。消毒方法可采用漂白粉溶液喷雾消毒法或乳酸熏蒸消毒法。通过消毒杀灭库内的微生物和昆虫。放蛋的冷藏间严禁存放带异味的物品，以免影响蛋的品质。

② 严格选蛋：冷藏的鲜蛋在入库前必须经过严格的感官检验和照蛋，选择符合质量要求的鲜蛋入库。污壳蛋、变质蛋、破损蛋必须剔除。

③ 鲜蛋预冷：预冷也叫冷却，就是将装好箱的蛋在预冷间内降温至冷藏所需温度的过程。蛋如果不进行预冷而直接进入冷库，鲜蛋骤然遇冷，内容物收缩变小，外界微生物会随空气一并进入蛋内；同时把鲜蛋直接送入冷藏间，不但会使库温升高，也会使水蒸气在蛋壳表面凝结成水珠，给霉菌的生长创造了有利条件，这将加速鲜蛋的变质。

冷却间的温度一般为 0～2 ℃，相对湿度 80% 左右，空气流速 0.5 m/s，预冷时间 24 h 左右。

（2）鲜蛋的冷藏　当蛋预冷至 1～2 ℃时，就可将其转入冷藏间内贮藏。

鲜蛋入冷库前，应先将库温降至－2 ℃左右，相对湿度控制在 85%～88% 之间。冷库进货最好一次完成，并且进货要尽量快，以免库温上升。鲜蛋在库内应进行正确的摆放：蛋箱在库内应按"品"字形、顺着空气流动方向堆码；蛋箱底部应用木方衬离地面；蛋箱之间要留 10 cm 的空隙，蛋箱与墙之间应有20～30 cm 空隙；蛋箱应尽量避免放在进风口和出风口处，以免增加蛋重的损失。为了便于管理，每批蛋入库时，应挂上货牌以记载鲜蛋入库日期、数量、产地等情况。

（3）鲜蛋贮藏中的管理　贮存鲜蛋的冷库温度、湿度尽量维持恒定的水平，不可忽高忽低。在 24 h 内温度变化不能超过 ±0.5 ℃。空气的湿度一般控制在 85% 左右，湿度太低，蛋的重量损耗增加；湿度太高，蛋易发霉变质。

对贮藏的鲜蛋应定期进行抽样检查，并同时做好检查报告。一般每半个月应抽查一次，进行照检，出库前的抽样数量应不少于 1%。检查中若发现问题，应及时处理。

（4）冷藏蛋出库　经冷藏的蛋，在出库前应逐步升温，否则鲜蛋突然接触热空气会在蛋壳表面凝结水珠，这种现象俗称"出汗"。这种蛋很易感染微生物而引起变质。一般当温度升到比外界温度低 3~5 ℃ 时才可出库。

（二）浸泡法

浸泡法贮蛋就是选用适宜的溶液，将蛋浸泡于其中，使蛋与空气隔离，蛋内水分不易向外蒸发，避免了细菌的污染，从而使蛋达到保鲜的目的。

1. 石灰水贮藏法

（1）石灰水贮藏法的原理　石灰水的液面与空气中的 CO_2 反应生成一层 $CaCO_3$ 硬质薄膜，它能阻止微生物进入溶液；生石灰水溶液呈强碱性，具有杀菌、防腐的作用；石灰水与蛋产生的 CO_2 作用所生成的 $CaCO_3$ 沉积在蛋壳表面，堵塞了蛋的气孔，阻止了微生物的侵入；蛋气孔的闭塞，使蛋内 CO_2 增加，抑制了禽蛋的呼吸和蛋内酶的活性，同时 CO_2 还具有抑制浓蛋白变稀的作用。

（2）石灰水溶液的配制　取洁净、大而轻的优质生石灰块 3 kg，投入 100 kg 清水缸内，用木棒搅拌使其充分溶解，并放置使其澄清、冷却，然后取上清液备用。

（3）浸泡贮藏　将经过挑选的鲜蛋轻轻放入盛有石灰水的缸中，使其慢慢下沉，每缸装蛋应低于液面 10 cm 左右。经 2~3 d，液面上将形成硬质薄膜。此后，要避免搬动蛋缸，防止薄膜破裂，薄膜破裂将影响蛋的贮存质量。

（4）贮藏中的管理　贮藏中应保持环境温度不高于 23 ℃，水温不高于 20 ℃。在贮存中，若石灰水蒸发较多，鲜蛋即将露出液面时应及时补加新配制的石灰水；若发现石灰水混浊、有臭味，则应将蛋捞出检查，剔除漂浮蛋、破壳蛋和变质蛋，并将其余蛋用新配制石灰水溶液继续贮存。

用石灰水溶液贮蛋，操作简便，贮藏费用低，保鲜效果好。用此方法贮蛋，一般可保鲜 3～4 个月。但石灰水贮藏鲜蛋也有缺点：蛋壳色泽发暗，煮制时易破裂（因为蛋壳气孔被堵塞，所以煮制时应先用针在蛋上刺一小孔），经长时间贮藏的蛋，蛋壳较脆、易破损，口感稍带石灰味。

2. 水玻璃（泡花碱）贮藏法

（1）水玻璃贮藏法的原理　这种方法的贮藏原理与石灰水贮藏法大致相同。水玻璃即 Na_2SiO_3 和 K_2SiO_3 的混合溶液，常为白色，其溶液黏稠、透明、易溶于水，呈碱性反应。水玻璃遇水后生成偏硅酸或多聚硅酸，它可堵塞蛋壳上的气孔，阻止蛋内 CO_2 气体的排出，避免外界微生物的侵入。此外，水玻璃溶液呈碱性，有一定的防腐作用。

（2）水玻璃溶液的配制　水玻璃溶液的浓度有 40 波美度、45 波美度、50 波美度、52 波美度、56 波美度等几种。贮藏鲜蛋时常采用浓度为 45 波美度、56 波美度两种，使用时再与水配成 3～4 波美度的水玻璃溶液即可。其用水量可用下面的经验公式计算：

$$加水量 = 原液用量\left(\frac{原水玻璃溶液的浓度}{要求配制溶液的浓度} - 1\right)$$

（3）浸泡贮藏及管理　与石灰水贮藏法基本相同。经水玻璃贮藏过的鲜蛋，在出售前必须用清水将蛋壳表面的水玻璃洗去，否则蛋壳粘结，易造成破裂。用此方法贮存的蛋，色泽较差，但食用时无异味。

（三）涂膜法

涂膜法又称涂布法，就是在鲜蛋表面均匀涂上一层被覆剂，堵塞蛋上的气孔，阻止微生物的侵入，减少蛋内水分的蒸发和 CO_2 的逸散，达到延缓鲜蛋变化的一种贮藏方法。这种方法操作简便、设备简单成本低，是一种比较经济实用的贮存方法。下面介绍最常使用的医用液体石蜡油涂膜保鲜鸡蛋法。

将医用液体石蜡油倒入缸内，把预先照检合格、洗净晾干的鲜蛋放入有孔的容器内，入缸浸没数秒钟，取出沥干，然后移入塑料框中入库保存。用此法处理的鲜蛋，可在常温下贮存 4 个月时间。

鸡蛋在涂膜前的质量状况对保鲜效果有很大影响。蛋越新鲜，保鲜效果越好。所以，养鸡场、专业户在集蛋操作后若立即进行涂膜再出售，这样的蛋可

获得最佳的保鲜效果。

此外，涂膜法与冷藏法相结合，其保鲜效果更好。

（四）气调法

气调法是通过改变鲜蛋贮藏的气体环境从而使蛋可以贮存较长时间的一种方法。目前，我国还很少采用气调法贮存鲜蛋。

1. CO_2 气调法　该方法就是把鲜蛋存放在充有一定浓度 CO_2 气体的塑料袋中，使蛋内自身 CO_2 不易散发，从而减弱蛋内酶的活性，减缓代谢速度，保持蛋的新鲜。用此方法在 0 ℃冷库内贮存半年，蛋的新鲜度好，蛋白清晰，浓稀蛋白分明，气室小，哈氏单位正常，无异味，且鸡蛋的干耗损失较低。

2. 充氮气贮藏法　鲜蛋上常有大量好气性微生物污染，当蛋完全处于充氮气的环境下（聚乙烯袋内装蛋并充入氮气），微生物因缺氧而不能生长和繁殖，鸡蛋在这样的环境下可以达到一定时间的保鲜。

3. 化学保鲜剂气调法　化学保鲜剂一般由无机盐、金属粉末和有机物组成，主要作用是将贮存蛋品袋中的氧气含量在 24 h 内降到 1%，并且能杀菌、防霉以及调节 CO_2 含量，达到鸡蛋贮藏保鲜的效果。

（五）民间贮藏法

适合农家少量鲜蛋的贮藏，其方法简便、成本低，且效果也不错。

1. 粮食贮蛋法　实质上是一种 CO_2 气体保鲜法。豆类、谷物等在收获后仍能不断释放出 CO_2，从而使蛋得以保鲜。操作方法是将经过挑选后的鲜蛋放入晒干的豆类、谷物等粮食中，按一层粮食一层鸡蛋的方式把蛋掩埋好，这样既可以防止碰撞，又可以使蛋较长时间内不变质。用这种方法贮蛋，每半月或一月应翻动检查一次，其贮藏时间可达 6 个月左右。

2. 地下室或山洞贮藏法　当气温较高的时候，在有山洞或地下室的地方，可将鲜蛋用草木灰或谷糠包装后，放在山洞或地下室的货架上贮藏，达到保鲜目的。但采用这种方法贮蛋时，要特别注意防止受潮霉变或鼠害。

3. 杀菌贮藏法　不仅可以防止霉菌的发生和侵入，而且还可以防止蛋内水分蒸发及外界微生物的侵入。在多雨及潮湿地区可采用此方法。操作方法是将挑选后的鲜蛋装入筐内，将其沉入 95～100 ℃热水中浸泡 5～7 s，取出晾干，待蛋温降至室温后即可进行贮藏。如果将杀菌法处理过的鲜蛋与其他贮藏方法结合起来，其效果更好。据试验，采用杀菌处理过的鸡蛋存放在草木灰中，贮藏时间可达 4 个月以上。

第五节　旧院黑鸡洁蛋的生产

禽蛋是从家禽的生殖孔排出的，极易污染肠道微生物和粪便等。几千年来，中国鲜蛋的消费模式一直是以不经任何处理直接销售为主，禽蛋产出后直接上市销售，并没有进行任何的清洗、消毒等处理。脏蛋蛋壳上黏附有大量的禽粪、黏液、垫料、杂草、血斑及其他排泄物等污染物。黏附于蛋壳上的污染物一方面影响鲜蛋的外观质量和商品价值，给消费者带来不便；另一方面又是潜在的食品污染源，有些微生物如沙门氏菌等可对人类的健康构成严重威胁。

洁蛋是指禽蛋产出后，经过表面清洁、消毒、烘水、检验、分级、涂膜及包装等一系列处理后的鲜蛋。洁蛋品质安全可靠，具有较长的保质期，可直接上市销售。目前，许多发达国家规定禽蛋产出后必须经过处理，成为清洁蛋后才能上市销售。我国作为世界上最大的禽蛋生产国，食用鲜蛋的前期处理非常落后，包装洁蛋的生产基本还处于起步阶段。

一、洁蛋生产工艺

（一）第一次检验

从养殖车间产下的鲜蛋，经过传送带送至鲜蛋处理车间，在传送的过程中进行第一次检验（专门的禽蛋加工厂有所不同），将异常蛋、血斑蛋、肉斑蛋、异物蛋、过大蛋、过小蛋、脏蛋以及破损蛋、裂纹蛋等剔出。

（二）清洗与消毒

采用洗蛋机，配合一定的洗涤消毒液进行洗蛋作业。清水清洗去除蛋壳表面的污物，所用清水必须符合生活饮用水卫生标准，水温以 35～40 ℃为宜。消毒剂大多采用含有效氯 100～200 mg/L 的消毒水或其他等效消毒剂，杀灭沙门氏菌、大肠杆菌等致病菌。

1. 洗蛋方法　鸡蛋的蛋壳常有粪、泥或其他污物附着，而其污染程度与饲养方式有关。一般而言，平饲比笼饲容易污染，而且污染程度亦较大。为消

除蛋壳上污染物，一般使用干擦与洗净两种方法。

（1）干擦法　使用干粗布或刷子来擦拭蛋壳表面的污物，可用人工将蛋个别擦拭；也可用机械擦拭，亦即以自动旋转刷迅速擦刷蛋壳表面以除去污物。干擦法目前已为洗净法所取代。

（2）洗净法　使用洗蛋机洗刷蛋壳上的污物。目前国内使用的洗蛋机有美式及日式两种。洗蛋机洗净鸡蛋步骤：①以真空吸蛋器将蛋吸起放置于检蛋台上；②照蛋检蛋；③喷下洗剂（液）后再以柔软旋转刷子擦刷洗净；④打蜡；⑤干燥；⑥分级（依重量分别）；⑦包装。

洗净用水需符合卫生标准，并注意水温及水质。洗净水温度低于蛋温时，会因蛋气孔的毛细管现象或蛋内部的冷却收缩所引起的吸力使微生物随洗净水渗透入蛋内；而洗净水的温度过高时，则可能使蛋内热膨胀而破裂。因此，洗净水的温度以较蛋温高 10 ℃为宜（一般约为 40 ℃）。

2. 洗净剂杀菌效果　洗蛋杀菌种类繁多，目前较常用的洗蛋杀菌剂为次氯酸盐，其用量为 100～200 mg/kg，尤以次氯酸钠最普遍使用。打蛋前使用这些杀菌剂杀菌，可防止蛋壳表面的微生物污染蛋内容物。

（三）烘干与保鲜处理

经过清洗消毒的鲜蛋，需要采用专用烘干机，40 ℃左右的热风吹干蛋壳，用白油（液蜡）或其他复合保鲜剂喷涂，在蛋壳表面形成一层保护膜，延长洁蛋保质期。保鲜剂必须天然、无毒、安全与卫生。

（四）检验

此次为第二次检验，经过以上程序处理的鲜蛋，仍有可能破裂或未洗干净，在分级之前要求选出。根据设备的档次程度，有人工挑选、机械检验、人工和机械检验相结合等检验方法。

（五）分级或选蛋

分级处理主要根据消费者的需要或买方的需要进行分级。分级的方法主要有机械式和电子式两种。目前国外先进国家的选蛋作业均采用自动识别机或电脑系统进行洁蛋分级。这种自动识别机可将蛋洗净、干燥、照蛋检查、重量选别分类等项操作全部自动化。小型鸡蛋识别机处理能力为 3 000～4 000 枚/h，大型鸡蛋识别机可达 20 000～25 000 枚/h。

选蛋的目的在于将同重量的鸡蛋装入盒中。因为重量的选择为鸡蛋收集的重要工作，故在国外均由所谓蛋分级包装中心来从事此项工作。在蛋分级包装中心，可将蛋在洗净前后各照蛋检查一次。照蛋检查是将 50～70 枚蛋排列后由下方透光检查。

（六）喷码

采用电脑打码机或喷码机在每个蛋体或包装盒上进行无害化贴签或喷码标志（包括分类、商标和生产日期），所用喷墨必须是食品级的。

（七）包装

鸡蛋在进入市场销售之前，必须经过合理的包装，其目的是防止微生物的污染、防震缓冲以免破损、方便运输和销售。通常鸡蛋依重量进行选择后，按重量装入容器中，然后再装箱供运送销售。包装中通常采用纸浆模塑蛋托（图9-4）、泡沫塑料蛋托（图9-5）、聚乙烯塑料蛋托以及塑料蛋盘箱等。近年来装蛋容器多使用透明塑胶盒，而在国外尚有在蛋盒贴上各种不同颜色的标签，以供消费者分辨不同蛋重的蛋。

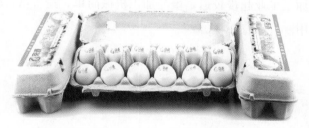

图9-4 纸浆模塑蛋托包装（万源市京源现代农业有限公司 提供）

图9-5 泡沫塑料蛋托包装（万源市京源现代农业有限公司 提供）

旧院黑鸡

鸡蛋内装之后通常以纸箱等外装再供运送。外装用容器多为纸或塑胶制箱，其强度必须符合规定。我国一般根据消费习惯和某地市场的情况进行食用鲜蛋的包装，使用专门的蛋盒、蛋盘、蛋盆、蛋箱等内包装，按一定的数量包装后，放入外包装的纸箱。

（八）贮藏、运输与销售

包装后的食用鲜蛋，应及时地送往销售卖场，或者放入冷藏库冷藏。所有经过处理后的食用鲜蛋，都要在一定的保鲜时间内售完。

二、洁蛋生产设备

目前，国外蛋品加工工业比较发达，有关的机械设备种类齐全，可以根据使用者的目的进行不同的机械组合。一般饲养规模小于 10 000 只的小型蛋禽场，使用处理量 1 500～2 000 枚/h 的小型洗蛋机和包装机。饲养规模在 10 000 只以上的大型蛋禽场，建立食用鲜蛋处理中心，根据其规模选择相应的机械设备。以处理量而言，一般为 1 500～120 000 枚/h。世界上最大的处理设备，可达 144 000 枚/h。美国、日本、法国、意大利、澳大利亚、加拿大、德国等国的鲜蛋自动处理程度和技术水平很高。

我国蛋品加工工业起步较迟，蛋品加工机械简单，造价低，较适合我国洁蛋加工业者使用。

（杨勇）

250

第十章
旧院黑鸡产业开发

随着我国改革开放的不断深入和市场经济建设逐步完善，对于旧院黑鸡这个优秀的地方鸡种开发利用，必须走产业化发展道路，需要加强产业链中各个生产环节的管理，树立与时俱进的经营管理观念和意识，形成现代化管理模式，方能在当今社会的挑战中生存和发展。

养鸡产业具有饲养周期短、投资见效快、投资收益率高的特点，但同时受市场波动影响大，具有相应的风险性，经营者必须具备市场营销、生产管理、资本运作等能力，才能把握产前、产中和产后各个环节，获得较高的经济社会效益。

第一节　旧院黑鸡产业开发的关键环节

一、正确的生产方向和生产规模

（一）生产方向

进行旧院黑鸡的产业化生产，首先应结合实际，不同养殖场要根据自身条件和市场发展需求，确定饲养的规模和产品档次，饲养种鸡还是商品鸡。现代养鸡生产专门化方向很明确，饲养种鸡和不同档次商品鸡从育种、饲养、管理、设施、环境、防病等方面有不同的要求，具有本质上的区别。房舍设计也不尽相同，一般不能同时兼用，如果中途调整，势必带来较大的浪费。

确定饲养不同代次的鸡只也是十分重要的。现代养鸡生产专业化程度较高，分工明确，同一养殖场一般不饲养不同代次的鸡只。父母代鸡场主要任务是饲养父母代种鸡，生产商品代鸡苗，相应可配套孵化设施，对鸡舍的设计、繁殖配种方式、饲养管理方法均有特定的要求，生产成本相对较高。而商品鸡场则专门饲养商品鸡，主要考虑怎样发挥鸡的最大产蛋或产肉潜力，获得最好的产蛋、产肉成绩。同时，如果生产高档次风味好的蛋肉产品，须采用放养方式，需要有一定的放养场地。总之，必须根据生产的性质进行全面的设计。

（二）生产规模

确定适当的养鸡规模，是进行养鸡生产管理和获得最佳经济效益的重要因素。从养殖业角度考虑，必须具有较大规模才能产生较好的效益，因为每只鸡的绝对利润不可能是很大的，需要有数量的积累，才能产生规模效益。不进行市场调研、效益分析和承担风险能力评估，盲目扩大规模，是不能成功的。

饲养种鸡，规模相对不宜过大，1只父母代种母鸡可提供80～100只商品鸡苗，如全负荷供种，生产能力是很大的，但一般是达不到最高利用效率的。同时，种鸡的饲养技术比商品鸡的要求要严格得多，必须综合考虑各方面因素确定种鸡饲养规模，一般种鸡场有上千只的规模较为适宜。

饲养商品鸡，则要求具有较大的规模，上万只也算不上很大规模。总之，应根据不同的市场需求、资金筹措能力、生产经营经验，或一次性投资到位，形成较大规模；或循序渐进，逐步发展。

二、科学的饲养管理和经营要素

（一）严格的安全养殖措施

1. 科学的饲养管理技术　养鸡生产达到一定规模，对技术的要求更加严格，一旦饲养管理不当，造成的损失是巨大的，往往不是对少数几只鸡的影响，而是影响整个鸡群的质量、性能和品质，乃至造成灾难性的打击。因此，必须以科学技术武装整个养鸡生产过程，制定合理的技术方案，严格按要求执行，对整个生产过程实行严格的监控。在保证引进鸡种具备优良遗传性能和健康状况良好的前提下，最大限度地满足鸡只的营养需要和环境条件，这就需要以科学为依据，制定一系列技术措施，保证饲养的成功。养鸡生产对饲养管理技术要求是非常严格的，容不得有半点的虚假和疏忽，对如何保证饲料质量，制订各阶段相应的饲养管理方法和操作规程，全程控制生产过程中环境条件，均有详细的计划。更重要的是，切实加强生产管理人员的责任心，加强制度建设，确保技术措施的有效执行。

2. 严格的疾病预防措施　养重于防、防重于治，是养鸡生产者必须牢记的原则。在规模化养鸡生产中，一旦发生疫病将可能造成不可挽回的损失，对以后生产带来严重的影响，尤其是烈性传染病的发生，基本上是不可救治的，并且造成鸡场的环境污染，很难根除。必须严格把好预防关，首先，重视引进鸡种的质量，需是健康且不带病菌的鸡只。作为提供种苗的鸡场，必须本着认真负责的态度，必须严格种禽管理制度。其次，鸡场一定要根据当地疫病流行情况和鸡种的状况，按引种单位提供的参考资料，结合实际情况，制订出有效的免疫接种程序，按要求的方法、剂量进行严格的疫苗防疫。

随着养鸡业的发展，对传染病的预防要求更加严格，而且工作更加复杂，需要控制的疾病也比以前增多，要有高度的警惕性。除此之外，药物的辅助预防和环境卫生条件也是十分重要的，必须采用综合的疫病防治配套技术，形成有效的疾病防治体系。

（二）健全的经营管理要素

现代养鸡生产者如果仅懂养鸡专业技术，而不懂经营管理，同样不能取得成功。随着市场经济体系的建立和完善，养鸡生产必须适应市场经济的需要，这就要求生产者必须具备较强的经营管理意识和能力，理顺管理体制。对于小规模生产和大规模生产的要求也是不同的，需要进行养鸡生产发展的战略决策，具有较强的市场开拓能力，配备强有力的经营人员和制订配套的政策和制度，以保证获得高效益和养鸡生产的持续稳定发展。

在投资建设鸡场之前，经营者必须明确建场的性质和任务，充分考虑投资规模、生产经营模式，以及与经济效益有关的各种因素。

1. 投资建场的要素

（1）鸡场场址应选择在僻静、交通方便的地点，并且水、电等的供应要稳定有保证。购买或租借场地的价格要适当，租借场地的使用期限要和建场的总体规划相适应。

（2）鸡舍建造要经济、实用，各类建筑物的配置合理、比例适当、布局科学。

（3）在投资限度内，鸡舍应尽可能科学、合理地设计，为生产管理创造良好的环境条件。

（4）购置设备应考虑价格性能比值。

（5）在场舍建设和设备购置安装时应充分考虑环境保护诸因素，防止污染水质、降低噪声、节约能源和水资源。

2. 生产管理要素

（1）饲养来源可靠、健康、高产的鸡种，确定可靠易行的鸡群周转计划。

（2）保证饲料质优价廉，能满足鸡只各阶段营养需要。

（3）拟定并严格实施疫病综合防治措施，确保安全生产。

（4）建立以成本、质量为中心的生产管理体系，保质保量完成生产任务。

（5）建立可靠的产品销售体系，确保销路畅通，打消后顾之忧。

（6）健全售后服务网络，实施优良的售后服务，树立自己的品牌。

3. 负责人的权、责、利

（1）企业负责人应思想敏锐、业务熟悉、工作积极并具备相应的管理才能和敬业精神。办事公道：为人正直，诚实可信，有觉悟，讲信用；工作积极：主动、热情，富有进取精神和创造性；思想敏锐：对市场有较强的敏锐感，管理工作中能及时发现、思考和解决问题；熟悉业务：掌握生产规律和技术要领，精通经营管理，富有较丰富的实践经验；计划性强：工作有条不紊，注意掌握工作进度；虚心进取：勇于革新，重视和认真听取意见，充分发挥员工的专长技巧和主观能动性。

（2）企业负责人是鸡场生产的组织者和领导者，对场内的组织计划、生产和人员管理应具有相应的责任和权益。按设计生产流程完成生产计划，达到设计生产水平；适应市场需求，合理安排生产，获得良好效益；建立健全规章制度，严格遵守；厉行增产节约、安全生产、充分发掘生产潜力；在职责范围内，对生产、组织和人事有相应的调整安排和奖励惩罚的权利；根据效益，提取适当比例的奖金。

第二节　旧院黑鸡的产业化生产

一、产业化生产的形成

（一）实施产业化的必要性

现有的单一养殖场（户）在市场波动频繁、竞争加剧的经济环境中已不能确保稳定的效益。在农村，人口的增加，耕地的减少，农民要从小块土地的束缚中解放出来，除部分将转移到城市发展二、三产业外，绝大部分农民将离土不离乡，选择经营家禽养殖业和产品加工业。在城市，下岗失业人员也部分进入到养殖行列。因此，必须实现养鸡生产产业化，使产品多层次增值，形成稳定的规模化生产，才能在市场中求得生存和发展。

（二）实施产业化的必然性

1. 市场经济的发展促使养鸡业生产产业化　市场经济体制的建立，把人们推向了大市场。要求人们把分散的小规模生产按产业化形式组织生产，兴办以运销和产品加工为主的龙头企业，形成"龙头＋基地＋农户"的一体化格局，将产前、产中和产后服务融为一体，以群体优势共同参与市场竞争，才能实现千家万户的小生产与社会主义市场经济的大市场接轨，有效地解决小生产和大市场的矛盾，减少生产的盲目性和风险性。

2. 发展规模化养鸡需要实施产业化生产　小规模养鸡经济利益得不到根本保障，投资的回报率不高，只有实现规模养殖，使饲养数量达到一定规模，劳力、土地、资金、科技和场所才能得到有效利用；才能定期大批量地向社会提供产品，满足市场需要；才能扩大市场占有率，形成自己的品牌效应；才能促进市场经济的发展，使生产和流通环节形成良性循环；才能以高投入得到高产出，求得高效益。

3. 禽产品销售和加工增值需要养鸡业生产产业化　搞活流通渠道，保障养殖场（户）的经济利益，实施产业化生产，以加工增值为重点，大力兴办以运销和产品加工为主的龙头企业。通过合同和服务等手段，组织引导养殖场（户）和龙头企业联合起来，组建专业生产开发集团，将生产、加工和销售分解到单位和个人，实行全程服务和包干负责，合理调整利益分配关系，使生产、加工和流通环节逐步形成经济利益紧密相连的产业化体系，使养鸡业形成企业化生产和规模化经营，有效解决产品的卖难问题，从而求得持续稳定的大发展，满足市场供应。实现产业化生产，还可以带动和促进饲料加工、兽药和添加剂生产经销、畜禽及产品购销、储运加工等行业的兴起和发展，拓展增收致富渠道。

二、产业化生产的模式

产业化，就是以市场为导向，以提高经济效益为中心，对支柱产业和主导产品实行区域化布局、专业化生产、一体化经营、社会化服务、企业化管理，把产加销、贸工农、经科教紧密结合起来，形成"一条龙"的经营体制。产业化是按照风险共担、利益均沾、相互促进、共谋发展的原则，组建各种形式的龙头产业化集团，走市场牵龙头，龙头带基地，基地连农户的路子，以高科技投入，实现高产出，求得高经济效益。

近几年来，我国养禽业发展迅速，规模经营已由原来的专业户、专业场、专业村扩展成了许多专业养禽基地，专业化、区域化生产的格局日渐明晰。同时，随着家禽良种、饲料配制、防疫、禽产品加工、销售等社会化服务体系的逐步完善，多层次、多形式、多体制的养鸡经营联合体日益增多，养鸡业产业化正在形成并逐步成长。

（一）龙头企业的带动作用

龙头企业是养禽产业化的"火车头"，应下大力气培育生产规模大、技术档次高、辐射带动能力强的现代化大型龙头企业，有力地带动所在地区养禽业的迅速发展。

目前，养禽业的龙头企业大多是生产经营型企业，还缺少具有很强的科技实力、并根据市场需求研制开发新产品，带动家禽科技发展的高科技龙头企业。这要由政府统一制定战略方针和实施规划及资金、税收、土地使用等优惠政策，坚持高起点、高科技、高附加值、规模大、外向型、多种所有制、多种组织形式的原则，协调有关部门的力量，从根本上打破部门、行业和地区分割的状况，集中人力、资金组建家禽高科技龙头企业，提高我国家禽业的整体生产水平。

一些地区在发展中创造了许多联结产前、产中、产后以及产加销一体化的经营方式，其中"龙头"企业带动型的形式是"龙头＋基地＋农户"。它的特点是龙头企业与养禽生产扩繁基地和商品饲养户结成紧密的贸、工、农一体化生产的经营体系，以契约方式联结。通过产、供、销合同规定签约双方的责权利。企业对基地和农户具有明确的扶持政策，提供鸡苗、兽药、饲料及全程技术服务，设立产品最低保护价并保证优先收购。饲养户按合同规定定时定量向企业交售禽产品，由龙头企业加工后出售；在一定的时期，龙头企业再从自己的积累基金中支出一定比例，作为第二次利益分配给基地和农户。这种发展模式突出了龙头企业的带头作用。在经营体系运作中，龙头企业内联千家万户，外联国内外市场，具有开拓市场、引导生产、深化加工、系统服务的综合功能，是产业化的脊梁和纽带。可见，办好龙头企业是实现养禽产业化的关键和核心。加强龙头企业的建设，应着重在以下几个方面：

1. 要有一个强有力的领导班子　龙头企业对于生产基地和养殖户而言，是走向市场的桥梁，脱贫致富的依托，龙头企业的兴衰，直接关系他们的切身利益。这就要求企业领导层要有高度的责任心，不仅要对自己的企业负责，还要对生产基地和养殖户负责，既要懂技术，又要善管理，要确立质量信誉至上、品牌第一、勇于改革、富于创新、技术领先、居安思危的生产经营思想，有开拓市场和抗御市场风险的能力，领导企业真正发挥龙头企业的带动作用。

2. 要具备强大的经济实力和技术队伍　龙头企业若没有强大的经济实力，就经不起市场的波动，市场上稍有风吹草动，就会使一些企业受到冲击，进而波及农户，在自身经济利益受损的同时，也使农户吃了苦头。所以，龙头企业在建设上要不断提高自身的技术装备水平，加强技术研发和服务队伍建设，才能保证生产的持续稳定和产业健康发展，从而壮大经济实力，拓展销售渠道，开发深加工产品，提高对市场的应变能力和抗风险能力。

3. 要有健全的内部管理体制　现在有些龙头企业在投资方面不注重实效，在生产经营上忽视内部管理挖潜及技术改造，不重视饲养成本与生产效益的比较，在产出上忽视禽产品质量、规格、品种。这些都是参与市场竞争的不利因素。要在激烈竞争的市场上占有一席之地，企业就必须在经营运行过程中的各个环节和各个方面都注重提高质量和效益。因此，在管理上要健全和完善企业经营管理责任制，明确责权利关系，切实加强资金管理、成本管理和质量管理等基础管理工作，练好内功，挖潜增效。尤其在企业资金紧缺的情况下，一定要将其用在刀刃上，用在投资少、见效快、效益高的养鸡实用技术项目上。通过整个管理水平的提高，发挥一条龙经营的整体优势，获得更大的综合效益。

4. 要依靠科技进步实现生产方式的转变　产业化的过程是由粗放经营转向集约经营的过程，也就是由数量转向质量、效益的过程。目前，大多数龙头企业从事的是家禽加工生产与销售，缺乏自我研究攻关的能力。产品得不到更新，发展后劲不足。对此，龙头企业应紧紧抓住技术领先这一中心环节，主动挂靠农业院校、科研院所，建立研究开发机构，配备好科研人员，提供开发经费，加大科技开发的力度，注重新品种的开发，增加技术储备，推进产品的升级换代，不断保持和发展产品优势。同时，要重视商品生产基地建设，使其既是专业生产基地，也是技术人员研究开发的中试基地，又是推广先进饲养技术的示范基地，从而带动养鸡户整体饲养技术水平的提高。

5. 要有强烈的信息意识和营销意识　龙头企业要把市场信息的收集、分析研究工作作为一项重要工作来抓，逐步建立健全家禽行业信息网络，提高现代化沟通手段，在大量占有信息的基础上，通过分析研究，摸清市场动向，预测市场风险和前景，为研究开发新产品提供可靠的依据。在此基础上建立完整的市场营销系统，其中包括企业的内部报告工作、市场营销情报工作、市场营销研究工作等。如此，企业方能赢得拼搏中的主动权。

（二）基地的核心作用

基地（饲养户）可以说是养鸡龙头企业的"生产车间"，饲养效果的好坏直接影响到企业的经济效益。农户养鸡若不得要领，轻者很难保证有好的收益，重者则可能"搭进房子赔了地"，其后果是严重挫伤农户养鸡的积极性。

在产业化的生产链中，基地是承上启下的中间环节，在龙头企业和养鸡户之间起着重要的核心作用。龙头企业的前期（部分）产品生产，需要基地协调组织才能完成。养鸡户也需要基地的协调管理和组织保障，才能实现自己劳动价值的体现，从而取得合理的劳动所得。

为了引导农民通过养鸡尽快脱贫致富，同时，也为了企业自身的利益，龙头企业必须建设一支有丰富实践经验、熟悉业务、具有强烈事业心和责任感的技术队伍，作为基地的技术核心，深入基地的建设和管理中，采取包村包户、经济利益直接与基地的成绩和饲养户的生产效益挂钩等形式。从进鸡前的消毒、升温等一系列准备工作到育雏注意事项、配合饲料的使用、严格的防疫程序、科学的饲养管理方法等整个饲养过程中的每一个环节，都要提供细致、周到、全面的服务。在技术队伍的建设上，一方面要注重技术人员的知识更新，培养技术骨干力量，提高服务人员的技术业务素质。另一方面还应通过培训班、现场指导等形式强化对饲养户的培训，要大力发展科技示范户，普及科学饲养知识，全面提高饲养户的综合素质，从技术上切实保证饲养成功。

（三）经营管理的保障作用

1. 坚持信息先导原则，进行市场预测　当今社会是信息时代，市场瞬息万变，行情变幻莫测。畜牧业的发展本身就是波浪式的前进。因此，要多了解信息，多收集情报，及时准确地将捕捉信息进行市场预测，根据当地消费特点和附近养殖情况，及时加以分析，迅速采取措施，及时调整生产结构，适应市场新的需求，以快应变。用发展的眼光决定饲养规格、饲养时间、饲养规模和上市时间。这就要求业主要有睿智的眼光、先进的信息系统、较强的应变能力，方能达到有需必供。

一般来说节日市场对畜禽产品需求量大，夏季销量少，冬季销量大，据此可确定不同季节的饲养情况。要避免效益好时一哄而上，造成产品过剩，效益差时大量处理，使生产跌入低谷。要考虑时间差，在别人多养时自己少养，别人不养时自己多养。当然还应考虑市场销售价格、成本价格等因素。要具备依据市场调整生产的主动性。

2. 抓好产品质量，形成品牌效应　产品的竞争实际上是质量的竞争，任何一个企业都是在质量中求生存。因此，鸡场应加强技术力量，增加科技投入，确保鸡苗、种蛋和产品的品质，创建自己的品牌，形成品牌效应。

在引种方面，应选择来源可靠，市场销路广的优良品种饲养。切不可只顾市场需求，以次充好，以劣充优。注重科学的饲养管理，原则上按不同批次的不同饲养标准和所需要的适宜环境条件进行饲养。配制全价优质饲料，提供科学饲养管理配套技术，使优良品种的生产性能得以充分发挥。加强疾病防治综合措施，确保生产出质优价廉的合格产品。

在饲养管理上应持科学的态度，既要满足能量、蛋白质的需要，又要防止其他代谢病的发生，防止发生饲料霉变等不良现象。要给畜禽创造适宜的环境条件，既包括鸡舍周围环境，也包括畜禽舍内的温度、湿度、光照、通风等环境因素。只有按鸡只的要求条件进行饲养管理，才能发挥其品种的最大生产潜力。

3. 树立企业形象，加大促销力度　企业要在竞争中取胜，除了具有好的产品质量，还需加强促销工作，千方百计地让顾客对本场产品感兴趣，以扩大销售。没有质量就没有销售，没有销售就没有鸡场。因此，必须吸收一批一流的销售人才，组成一支具有较强的市场调研和决策能力，并富有开拓和奉献精神的销售队伍；确定灵活、实际的营销结构，包括销售形式是批发或零售，销售地区及价格，发货形式等；完备促销措施和手段，完善宣传媒介，开展强有力的市场营销活动，树立良好的企业商品形象，提高市场占有率。

销售环节也是投资养殖所必须注重的环节。首先要广开销售渠道，对各地区的需求数量及价格有所了解，在成本核算基础上，具体分析市场，及时推出适宜的产品，打开销路，避免造成产品积压。其次要适应市场，适时出售。尤其是饲养周期短、生长速度快的肉鸡，到达一定的生长期，每推迟一天出售将会造成一天的损失。

4. 强化优质服务，建立良好信誉　良好的信誉和优质的服务是企业赢得市场的重要因素之一。服务质量的好坏，直接影响客户的信任程度，任何一个环节都要达到客户的满意。特别是售后跟踪服务尤为重要，既可及时解决用户遇到的问题，巩固自身市场，又可反馈产品质量、生产结构和营销结构等重要信息，保证经营管理的良性循环。一个高素质的售后服务体系是养鸡企业不可缺少的重要组成部分。

5. 适当拓展深加工，提高产品附加值　加强鸡产品的深加工，提高附加值是产业化的一个重要特点。

国外养鸡业显著特点之一，就是进行一系列产品深加工。如肉鸡分割，用户回去可以直接做成熟食，十分方便，而且还可以加工各式各样的熟食品、快餐，销量相当大。在生活节奏很快的国家，做这样的加工是深受用户欢迎的，这也是发达国家肉鸡业发展迅速的主要原因。

我国养鸡行业的深加工起步晚，市场潜力较大。鸡蛋进行分级、消毒、包装，12个蛋装一盒；分割鸡和深加工鸡也具有一定的市场前景；乌骨鸡系列加工产品开发得较好。如：初加工产品——将乌骨鸡做成白条鸡软包装冷冻，配以适当的药膳配方，作为家常滋补食品。深加工产品——药膳类：主要用于治病（乌鸡白凤丸等）；滋补食品类：主要为罐装产品，作为家常食用的滋补菜肴（乌鸡药膳罐头）；饮品类：主要为生津止渴、清热降暑的中药，生产成易拉罐饮料（乌鸡精口服液）；调味品类：主要是替代味精的产品（乌鸡精、乌鸡味素等）。

深加工产品的开发，既可满足市场的需要，又缓解了产品积压的矛盾，为产业化生产解决了后顾之忧，同时，还可增加产品附加值，取得显著经济效益。鸡深加工产品的开发具有广阔的市场前景，开发深加工系列产品的龙头企业也会日益发展壮大，并带动养鸡业形成规模化、产业化的生产格局。

三、产业化的实施

产业化的实施必须拟订可行的发展计划，处理好龙头企业与基地和饲养户的关系和利益，才能使产业化生产走上健康发展的轨道。

（一）实施方案的拟订

产业化生产的实施，应具有一定的基础条件。龙头企业具有较强的经济实力、管理手段、技术储备、示范项目和市场优势，能够起到带头作用；基地和农户具有相应的项目实施的组织协调能力、示范开发条件、规模生产的技术等。在此基础上拟订具体的实施方案。

1. 明确产业化发展的指导思想　坚持以市场为导向，高产为基础，优质为重点，高效为目标，依靠科技进步，强化现代化管理，发挥企业核心作用，形成产业化集团优势。带动基地农户形成规模化养殖，坚持以场带场，以场带户，连户成片的产业化发展方式。组成产、供、销一体化的现代产业经营模式，确定完整的产品品牌。开发出优质禽产品，力争创出产业化拳头产品和出口创汇产品。

2. 确定产业化发展目标　在实施产业化的进程中，按总体规划，分期布局，逐年实施，梯度开发，综合利用的原则，在一定时间内，把企业建成一个国内（外）知名的商品生产、产品加工的产业，以及科研和技术培训基地。

（1）确定养殖生产规模和上市计划　根据企业实力、市场前景、基地的条件，拟订出阶段和最终目标规模。指标的制定要留有余地，便于灵活掌握。

（2）产业化（集团）区域发展计划　随着养殖规模的扩大，以及产业化集团的建立，逐步开发产业化区域发展，确定重点养殖主体的发展项目，推广配合饲料，健全药物疫苗卫生防疫体系，完善综合配套技术，建立销售网络，实施"公司＋农户"的星火计划也就是依靠科学技术促进农村经济发展的计划。

根据总体规模，拟订总产值计划。"公司＋农户"推广工作，要进一步以科技为先导，提高基地农户养殖技术水平，降低饲养成本；在总体生产过程中实施目标成本管理，分别对基地、养殖户、龙头企业、产业化（集团）进行效益预测。在此基础上，拟订年度、阶段、总体的区域发展计划。

（二）实施产业化的保障措施

（1）依靠科技进步，逐步形成完善品种基因库，积极开展保种及选育工作，初步建立一个纯系繁殖场，进行组装配套和配合力测定，做到有优质、高产品系供产业化市场需要。

（2）组建高素质的科研技术队伍，进行养殖技术攻关及应用研究，提高产蛋量、繁殖率、上市出栏率，以满足产业化对品种饲养及疫病防治的需求。

（3）搞好人才规划和培训，定期对饲养户进行培训，选送优秀青年进行培养，编印教材和普及读本。

（4）为农户提供优质鸡苗和饲料，积极为农户进行全程技术服务。培养和造就一批农村养殖的带头人和企业家。

（5）加速禽产品市场营销策略研究和开发，设计、创意、开发出优质产品，确定完整的产品品牌战略，早日开发出名牌产品，满足市场需要，逐步拓展国内销售市场，力争以优质名牌产品打入国际市场。

（6）强化产业化（集团）企业的现代管理意识，逐步形成完善的劳动生产组织、劳动人员定岗、资料记录记载以及产品产销结构等，并实施电脑操作管理。

（7）可持续发展与资源、环境保护相结合。产业化生产项目在实施过程中，必须考虑到自然界有限的种质资源的保护和利用，在开发项目、品种配套利用的同时，注意保护地方优良品种基因库。注重环境保护，防止污染环境也是产业化能否持续发展的重要因素。只有同时注重经济效益和生态效益的产业化项目，才能具有可持续发展的保障和广阔前景。

（三）产业化的协调发展

处理好龙头企业与基地、饲养户的关系和利益，是经营体系运行中的重要环节，也是产业化生产能否发展壮大，持续运作的关键所在。

龙头企业和饲养户有着共同的经济利益。龙头企业是通过向基地和饲养户供雏、供料、防疫、技术服务和成鸡等产品收购来完成大批量生产和连续作业的，从中获得一定的利润，并将加工、流通中产生的附加值，按一定比例返还给饲养户；饲养户则是通过从企业得到较低价的雏鸡、饲料和免费技术服务，饲养商品鸡，并以高于市场的收购价来获利的。双方以合同、契约、股份合作等形式结成了风险共担、利益均沾、互惠互利、共谋发展的经济共同体。

在产业化这个共同体中，各方都应视合作方的利益为自己的利益，充分认识到合作方的发展与自身生存和发展存在着相辅相成、相得益彰的利害关系。龙头企业要从多方面保障基地和饲养户的利益。首先，企业要讲信誉，严格按照合同履行职责，采取各种方便农户的措施，在基地和农户心目中树立起良好的形象，这是稳定与饲养户关系的基础。其次，由于农户抗风险的能力很弱，最怕生产中饲养管理不当造成鸡群发病的风险和市场行情变化带来的风险。因此，龙头企业应凭借自己的实力，建立风险基金制，在需要的时候，给农户以适当的补贴，帮助他们渡过难关。在收购价格上，应随市场的变化及时调整，以保证农户的收益不受影响。在实际经营中，由于种种原因，农户毁约的事时有发生，这是令企业最伤脑筋的事，对此，基地应帮助农户改变传统观念，理解守约是农户的长期利益之所在，要从长期利益而不是眼前利益去考虑问题。此外，要通过相关法律、法规来确立两者间的责、权、利关系，保证一体化经营机制健康有效地运行，使产业化生产给企业、基地、农户以及社会带来巨大的经济、生态效益。

四、经济效益评估

（一）生产成本的估测

生产成本是盈亏的分界线，知道生产成本即知道盈亏，生产成本一般按单位主产品计算。估测生产成本则不需详细核算，只要知道饲料费用占生产成本比率，以及一些现成的数字，即可很快算出结果。当然，饲料费用占生产成本比率也是通过以前核算生产成本时得来的。在费用价格都比较稳定的情况下，一个生产经营比较成功的鸡场，这个比率基本稳定，它是鸡场生产经营优劣的一项标志，比率越低经营越佳，其范围一般在60%～70%。举例估测鸡蛋生产成本的公式如式（10-1）：

$$PC = \frac{FV \times FI}{FP \times EM} \qquad (10-1)$$

式中：PC——每千克鸡蛋生产成本（元）；

$\quad\quad FV$——每千克饲料价格（元）；

$\quad\quad FI$——每只蛋鸡每天平均采食量（g）；

$\quad\quad FP$——饲料费用占生产成本的比率（%）；

$\quad\quad EM$——每只蛋鸡平均日产蛋重（g）。

例：某蛋鸡场每只蛋鸡平均日产蛋重为46 g，采食量105 g，饲料价格为1.90元/kg，饲料费用占生产成本比率为70%，该场每千克鸡蛋生产成本为多少？

经预测，鸡蛋成本为 6.20 元/kg。

此项预测可以对产蛋全期，也可以对某个阶段进行估测，通过预测了解鸡蛋生产成本，再算出与鸡蛋售价的差额，即知盈亏多少。

利用公式（10-1）还可以导出其他公式，进行多项预测，如式（10-2）为日产蛋重下限的估计：

$$EM = \frac{FV \times FI}{FP \times EV} \qquad (10-2)$$

式中：EV——每千克鸡蛋售价（元）。

其他符号同公式（10-1）。

例：某蛋鸡场向食品公司交售鲜蛋 6.30 元/kg，每天每只蛋鸡采食量 105 g，饲料价格 1.90 元/kg，每天每只蛋鸡产蛋重多少克才不亏损？

$$EM = \frac{1.90 \times 105}{0.70 \times 6.30} = 45.2(g)$$

经预测，不亏损的日产蛋重最低为 45.2 g。

（二）效益的估测

为提高生产效率，通常在营养、环境、管理和疾病防治等方面采取一些新措施。衡量采取新措施的效果，要看其对生产效率增、减的幅度。养鸡场生产效率主要指标为料蛋比，或通称饲料转化率。因此，评价一项新措施，要看其对饲料：产品比率影响的大小和由此而形成价值的多少，再和新措施的费用相比较，以确定其经济上可行性。

兹介绍 F. N. Reecee（1984）推导的两个公式，式（10-3）和式（10-4），估测某项新措施的毛值与净值。

$$V_p = C_1 \left(\frac{FC_1}{FC_2} - 1 \right) \qquad (10-3)$$

$$N_p = V_p - C_p \qquad (10-4)$$

式中：V_p——按单位饲料计新措施的毛值（元）；

C_1——采取新措施前单位饲料费用（元）；

FC_1——采取新措施前饲料转化率；

FC_2——采取新措施后饲料转化率；

C_p——按单位饲料计新措施的费用；

N_p——按单位饲料计新措施的净值。

上式只是对生产效率改进程度进行的估测，通过估测，可很快了解新措施的可行性及大致有利程度。实际上，一项新措施的影响是多方面的，如对交售鸡蛋等级的影响等。因此，除了估测，还需计算产品质量方面等改善带来的利益，方能全面评价经济效果。

（杨志勤）

参 考 文 献

常辰曦，申雷，章建浩，2010. 冷鲜肉气调包装技术的研究进展 [J]. 江西农业学报，22 (3)：140-142.

陈合强，2012. 肉种鸡舍的通风管理要点 [J]. 家禽科学 (2)：9-14.

邓源喜，马龙，许晖，等，2010. 鸡肉保鲜技术的研究进展 [J]. 中国家禽，32 (4)：42-48.

邓中勇，2016. 广元灰鸡、旧院黑鸡生产性能的研究分析 [D]. 成都：四川农业大学.

冯定远，2010. 科学自配肉鸡饲料 [M]. 北京：化学工业出版社.

高磊，谢晶，2014. 生鲜鸡肉保鲜技术研究进展 [J]. 食品与机械，30 (5)：310-315.

金波，邢伟杰，石诗影，2013. 浅谈养鸡场选址的技术要点 [J]. 中国家禽，35 (22)：56.

李海华，梁勇，何道华，2010. 刘延清粤禽皇鸡配套系的选育方法 [J]. 江西畜牧兽医杂志 (6)：1004-2342.

李虹敏，徐幸莲，朱志远，等，2009. 化学减菌处理对冰鲜鸡肉的保鲜效果 [J]. 中国农业科学，42 (7)：2505-2512.

李良德，白斌，2010. 不同输精方法对鸡种蛋受精率的影响 [J]. 家禽科学 (10)：39-40.

李平，2006. 旧院黑鸡选育定型缓慢的原因探讨 [J]. 畜禽业 (8)：33-34.

李平，2009. "旧院黑鸡" 规模化养殖后风味的保持 [J]. 中国畜禽种业 (1)：85-87.

李湛，2010. 公鸡精液品质的鉴定及注意事项 [J]. 今日畜牧兽医 (11)：38.

李英，谷子林，2005. 规模化生态放养鸡 [M]. 北京：中国农业大学出版社.

刘超楠，2014. 不同加工工艺对淘汰蛋鸡浓缩汤品质影响的研究 [D]. 成都：四川农业大学.

刘春杨，张秀玲，李兰会，等，2015. 河北太行鸡保种技术方案 [J]. 畜牧科技，7：1004-7034.

刘鹏义，2010. 皖南黄鸡配套系选育的研究进展 [J]. 中国家禽，32 (6)：1004-6364.

罗林宝，李波，2014. 南涧无量山乌骨鸡保种选育实施方案 [J]. 云南畜牧兽医，5：1005-1341.

罗增伟，2001. 旧院黑鸡的利用价值及饲养 [J]. 畜牧业 (5)：14-15.

马美湖，2007. 蛋与蛋制品加工学 [M]. 北京：中国农业出版社.

马月辉，吴常信，2001. 畜禽遗传资源受威胁程度评价 [J]. 家畜生态，22 (2)：8-13.

彭涛，邓洁红，谭兴和，等，2011. 动物性食品微冻保鲜技术的研究进展［J］. 食品科技，36（6）：133－136.

秦汉，龙继洪，李江平，等，2013. 旧院黑鸡调查及品种资源开发利用进展［J］. 中国畜禽种业（7）：133－135.

四川省畜牧兽医研究所家禽研究室，1986. 旧院黑鸡绿壳蛋蛋壳品质的测定及比较［J］. 四川畜牧兽医（1）：8－10.

佘锋，2001. 鸡舍环境及其控制技术［J］. 中国家禽，23（14）：26－29.

施泽荣，2002. 土鸡饲养与疾病［M］. 北京：中国林业出版社.

孙秀如，卢永胜，张梅芳，等，2008. 如何建立种鸡场的生物安全体系［J］. 中国家禽，30（2）：43－44.

谭千洪，张兆旺，范首君，等，2011. 提高种公鸡繁殖性能的技术措施［J］. 中国家禽（1）：51－52.

佟荟全，刘丽仙，谷大海，等，2015. 中国地方鸡配套系的研究进展［J］. 畜牧与兽医（11）：126－129.

涂勇刚，2013. 禽肉加工新技术［M］. 北京：中国农业出版社.

王宝维，2015. 动物源食品原料生产学［M］. 北京：化学工业出版社.

王长康，2003. 优质鸡半放养技术［M］. 福州：福建科学技术出版社.

王进圣，2013. 鸡舍环境控制与生物安全［J］. 北方牧业（14）：14－15.

王俐智，朱庆，2008. 旧院黑鸡保种措施及利用建议［J］. 中国家禽（4）：39－40.

徐恢仲，许由，黄勇，等，1994. 旧院黑鸡蓝壳蛋的品质研究［J］. 西南大学学报：自然科学版（3）：215－217.

徐幸莲，2013. 禽肉加工［M］. 2版. 北京：中国农业大学出版社.

薛效贤，2015. 禽蛋禽肉加工技术［M］. 北京：中国纺织出版社.

姚伟伟，2013. 淘汰蛋鸡鸡肉嫩化、肉糜乳化及成型火腿和乳化香肠的开发［D］. 成都：四川农业大学.

杨宁，2002. 家禽生产学［M］. 北京：中国农业出版社.

杨素芳，马美湖，钟凯民，2007. 加速发展我国洁蛋生产与消费重要性及关键技术探讨［J］. 现代食品科技，23（3）：53－56.

杨天初，2015. 鸡舍的设计与布局［J］. 湖北畜牧兽医，36（4）：50－51.

由哲，2003. 家禽孵化与早期雌雄鉴别［M］. 北京：科学技术文献出版社.

袁树成，2005. 鸡场选址、鸡舍建筑与相关设施［J］. 中国家禽，27（16）：54－55.

赵改名，2009. 禽产品加工利用［M］. 北京：化学工业出版社.

赵汉雨，刘存祥，唐豫桂，等，2012. 洁蛋生产工艺及关键设备研究［J］. 中国家禽，34（1）：49－50.

赵海龙，2014. 肉鸡标准化养殖小区的选址、布局及鸡舍类型的选择 [J]. 养殖技术顾问 (9)：13.

赵志华，王燕妮，2008. 高品质冷却鸡肉的生产及控制技术研究 [J]. 肉类工业 (4)：24-26.

张慧，2011. 规模化养鸡场的环境管理与健康养殖 [J]. 中国畜禽种业，7 (10)：53-54.

张京和，张永东，李玉冰，等，2012. 臭氧净化消毒技术替代甲醛对肉鸡种蛋孵化率的影响 [J]. 当代畜牧 (8)：17-18.

张树周，2015. 旧院黑鸡品质特征及成因 [J]. 四川畜牧兽医 (1)：47-48.

章薇，汪爱民，熊国远，等，2011. 复合天然保鲜剂对冷却鸡肉的保鲜效果 [J]. 食品科学，32 (6)：283-287.

张颖，2015. 冻干药膳鸡汤加工关键工艺的研究 [D]. 成都：四川农业大学.

张运昌，1999. 珍贵的绿壳蛋鸡——旧院黑鸡 [J]. 中国畜牧业 (12)：12-15.

周光宏，2011. 畜产品加工学 [M]. 2版. 北京：中国农业出版社.

朱庆，2013. 蛋鸡标准化规模养殖图册 [M]. 北京：中国农业出版社.

朱文进，李祥龙，周荣艳，等，2014. 坝上长尾鸡保种技术方案 [J]. 中国家禽，36 (4)：46-48.